BIBLIOTHÈQUE
DES MERVEILLES

PUBLIÉE SOUS LA DIRECTION

DE M. ÉDOUARD CHARTON

———

LES FOURMIS

10342. — PARIS, IMPRIMERIE A. LAHURE
9, Rue de Fleurus, 9

BIBLIOTHÈQUE DES MERVEILLES

LES FOURMIS

PAR

ERNEST ANDRÉ

Membre lauréat de la Société entomologique de France

OUVRAGE ILLUSTRÉ DE 74 FIGURES

PAR A. L. CLÉMENT

PARIS

LIBRAIRIE HACHETTE ET Cie

79, BOULEVARD SAINT-GERMAIN, 79

1885

INTRODUCTION

Dans le monde des insectes, il est de grands seigneurs qui attirent les regards par l'éclat de leur parure, et dont les ailes richement colorées ou la cuirasse étincelante d'or et de pierreries défient toute comparaison avec nos étoffes les plus somptueuses ou nos bijoux les plus finement ciselés. Plus humble est la laborieuse fourmi : chez elle pas de brillante livrée, pas de robe aux vives couleurs, pas de reflets d'émeraude ou de rubis ; la nature l'a enveloppée du sombre vêtement du travailleur, et, à ne considérer que sa petite taille et son extérieur chétif, il semblerait qu'elle dût passer inaperçue au milieu de la foule orgueilleuse et bigarrée des autres articulés. Qu'on ne s'y trompe pas toutefois ; si sa modestie est réelle, sa faiblesse n'est qu'apparente, et son rôle est loin d'être effacé dans l'ensemble des activités qui s'exercent à la surface du globe. Les fourmis, en effet, ont reçu en partage trois éléments de puissance qui ne sont pas à dédaigner et qui assurent toujours la prépondérance aux collectivités animales ou humaines qui les possèdent. Ces trois leviers, dont l'effort réuni soulève bien des obstacles, sont le nombre, l'union et l'intelligence.

De tous les insectes, les fourmis sont peut-être les

plus répandus dans la nature, car si d'autres familles présentent un nombre d'espèces plus considérable, aucune n'offre une pareille légion d'individus, et leur importance est considérablement accrue par la solidarité qui unit chacun des membres de leurs grandes sociétés, en réalisant cette noble devise si souvent arborée et si rarement justifiée : « Tous pour un et un pour tous ». Sous le rapport des facultés intellectuelles, certains observateurs modernes, parmi lesquels je citerai l'éminent naturaliste anglais, sir John Lubbock, les placent immédiatement après l'homme, en reléguant au second rang les singes anthropoïdes et les mammifères les plus élevés de la série animale. On verra, par la lecture de ce livre, que cette opinion, peut-être exagérée, n'a pourtant rien de fantaisiste, et qu'il ne manque aux fourmis que d'avoir notre taille pour que l'empire du monde leur appartienne. D'ailleurs, si dans nos climats tempérés leur présence nous est peu sensible, il n'en est pas de même dans les pays chauds, où certaines espèces plus redoutables exercent une influence réelle, avec laquelle l'homme doit compter, et qui a fait dire aux Brésiliens que ces insectes sont les véritables rois de leur pays.

Nous verrons plus tard de remarquables exemples de l'importance de certaines fourmis, quand nous étudierons les mœurs de quelques espèces tropicales; mais, pour être plus inoffensif que celui des régions équatoriales, le peuple varié qui s'agite autour de nous n'en est pas moins digne de tout notre intérêt et de toute notre admiration. Ses sociétés petites ou grandes, pacifiques ou guerrières, barbares ou policées, nous offrent une représentation fidèle de toutes les étapes des civilisations humaines, depuis la famille primitive à peine unie par les premiers besoins matériels, jusqu'à nos plus puissantes confédérations où chaque individualité concourt au bien-être général, à la sécurité et à la prospérité communes.

Si, pénétrant plus avant dans les secrets de leur existence, nous cherchons à nous rendre compte de leurs mœurs, de leurs habitudes et de leur organisation, nous sommes stupéfaits en retrouvant, chez ces êtres d'apparence si humble, un état social, une industrie et des institutions dont jusqu'à ce jour nous croyions avoir le monopole. Ici, nous voyons la vie de famille avec ses joies et ses labeurs, la maison édifiée, agrandie, entretenue, les enfants nourris, soignés, nettoyés, transportés d'un lieu dans un autre, les amis aidés ou secourus, les morts ensevelis; là, des armées conquérantes ou protectrices, des combats acharnés, des guerres prolongées, puis des armistices, des victoires ou des traités, des frontières établies et respectées. Ailleurs, c'est un peuple de brigands portant la terreur et la désolation chez des tribus laborieuses dont ils volent les nouveau-nés pour les réduire en esclavage; plus loin, nous voyons des pasteurs intelligents se livrer à l'élevage du bétail qui doit leur fournir le laitage nécessaire à leur alimentation; puis nous rencontrerons des moissonneurs travaillant à remplir leurs greniers d'abondance, ou nous surprendrons le laboureur en train de sarcler son champ et d'en enlever les herbes inutiles. Partout nous retrouverons des exemples de nos besoins, de nos travaux, de notre vie paisible ou agitée, de nos luttes et de nos conquêtes brutales ou pacifiques.

Est-il donc étonnant, d'après cet exposé, que des êtres si intéressants aient de tout temps excité la curiosité et l'admiration, et que leur renommée, aussi vieille que le monde, soit dans toutes les bouches et dans tous les écrits? Sans doute, les récits des anciens sont entremêlés de fables, sont entachés de nombreux préjugés; mais, si la science moderne, avec ses méthodes plus précises et sa critique plus raisonnée, a dû faire justice de quelques erreurs, elle a démontré aussi que la réalité dépassait encore les vieilles croyances sous le rapport du merveilleux, en justifiant cet adage du poète :

> Le vrai peut quelquefois n'être pas vraisemblable.

Nous nous attacherons, dans ce livre, à montrer la fourmi telle qu'elle est, sans sacrifier à la fantaisie et sans nous permettre aucun écart d'imagination. Aussi, quelque étranges que puissent paraître les mœurs que nous raconterons, nous supplions le lecteur de nous accorder assez de confiance pour être certain que nous n'inventons rien et que nous n'avons admis dans ces pages que des faits scrupuleusement vrais, étudiés avec soin et contrôlés par les naturalistes les plus consciencieux du monde entier.

Trop souvent les ouvrages de vulgarisation fourmillent d'erreurs, travestissent la science qu'ils prétendent propager et sont d'autant plus dangereux que les données fausses qu'ils répandent dans le public y sont présentées sous une forme attrayante et revêtues des brillantes couleurs d'un style imagé. Pour nous, qui ne pouvons avoir aucune prétention littéraire, c'est la vérité scientifique que nous avons seule poursuivie, et nous ne revendiquons d'autre mérite que celui de pouvoir dire avec Montaigne :

> C'est icy un livre de bonne foy.

LES FOURMIS

I

HISTORIQUE

Notions des anciens sur les fourmis. — Mélange d'erreurs et d'observations judicieuses. — Proverbes de Salomon. — Hésiode. — Aristote. — Platon. — Plaute. — Cicéron. — La prévoyance des fourmis avait surtout frappé les écrivains de l'antiquité. — Horace. — Imitation de Boileau. — Virgile. — Pline le naturaliste. — Remarquable exactitude de quelques passages de son histoire naturelle. — Erreurs grossières qui déparent ce livre. — Plutarque. — Il a reproduit une partie des anciens récits. — Apulée. — Ælien. — Son histoire des fourmis moissonneuses s'accorde d'une manière frappante avec les données de la science moderne. — Sommeil de l'histoire naturelle pendant le moyen âge — Albert le Grand. — Seizième siècle. — Aldrovande. — Ses compilations indigestes et dépourvues de critique. — Dix-septième et dix-huitième siècles. — Renaissance des études scientifiques. — Swammerdam. — Leeuwenhoeck. — De Géer. — Bonnet. — Christ. — Linné. — Gould. — Dix-neuvième siècle. — Héer. — Lespés. — Ébrard. — Von Hagens. — Mayr. — Moggridge. — Smith. — Lubbock. — Forel. — Les fourmis exotiques. — Lund. — Bar. — Belt. — Bates. — Wallace. — Lincecum. — Buckley. — Mac Cook. — etc.

Si l'on néglige les notices fort incomplètes de Leeuwenhoeck, de Swammerdam et de l'immortel classificateur Linné, qui écrivaient dans la première moitié du dix-huitième siècle, nous ne trouvons pas d'études sé-

.rieuses et suivies sur les mœurs des fourmis avant le
remarquable livre que l'Anglais Gould consacra en 1747
à décrire les habitudes de celles de la Grande-Bretagne.
Mais, pour être moins scientifiques, les remarques des
anciens sur les traits les plus saillants du caractère et
du genre de vie de ces insectes n'en sont pas moins
curieuses à étudier et, sous quelques rapports, on est
même étonné de la justesse de vues et des fines observations qui se révèlent dans les œuvres des écrivains de
l'antiquité, dont certains passages pourraient être signés
sans scrupule par les naturalistes les plus circonspects
de nos jours.

Il ne sera donc pas sans intérêt de jeter un regard ré-
trospectif sur ces premières traditions qui, nées des observations populaires, avaient acquis assez de notoriété
pour trouver place dans les livres des moralistes, des
philosophes ou des poètes. Ces données primitives avaient
passé de bouche en bouche et d'écrits en écrits bien
avant que les naturalistes s'en soient emparés pour en
faire l'objet d'études plus spéciales et arriver ainsi, par
des travaux successifs, à donner à cette partie de nos
connaissances le développement et l'autorité dont elle est
aujourd'hui en possession. En feuilletant ces vieux écrits
qui consacrent la haute antiquité de leur renommée, les
fourmis nous apparaîtront avec le prestige de leur no-
blesse de bon aloi, et l'opinion flatteuse que professaient
nos ancêtres à leur égard nous disposera favorablement
à accorder notre attention à l'histoire authentique de
leurs faits et gestes que ce livre a pour but de retracer.

Pour trouver la première mention de la fourmi comme
animal prévoyant et laborieux, il faut remonter à Salomon
qui, dans ses Proverbes, la donne pour exemple à l'in-
dolent :

« Va, paresseux, vers la fourmi, regarde sa conduite
et apprend la sagesse. Elle n'a point de chef, pas de di-
recteur, pas de souverain ; elle prépare en été sa nourri-

ture et, pendant la moisson, amasse de quoi subsister. »
(Prov., ch. vi, 6, 7, 8.)

Et plus loin :

« Il y a quatre choses les plus petites de la terre et
qui pourtant sont les plus sages parmi les sages : les
fourmis, peuple faible, qui préparent leur nourriture
pendant la moisson.... » (Prov. ch. xxx, 25, 26.)

Tous les auteurs anciens, Hésiode, Aristote, Platon,
Plaute, etc., ont vanté à l'envi les qualités de la fourmi,
et son intelligence avait frappé nos pères comme elle
nous étonne encore aujourd'hui. « La fourmi, dit Cicéron,
dans son livre sur la Nature des Dieux, n'a pas seulement
des sens, mais encore de l'intelligence, de la raison, de
la mémoire. »

C'est surtout sa prévoyance, tant discutée de nos jours,
qui servait de thème habituel aux récits des écrivains et
aux allusions des poètes. Pour gourmander l'avare qui
entasse sans profit, Horace lui montre la fourmi dont la
sage économie a pour but d'assurer sa subsistance :

> La grande travailleuse, et pourtant si petite,
> Constamment porte au tas afin de le grossir,
> Et loin dans le présent regarde l'avenir.
> Aussi, quand le Verseau nous ramène la bise
> Au déclin de l'année, elle n'est pas surprise
> Et sait alors en sage user de son butin.
>   (Horace, *Sat.* I. Traduction du comte Siméon).

C'est ce passage que Boileau a imité dans ces vers :

> La fourmi, tous les ans traversant les guérets,
> Grossit ses magasins des trésors de Cérès,
> Et, dès que l'aquilon, ramenant la froidure,
> Vient de ses noirs frimas attrister la nature,
> Cet animal tapi dans son obscurité
> Jouit l'hiver des biens conquis durant l'été.
> Mais on ne la voit point, d'une humeur inconstante,
> Paresseuse au printemps, en hiver diligente,
> Affronter en plein champ les fureurs de janvier
> Ou demeurer oisive au retour du Bélier.
>   (Boileau,-*Satire* VIII.)

La même idée a été exprimée par Virgile, dans ses Géorgiques :

« Souvent un monceau de blé devient la proie du charançon ou de la fourmi si prévoyante pour les besoins de sa vieillesse. » (*Géorgiques*, liv. I.)

Dans son Enéide, le poëte revient encore sur les fourmis auxquelles il compare les Troyens se hâtant de fuir avec leurs richesses :

« Ainsi, quand prévoyant l'hiver, les fourmis ravagent un grand amas de blé et le portent sous leur toit, le noir bataillon traverse la plaine, et, par un sentier étroit sous l'herbe, voiture son butin : les unes chargées d'un énorme grain, s'avancent avec effort, les autres sur-veillent l'arrière-garde et gourmandent les retardataires; tout dans l'étroit sentier s'agite et se meut avec ardeur. » (*Énéide*, liv. IV.).

Pline le naturaliste ne pouvait manquer de consacrer à la fourmi un chapitre de son *Histoire des animaux*, et il suffirait de quelques mots retranchés à ce récit, vieux de plus de dix huit siècles, pour le mettre en état d'être inséré dans un de nos recueils scientifiques.

« Le très grand nombre des insectes, dit-il, engendre de petits vers. Ceux des fourmis ont la forme d'un œuf; elles les produisent au printemps. Ces animaux tra-vaillent en commun, de même que les abeilles; mais celles-ci composent leur nourriture, les fourmis ne font que ramasser des provisions. Si l'on compare leurs far-deaux avec le volume de leur corps, on conviendra que, proportion gardée, nul animal n'a plus de force. Elles portent les fardeaux à leur bouche; si la charge est trop pesante, elles se retournent et, faisant effort avec les épaules contre quelque point d'appui, elles les poussent avec les pieds de derrière.

« Comme chez les abeilles, vous trouvez chez elles l'organisation d'une république, la mémoire, la pré-voyance. Avant de serrer les grains, elle les rongent, de peur qu'ils ne germent. Ceux qui sont trop gros, elles les divisent à la porte du magasin ; s'ils viennent à être mouillés par la pluie, elles les tirent dehors et les font sécher. Pendant la pleine lune, elles travaillent même la nuit, et se reposent quand la lune est en conjonction. Mais au moment du travail, quelle ardeur ! quelle infatigable activité ! Comme chacune de son côté apporte les provisions, sans que leurs opérations soient combinées, elles ont leurs jours de marché pour se reconnaître mutuellement ; et ces jours-là, quel concours ! quels nombreux rassemblements ! On dirait qu'elles causent avec celles qu'elles rencontrent, qu'elles se demandent réciproquement de leurs nouvelles. Nous voyons des cailloux usés par le frottement de leurs pieds. Le terrain qu'elles traversent pour aller à l'ouvrage devient un sentier battu : grand exemple de ce que peut en toute chose la continuité du plus petit effort. De tous les êtres vivants, elles seules, avec l'homme, donnent la sépulture à leurs morts. »

Mettons de côté l'influence de la lune, empruntée à Aristote, supprimons encore les marchés publics, et nous ne trouverons presque plus rien à reprendre dans ce passage qui concorde à peu près avec la réalité des faits développés dans le cours de ce livre. Remarquons aussi que les sentiers battus n'avaient pas échappé aux anciens, mais que Pline est dans l'erreur en les attribuant aux allées et venues répétées des fourmis, tandis que ces routes sont l'œuvre propre et intentionnelle de ces petits animaux.

Si Pline s'en était tenu à cette page remarquable, il eût fait preuve d'une sagacité en matière scientifique, qui l'eût placé sous ce rapport bien au-dessus de ses contemporains ; malheureusement il n'a pas su se dégager de la crédulité grossière de son siècle, et la suite du récit est un tissu d'absurdités qui vient gâter la bonne impression de son début. Voici, à titre de curiosité, ce

complément qu'on ne croirait pas signé de la même
main.

« Les cornes d'une fourmi de l'Inde furent attachées,
comme une merveille, dans le temple d'Hercule, à Ery-
thre. Chez les Indiens septentrionaux, qu'on appelle
Dardes, certaines fourmis tirent l'or des mines; elles
ont la couleur du chat et la grandeur du loup d'Égypte.
Ce métal qu'elles ont extrait pendant l'hiver, les Indiens
le leur dérobent pendant les ardeurs de l'été, alors que
les fourmis sont retirées dans des souterrains, à cause
de la chaleur. Toutefois, averties par l'odorat, elles sortent, volent après les ravisseurs et souvent les mettent
en pièces, sans que la légèreté de leurs chameaux puisse
les sauver. Telles sont la vitesse et la férocité qui s'allient en elles à la passion de l'or. »

Plutarque, dans ses Dialogues sur les animaux de terre
et de mer, parle aussi des fourmis en termes fort sensés
et reproduit certaines assertions de Pline, en ayant le
bon goût de passer sous silence la fabuleuse histoire
des fourmis de l'Inde et de leurs trésors.

« Quant aux provisions et à l'économie des fourmis,
il est impossible d'en donner exactement les détails;
mais de n'en rien dire, ce serait une négligence impar-
donnable. Il n'est point dans la nature de miroir aussi
petit des plus grandes et des plus belles choses; c'est
une goutte d'eau pure et limpide où sont représentées
toutes les vertus. Là brillent l'amitié, la sociabilité, le
courage, la patience dans les travaux, et des traits multipliés de tempérance, de prudence et de justice. Le
philosophe Cléanthe, qui soutient d'ailleurs que les animaux n'ont pas de raison, dit avoir été témoin du fait
suivant. Il vit des fourmis se rendre à une autre fourmilière que la leur, portant le corps mort d'une fourmi.
A l'instant plusieurs fourmis sortirent à leur rencontre,
et après avoir paru conférer ensemble, elles rentrèrent.
Après plusieurs allées et venues, elles apportèrent enfin

un ver comme pour la rançon du mort; les premières remirent le corps, emportèrent le ver et se retirèrent. Au reste, c'est un spectacle qu'on a tous les jours sous les yeux que leur complaisance mutuelle; quand elles se rencontrent, celles qui ne portent rien cèdent le pas à celles qui sont chargées; lorsque le fardeau est trop lourd à porter, elles le rognent et le divisent, afin qu'ainsi partagé, elles puissent le voiturer plus facilement. C'est, suivant Aratus, un signe de pluie quand les fourmis transportent leurs œufs hors de leurs trous, afin de les exposer à l'air et de les rafraîchir. Quelques critiques, au lieu de leurs œufs disent leurs provisions, et ils prétendent que ces animaux exposent à l'air celles qu'ils ont serrées, lorsqu'ils s'aperçoivent qu'elles commencent à moisir et qu'ils craignent de les voir pourrir tout à fait. Mais la précaution qu'ils prennent pour empêcher que les grains amassés par eux ne germent, surpasse toute prudence humaine. Le blé ne se maintient pas toujours sec ni exempt d'altération; il s'amollit et se résoud en lait lorsqu'il commence à vouloir germer. De peur donc qu'il ne se forme en germe et qu'il ne puisse plus servir à leur nourriture, elles en rongent le bout par où le germe se développe.

« Je n'adopte pas tout ce que rapportent ceux qui dérangent les fourmilières pour en faire, en quelque sorte, l'anatomie; mais ils disent qu'au lieu d'une ouverture droite qui donnerait une entrée facile aux autres animaux, elles ont plusieurs détours, plusieurs sinuosités obliques qui s'entrecoupent et se terminent en trois cavités dont la première est leur habitation commune, l'autre, le magasin où elles serrent leurs provisions, et la troisième leur sert à enterrer les morts. »

Est-il besoin de dire que l'histoire du ver offert pour la rançon d'un mort est de pure fantaisie, et que le philosophe Cléanthe l'a puisée dans son imagination ou a interprété à sa façon un fait de tout autre nature qui a pu se passer sous ses yeux? Pardonnons aux anciens cette tendance au merveilleux qui discrédite leurs observations, et, avant de leur jeter la pierre, rappelons-nous les exagérations plus inexcusables qui s'étalent, en plein dix-neuvième siècle, dans certains ouvrages prétendus scientifiques.

Au livre VI des « Métamorphoses ou l'Ane d'or » le romancier latin, Apulée, rend hommage à l'activité des fourmis qu'il fait venir en aide à Psyché, obligée, sur l'ordre de Vénus, de trier un monceau de graines diverses mélangées par la déesse irritée.

« Psyché ne songe même pas à porter la main à ce monceau confus et inextricable, mais consternée de la barbarie d'un tel ordre, elle garde un silence de stupeur. Alors la fourmi, ce petit insecte qui habite la campagne, appréciant une difficulté si grande, prit en pitié les malheurs de Psyché.... Elle court de côté et d'autre avec activité, elle convoque et réunit toute la classe des fourmis ses voisines.... A l'instant, comme des vagues, s'agitent ou se précipitent les unes à la suite des autres, ces peuplades à six pieds. D'une ardeur sans égale, elles démêlent grain à grain tout le monceau, et après avoir fait des tas distincts, avoir séparé les espèces, elles se dérobent promptement aux regards. »

Ælien, ce Romain qui, pris d'une belle passion pour la littérature grecque, composa dans la langue d'Athènes la plupart de ses ouvrages, consacre aux fourmis d'assez nombreux passages de son *Histoire des animaux*. Pour éviter des répétitions inutiles, je ne transcris ici que la page la plus intéressante de ce livre, relative au sujet qui nous occupe.

« Les historiens et les poètes célèbrent les cavernes d'Égypte et les labyrinthes de Crète, mais ils ne connaissent pas encore les détours, les sinuosités et les circuits variés des galeries creusées par les fourmis. Ces édifices souterrains, construits avec une sagesse admirable, sont en effet si tortueux que leur accès est non seulement difficile, mais même tout à fait impraticable pour les animaux malfaisants. Les fourmis amoncellent au-dessus de l'ouverture du caveau la terre extraite des fouilles, et en forment des sortes de murs ou de remparts pour éviter que leur demeure puisse être endommagée ou détruite par l'eau des pluies. Elles établissent aussi avec beaucoup d'art des clôtures intermédiaires, séparant les chambres les unes des autres, et, comme nous le faisons d'ordinaire pour !nos riches habitations, elles divisent la maison en trois parties : l'une, qu'on peut comparer à l'androcée, sert au logement commun des deux sexes; l'autre, ou le gynécée, est le lieu où pondent les femelles, et la troisième est destinée à renfermer les réserves de grains. Et pourtant ces petits êtres n'ont reçu aucune leçon d'Ischomaque ou de Socrate, ces hommes habiles dans la science économique.

« Quand elle partent aux provisions, les fourmis sont conduites par les doyens d'âge et les chefs d'armée, puis, arrivées au lieu de la moisson, les jeunes restent sous la plante pendant que les chefs montent sur la tige et jettent les épis à celles qui sont en bas. Ces dernières séparent les barbes, dégagent le grain de la glume, et opérant ainsi le battage et le vannage destinés à débarrasser la graine des impuretés, les fourmis font leur nourriture du blé cultivé et semé par l'homme. On sait aussi pertinemment qu'elles ensevelissent leurs compagnes mortes en les enfermant dans les enveloppes des grains, de la même façon que les hommes renferment dans des urnes les cendres de leurs parents ou de leurs amis. »

Si l'on veut bien se rappeler ces lignes quand nous ferons l'histoire des fourmis moissonneuses si consciencieusement étudiées par Lespès et Moggridge, on verra peut-être avec surprise que, sauf l'autorité des doyens d'âge et le mode d'ensevelissement des morts, le récit d'Ælien est presque en tous points d'accord avec les observations de ces éminents naturalistes.

L'histoire des fourmis, si judicieusement ébauchée dans l'antiquité, sommeille pendant tout le moyen âge, et à peine trouve-t-on çà et là une mention les concernant chez les écrivains de cette période tourmentée, où les dits, les lais, les fabliaux, les soties, les farces, les moralités, les mystères et les épopées chevaleresques envahissent la littérature, sans laisser de place aux études naturelles ou philosophiques qui demandent pour être entreprises un calme d'esprit incompatible avec la vie semi-barbare de nos pères.

Il faut peut-être cependant faire une exception en faveur d'Albert le Grand, dont la vaste érudition jeta sur le treizième siècle une lueur temporaire. Sa popularité était telle que son nom sert encore aujourd'hui à répandre des inepties qu'il n'a jamais signées, et qui sont l'œuvre d'auteurs anonymes peu recommandables. Le nombre des écrits apocryphes qui lui ont été attribués est d'ailleurs considérable, et on n'est même pas bien sûr de l'authenticité de plusieurs de ceux qu'on a réunis dans l'édition de ses œuvres publiées au dix-septième siècle. Quoiqu'il en soit, la partie de ses livres relative à la physique et à l'histoire naturelle a été presque en entier empruntée à Aristote et reproduit toutes les erreurs de ses devanciers. On y rencontre çà et là quelques lignes sur les fourmis, mais elles offrent peu d'intérêt et sont rééditées par Aldrovande, comme on le verra tout-à-l'heure.

Au seizième siècle Aldrovande écrit, sous le titre d'*Histoire naturelle*, une immense compilation dont la majeure partie ne fut publiée qu'après sa mort arrivée en 1605. Le cinquième livre du volume des Insectes renferme une trentaine de pages in-folio sur les fourmis, mais ce n'est qu'un ramassis indigeste et sans aucune critique de tout ce que l'auteur a pu trouver dans les vieux écrivains, et la fable, comme on le pense, tient une place importante dans ces récits puisés aux sources les plus hétérogènes et les plus suspectes. Voici, comme échantillon, quelques lignes sur l'action malfaisante du venin des fourmis, et je n'ai pas besoin de mettre le lecteur en garde contre l'exagération évidente de ces assertions.

« Albert dit que les fourmis ont une morsure venimeuse qui fait naître des pustules, et Plutarque en effet affirme qu'elles ont l'habitude de mordre. Quelques personnes mangent le dragon, les fourmis et les cantharides dont l'ingestion est excitante, au rapport de Didyme. En ce qui concerne particulièrement les fourmis, on les regarde comme venimeuses et on assure que ceux qui s'approchent de leurs nids et respirent l'air qui s'en dégage, se trouvent mal de cette imprudence. Il est certain, d'après l'autorité d'Albert, que pour peu qu'on les irrite ou qu'on les dérange, elles vous lancent au visage une certaine humeur caustique qui produit sur la peau des pustules difficiles à guérir. Les habitants de Cumes imprègnent leurs flèches de diverses substances, mais au nombre de leurs poisons les plus redoutables, il faut compter celui qu'ils retirent de la bouche des fourmis. Leurs œufs eux-mêmes, mélangés à la boisson, produisent dans le corps de l'homme d'incroyables flatuosités, obligeant parfois ceux qui en ont absorbé à ne pas se respecter même à table. »

A la fin du dix-septième, mais surtout avec le dix-huitième siècle, s'ouvre l'ère scientifique en histoire naturelle, et les travaux de Swammerdam, Leeuwenhoeck, Linné, Gould, de Géer, Bonnet, Christ et autres font faire un pas décisif à l'histoire des fourmis, sans cependant être complétement exempts des exagérations et des préjugés transmis par leurs devanciers. Ces observations, déjà sérieuses mais encore vagues et indécises, se précisent et s'étendent dans la première moitié du dix-neuvième siècle,

avec Latreille, Lepeletier de Saint-Fargeau et surtout le
Genevois Pierre Huber, dont l'admirable livre est encore
aujourd'hui la base de nos connaissances sur les mœurs
des fourmis indigènes. De nombreux auteurs ont suivi
les traces de ces maîtres, et leurs modestes notices ou
leurs importants volumes, s'ajoutant et se contrôlant, ont
formé l'imposant édifice dont la science moderne a le
droit d'être fière. Sans doute il y manque encore bien
des assises, mais il s'élève et se complète chaque jour;
de nouveaux ouvriers se mettent à l'œuvre, et les secrets
des fourmis se divulguent un à un, non sans nous causer
parfois d'étranges surprises par l'imprévu des décou-
vertes et la singularité des résultats obtenus.

Parmi cette pléiade de pionniers contemporains dont
les noms reviennent à chaque page de ce livre, je me
borne à citer Héer, Lespès, Ebrard, von Hagens, Mayr,
Moggridge, Smith, et surtout Lubbock et Forel, qui ont
contribué dans une large mesure à nous initier aux habitudes des fourmis européennes. Les espèces exotiques
plus négligées ont eu cependant leurs historiens en la
personne de Lund, Bar, Belt, Bates, Wallace, Lincecum,
Buckley, etc..., et, tout récemment, le Rév. Mac Cook nous
a donné une suite d'études des plus remarquables sur un
certain nombre de fourmis américaines, en nous laissant
espérer que ces belles monographies ne forment que les
premiers volumes d'une collection dont nous attendons
la suite avec impatience.

On voit, par cette énumération fort incomplète, que le
nombre est déjà grand de ceux qui ont consacré leurs
loisirs à l'étude si attachante des mœurs des fourmis,
mais tous ces observateurs n'ont pas apporté la même
sagacité dans l'interprétation des faits dont ils ont été
témoins, et le naturaliste sérieux doit se défier de certains rapports évidemment enjolivés par l'imagination
trop vive de l'auteur. Il n'est pas toujours aisé de faire
un choix judicieux au milieu de récits dont le contrôle

est parfois impossible, et de dégager la vérité des exagérations qui la déparent. Mais il vaut mieux, dans ce cas,
pécher par excès de sévérité, et c'est pourquoi je me suis
imposé pour règle absolue de rejeter impitoyablement
toute assertion suspecte ou insuffisamment prouvée. En
agissant autrement, j'aurais pu facilement grossir ce
volume de beaucoup d'historiettes très divertissantes sans
doute, mais dépourvues d'authenticité, et j'aime à croire
que mes lecteurs me sauront gré d'avoir préféré leur instruction à leur puéril amusement.

II

ANATOMIE ET PHYSIOLOGIE

Division du corps des fourmis. — Tête. — Bouche. — Mandibules. —
Elles *constituent à la fois une arme et un instrument de travail.*
— Leur importance pour tous les actes de la vie. — Mâchoires
inférieures. — Labre. — Lèvre inférieure. — Languette. — Palpes maxillaires. — Palpes labiaux, — Épistome. — Arêtes frontales. — Aire frontale. — Joues. — Front. — Vertex. — Occiput. — Antennes. — Scape. — Funicule. — Le rôle des antennes
est multiple. — Elles constituent les principaux organes du
tact et du langage. — Elles servent à l'odorat. — Quelques
auteurs y ont placé le sens de l'ouïe. — Le tibia renferme certains organes supposés propres à l'audition. — Structure de
ces organes d'après Lubbock. — La localisation d'un sens important dans un organe accessoire n'est pas inadmissible. —
Le sens de l'ouïe n'est peut-être pas localisé. — Yeux. — Leur
structure. — Comparaison de l'œil des fourmis avec celui d'autres
insectes. — Différence entre les yeux des différents sexes. —
Ocelles. — Thorax. — Ses divisions. — Pattes. — Hanche. —
Trochanter. — Cuisse. — Tibia. — Tarse. — Crochets. — Pulvilli. — Faculté qu'ont les fourmis de marcher sur des surfaces verticales ou renversées, — Opinions de Dewitz et de
Tuffen West. — Recherches du Dr Rombouts. — Éperon. — Il sert
de peigne ou de brosse pour la toilette. — Ailes. — Abdomen.
— Pétiole. — Écaille. — Système nerveux. — Remarquable développement du cerveau des fourmis. — Ganglions thoraciques et
abdominaux. — Indépendance des centres nerveux. — Système
musculaire. — Circulation du sang. — Vaisseau dorsal. — Appareil respiratoire. — Sa complication. — Trachées. — Stigmates. —
Activité de la respiration. — Défaut de résistance à l'asphyxie, —
Organes de la digestion. — Glandes salivaires. — Pharynx. — Œso-
phage. — Jabot. — Gésier. — Estomac. — Intestin. — Rectum. —
Cloaque. — Appareil vénénifique. — Glandes et vessie à venin. —

Avant d'entrer dans l'[illegible] intime de nos insectes, il est indispensable de [illegible] en [illegible] les grandes lignes de leur physionomie, de [illegible] connaître la structure générale de leur corps et d'[illegible] sommairement leurs différents [illegible] que [illegible] les principales fonctions qui s'y rattachent [illegible] au [illegible] du domaine de l'Anatomie et de la Physiologie [illegible] des [illegible] mais suffisantes pour que le [illegible] puisse [illegible] compte des [illegible] sources que l'[illegible] et [illegible] dans ces in[illegible] [illegible], et [illegible] leur permettre d'accomplir le travaux [illegible] [illegible] et notre admiration.

Les fourmis sont des insectes appartenant à l'ordre des Hyménoptères et [illegible] [illegible] des porte-aiguillon. Sauf de très rares exceptions, on compte dans leurs sociétés [illegible] catégories d'individus : des mâles, ou ouvrières [illegible] [illegible], et des mâles et des femelles ailés. Bornons-nous [illegible] signaler simplement ici l'existence de ces trois catégories d'individus, et remettons à plus tard l'examen des différentes fonctions qu'ils ont à remplir dans la communauté.

En prenant [illegible] le cas [illegible] une fourmi de taille moyenne

on voit, au premier coup d'œil, que son corps est composé de trois parties principales, toujours nettement séparées : la *tête*, le tronc ou *thorax* et le ventre ou *abdomen*. Nous nous occuperons... d'une façon ordinaire
et examinerons... chacune de ces parties.

Tête. — ... dont la forme est variable selon les espèces, est une sorte de boîte chitineuse, pouvant être de deux
ouvertures ; l'une ... point de jonction avec le thorax et qui ... horizontal. L'autre en avant et
constitue ... cette dernière est munie de pièces
accessoires ... subordonnées, mais nécessaires pour la
préhension et ... la recherche des aliments.

Tout d'abord et de chaque côté de l'ouverture buccale,
se voient deux ... pièces chitineuses, le plus souvent triangulaires, et taillées de manière à pouvoir s'écarter ou se rapprocher dans le sens horizontal, à la façon

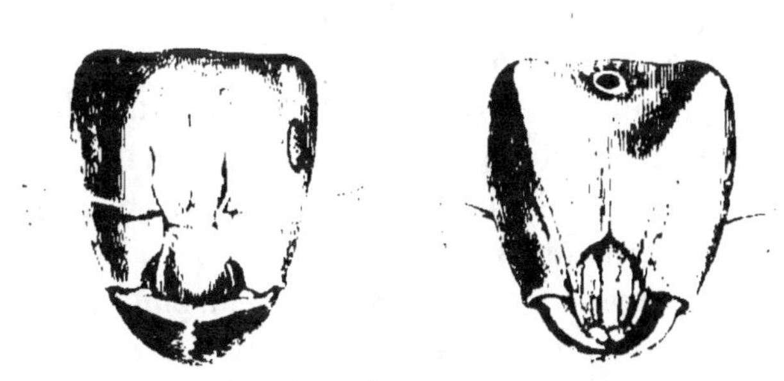

de deux mors d'une pince, et dont les bords en contact
sont ordinairement taillés en scie. Ce sont les mâchoires
supérieures ou *mandibules*. Leur rôle est des plus importants et elles constituent, en même temps qu'une arme
puissante, un instrument de travail des plus précieux
pour la fourmi. Ces organes leur servent, en effet, de
scie ou de ciseaux pour couper, de tenaille pour arracher ou déchirer, de truelle pour transporter, de truelle
pour gâcher le ... ... pour le tasse-
ment de ... etc. Leur fonction... sont si mul

tiples, qu'on pourrait presque dire que le seul usage auquel elles soient impropres, est précisément celui que semblerait leur assigner leur nom de mâchoires, c'est-à-dire la mastication des aliments; les fourmis ne se nourrissant que de substances fluides ou semi-fluides, et étant incapables de mâcher leur nourriture, dans le sens propre du mot. Sans les mandibules, les fourmis seraient réduites à l'impuissance, et nous verrons plus tard, en parlant de la fourmi amazone, que si la conformation de ces précieux organes se modifie d'une certaine manière, il en résulte pour leurs propriétaires une incapacité absolue de pourvoir à leurs besoins, et la nécessité impérieuse de s'adjoindre des serviteurs qui vaqueront à leur place à tous les soins du ménage.

En dessous et en arrière des mandibules se voient les *mâchoires inférieures*, composées chacune de trois pièces articulées, mobiles, de consistance membraneuse ou charnue, et portant à leur surface quelques rangées de poils et un certain nombre de papilles gustatives. Pas plus que les précédentes elles ne peuvent servir à la mastication, mais elles concourent avec les lèvres et les palpes dont il va être question, à la reconnaissance et à l'ingestion des aliments.

La lèvre supérieure, ou *labre*, ordinairement cachée sous l'épistome, forme la paroi antérieure de l'ouverture buccale. C'est une pièce aplatie, de forme variable, souvent bilobée, pouvant se mouvoir d'arrière en avant dans un plan horizontal, et correspondant plus ou moins à la partie du même nom, chez les animaux supérieurs.

La *lèvre inférieure*, assez allongée et très mobile, constitue le plancher de la bouche.

La langue, ou *languette*, est une pièce extensible qui prend naissance sur la lèvre inférieure; sa grande mobilité lui permet de laper ou de lécher les sucs alimentaires. Elle remplit aussi, comme chez les chiens ou les chats, un rôle important pour la toilette du corps, et

c'est le principal instrument des soins de propreté que
les nourrices ne cessent de prodiguer aux jeunes fourmis
dans leur premier âge. Sa surface, couverte de plis trans-
versaux, la rend éminemment propre à ce dernier usage,
et les rangées de papilles gustatives, qui se voient en
avant et en arrière, en font aussi le siège principal, mais
non exclusif, du sens du goût.

Pour terminer ce qui a rapport aux organes buccaux,
il reste à signaler les *palpes*, au nombre de quatre, dont
deux, les *palpes maxillaires*, sont supportés par les mâchoires inférieures, et les deux autres, les *palpes labiaux*, s'insèrent de chaque côté de la lèvre inférieure.
Ce sont des sortes de petits doigts grêles et articulés,
dont la sensibilité tactile est très délicate, et qui sont
peut-être le siège de sens spéciaux mais encore indéter-
minés. Les palpes maxillaires sont composés d'un à six
articles; les palpes labiaux, ordinairement plus petits que
les précédents, sont formés d'un à quatre articles.

En continuant l'examen de la tête et en la regardant
en dessus, on voit, à son extrémité la plus antérieure,
une pièce triangulaire, trapézoïdale ou semi-circulaire, fixe
et faisant partie intégrante de la boîte crânienne, c'est
l'*épistome* qui, ainsi que son nom l'indique, recouvre la
bouche et la cache entièrement aux regards quand l'insecte est examiné d'en haut. Derrière l'épistome s'étendent, en ligne droite ou sinueuse, deux lames saillantes, les
arêtes frontales, dont la concavité extérieure reçoit et protège l'articulation des antennes. Entre ces arêtes et contiguë
au bord postérieur de l'épistome, on remarque ordinairement une petite dépression triangulaire, l'*aire frontale*, se
continuant souvent en arrière par un fin sillon longitudinal.

Les autres parties de la tête, les *joues*, le *front*, le
vertex, l'*occiput*, n'ont pas de limites déterminées et ne
sont que des divisions arbitraires, correspondant plus ou
moins aux régions analogues chez les vertébrés.

Les *antennes* sont aussi nécessaires aux fourmis que

les mandibules. Insérées, comme nous l'avons dit, dans
des cavités articulaires, sous le rebord externe des arêtes
frontales, elles ont l'apparence de deux cornes extrêmement mobiles et sont composées d'un premier article
souvent très long, le *scape*, et d'un certain nombre
d'autres plus petits, faisant un coude avec le premier et
figurant assez exactement la lanière d'un fouet dont le
scape serait le manche; de là le nom de *funicule* donné
à cette seconde partie de l'antenne. La dimension relative
des articles du funicule est très variable et leur nombre
peut être compris entre un minimum de trois et un
maximum de douze. Dans les cas les plus fréquents le
funicule des ouvrières et des femelles est composé de
onze articles, et celui des mâles compte un article de
plus. Parfois le funicule est cylindrique dans toute son
étendue; souvent aussi il se renfle à l'extrémité en une
massue plus ou moins allongée. Cette dernière conformation se rencontre surtout chez les fourmis dont le pétiole
est formé de deux articles.

Le rôle des antennes paraît multiple, et l'on n'est pas
encore bien d'accord sur leurs diffé-
rentes fonctions. Ce sont, en première
ligne, des organes de tact fort sensibles
et, dirigées en avant, elles peuvent
guider la marche des fourmis, leur faire
reconnaître et éviter les obstacles, en
venant efficacement en aide à la vue
souvent assez faible chez ces insectes,
et en la suppléant même dans certains
cas où elle fait complètement défaut.
Les antennes sont encore l'instrument
principal du langage chez les fourmis,
et nous reviendrons sur ce sujet en
parlant des rapports de ces bestioles les

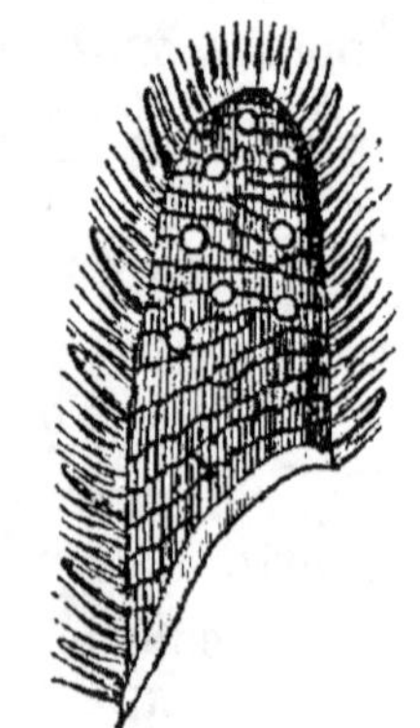

Fig. 5. — Sens de
l'odorat (d'après
Leydig).

unes avec les autres. Le sens de l'odorat paraît aussi, d'a-
près les recherches de naturalistes éminents, être localisé

dans les antennes, et l'examen microscopique vient à
l'appui de cette opinion en faisant reconnaître, à l'extrémité du funicule, un certain nombre de pores où s'insèrent de petits appendices coniques, distincts des poils,
et supposés aptes à percevoir les sensations olfactives.
Cette structure a été découverte par Erichson et étudiée
depuis par Landois, Leydig et, en dernier lieu, par Hauser
qui en a fait l'objet d'un mémoire détaillé.

Enfin quelques auteurs, tels que Kirby et Spence, Burmeister, Landois, Graber, etc., ont voulu placer dans
l'antenne le sens de l'ouïe, et cette opinion est corroborée par l'existence, dans le dernier ou les derniers articles, de certains organes très re-
marquables, signalés pour la pre-
mière fois par le Dr Braxton-Hicks et
décrits depuis par Forel et Lubbock.
Ces appareils sont de deux sortes :
les uns, affectant la forme de bou-
chons de Champagne, se retrouvent
chez divers insectes; mais d'autres,
figurant de petits stéthoscopes, semblent spéciaux aux fourmis. Les premiers paraissent être de simples sacs
dilatés en arrière et débouchent par

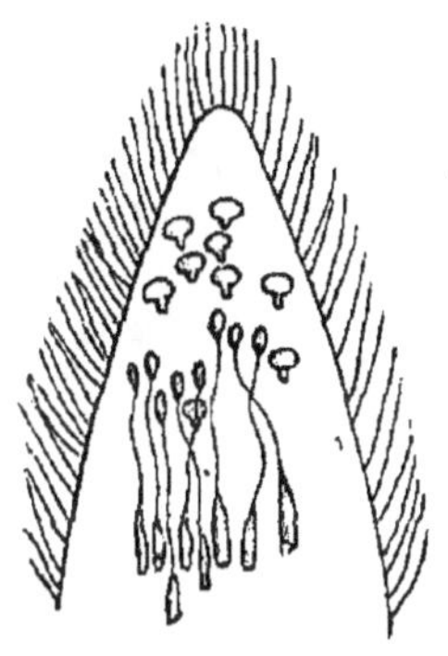
Fig. 4. — Sens de l'ouïe
(d'après Lubbock).

leur partie rétrécie dans des ouvertures correspondantes
pratiquées à la paroi chitineuse de l'antenne. Les autres
se composent d'une bourse terminale analogue mais non
dilatée en arrière, d'un long tube plus ou moins sinueux,
et d'une chambre interne allongée, à l'extrémité posté-
rieure de laquelle aboutit un filet nerveux.

Plusieurs naturalistes, tels que Siebold, Burmeister.
Leydig, Graber et autres, ont trouvé dans le tibia des pattes
antérieures de quelques Orthoptères, certains organes
qu'ils ont supposé pouvoir servir à l'audition, et sir John
Lubbock, dans un récent travail anatomique, a reconnu
l'existence d'organes analogues dans le tibia des fourmis.

[illegible]

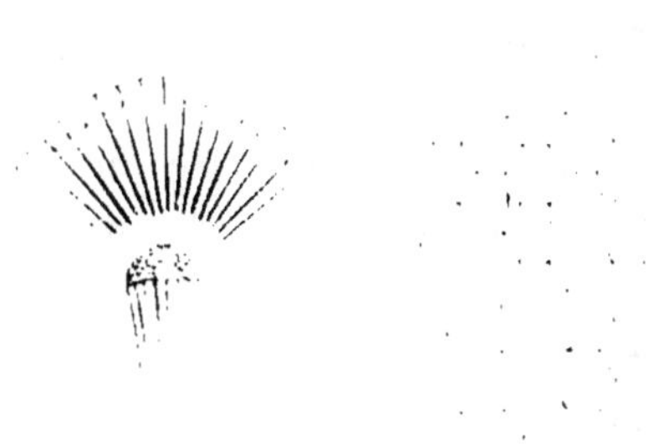

courbure plus ou moins prononcée de l'ensemble de leur réseau, sont souvent en nombre prodigieux chez certains insectes, puisque, d'après Müller, l'œil composé d'une espèce de coléoptère, la Mordelle, comprend plus de 25 000 facettes ou yeux élémentaires. Les fourmis sont moins bien partagées sous ce rapport, car, d'après les recherches de Forel, limitées, il est vrai, aux fourmis de la Suisse, on ne compterait chez elles jamais plus de 1200 facettes et ce maximum serait même exceptionnel, beaucoup d'ouvrières en effet n'en offrant qu'un nombre bien moindre et pouvant même descendre à l'unité, sans parler de quelques espèces tout à fait aveugles qui n'en montrent aucune trace.

En général, les mâles sont les mieux doués sous le rapport de la multiplicité des éléments visuels, et chacun de leurs yeux composés comprend de 400 à 1200 facettes, selon les espèces. Cette supériorité de leur vue s'explique par la nécessité où sont ces insectes de reconnaître leurs femelles au milieu des airs, pendant le vol nuptial. Une raison analogue mais moins impérieuse a présidé à l'organisation des femelles, qui viennent en second rang pour la complication du réseau oculaire, dépassant parfois 800 facettes, sans descendre au-dessous de 100, tandis que, chez les ouvrières, les yeux atteignent rarement 600 éléments, et la plupart du temps, en comptent moins d'une centaine.

Les *ocelles*, également fixes, sont ordinairement au nombre de trois, placés en triangle sur le vertex, l'ocelle impair, qui forme le sommet du triangle, étant situé en avant. Toujours existant chez les mâles et les femelles, les ocelles manquent très souvent chez les ouvrières qui parfois, comme les cyclopes de la fable, n'en présentent qu'un seul au milieu du front. Ces organes sont toujours simples, lisses, pourvus d'une seule cornée, et répondent par leur organisation à l'une des facettes des yeux composés. Leur surface très convexe, à peu près hémisphé-

très délicats placés entre les griffes et qu'on nomme les *pulvilli*. Ce sont de petites pelotes membraneuses dont la surface inférieure est ordinairement hérissée de poils courts et très nombreux. De l'extrémité de chacun de ces poils s'écoule, par une fine ouverture terminale, une liqueur spéciale dont l'adhérence est suffisante pour soutenir l'insecte, tout en lui laissant la liberté complète de ses mouvements. Cette liqueur est sécrétée par des glandes microscopiques, récemment reconnues par le D\u02b3 Dewitz, et les recherches de ce savant ont prouvé qu'elle est seule en jeu dans la marche renversée des insectes et que les poils des pulvilli ne jouent pas le rôle de ventouses, comme l'avaient cru la plupart des naturalistes anciens et modernes. Tuffen West, qui a décrit et figuré ces organes chez les différents ordres d'articulés, a fait connaître que, chez certains insectes, les poils des pulvilli sont terminés par une embouchure évasée, ayant en effet la forme voulue pour fonctionner comme ventouses, si l'absence des muscles constricteurs et la persistance de la fonction sous le récipient de la machine pneumatique ne venaient, comme l'ont démontré Blackwall et Dewitz, infirmer cette opinion assez accréditée. Chez les fourmis, d'ailleurs, ou du moins chez les espèces que j'ai pu étudier, les poils des pulvilli sont filiformes et ne présentent pas la dilatation terminale figurée par Tuffen West.

Mais de quelle façon agit la liqueur émise par les pulvilli? Blackwall et Dewitz, d'accord avec la plupart des entomologistes contemporains, attribuaient à la viscosité de la matière sécrétée l'adhérence des pattes sur les surfaces parcourues. Cette opinion, acceptable au premier abord, soulevait cependant des objections assez sérieuses. Il semblait que cette sorte de colle, servant à fixer l'insecte sur les corps polis, devait nuire à la liberté de ses mouvements, et pourtant l'observation la plus superficielle démontre avec quelle légèreté d'allures les mouches se meuvent sur les vitres de nos appartements, sans paraître le moins du monde gênées dans leur marche rapide. D'autre part, si l'insecte reste stationnaire pendant un certain temps, la matière visqueuse devrait se dessécher au contact de l'air et fixer l'animal sur place, en l'immobilisant d'une façon absolue. L'expérience de chaque jour nous prouve encore qu'il n'en est rien et que, même après une station prolongée pendant plusieurs heures, la mouche s'envole avec la même facilité que si elle venait de se poser à l'instant.

Ces objections, qui avaient frappé bien des naturalistes, ont provoqué, de la part du Dr Rombouts, une série de recherches ingénieuses à la suite desquelles il a proposé une explication beaucoup plus rationnelle et probablement conforme à la vérité. D'après lui, le liquide des pulvilli n'est pas une substance visqueuse, mais bien une matière huileuse, très fluide, se desséchant lentement et n'épaississant pas au contact de l'air. L'adhérence qu'elle provoque est due, non pas à l'agglutination, mais à une simple action capillaire, c'est-à-dire à l'attraction exercée par chaque gouttelette sur le poil correspondant des pulvilli. Cette attraction, si faible qu'elle soit, multipliée par le nombre des poils, suffit à soutenir l'insecte sans nuire à sa désinvolture. Je n'entrerai pas dans le détail des expériences variées sur lesquelles le Dr Rombouts appuie sa théorie, mais je les crois concluantes et je pense que, jusqu'à meilleur avis, son explication est satisfaisante et répond à toutes les nécessités de la question, sans se heurter comme d'autres à des difficultés d'interprétation souvent insurmontables.

Pour en finir avec la structure des pattes, il nous reste à parler de l'*éperon*, s'articulant à l'extrémité du tibia et qui, figurant un véritable peigne aux pattes antérieures, se transforme le plus souvent en une simple épine ou même fait complètement défaut aux quatre pattes postérieures. Ce peigne en miniature est arqué,

arceau ventral réunis par une membrane, s'emboîtent les uns dans les autres en conservant entre eux une certaine mobilité.

Après cette revue rapide des organes extérieurs des fourmis, il nous reste à acquérir quelques notions sur leur anatomie interne, mais je ne ferai qu'effleurer ce sujet, pour ne pas sortir des limites étroites où doit se renfermer un ouvrage de la nature de celui-ci, dont le but essentiellement vulgarisateur ne comporte pas une trop grande abondance de détails techniques.

Système nerveux. — Le système nerveux des fourmis se compose de deux cordons parallèles, traversant le corps dans toute sa longueur, distincts dans la tête et le thorax, plus rapprochés et se confondant presque en un seul dans l'abdomen. De distance en distance ces cordons, ou *connectifs*, portent des renflements, ou *ganglions*, qui émettent latéralement et distribuent aux divers organes les filets nerveux destinés à leur donner la sensibilité ou le mouvement.

Chez la plupart des insectes, le double ganglion supérieur, occupant une partie de la cavité crânienne et constituant le cerveau, n'offre pas une structure sensiblement différente de celle des autres centres nerveux, et forme une masse transversale, émettant divers filets chargés d'innerver les organes buccaux, les ocelles et les antennes. Les deux prolongements latéraux, remarquables par leur volume, constituent les nerfs optiques et établissent

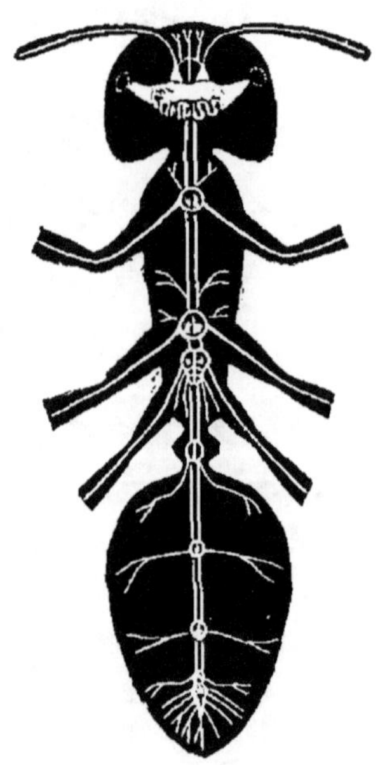

Fig. 10. — Système nerveux.

la communication du ganglion cérébral avec les yeux
composés. Chez les insectes sociaux et en particulier
chez les fourmis, on remarque, indépendamment des
lobes cérébraux ordinaires, deux gros hémisphères situés
en haut et un peu en avant de la masse ganglionnaire
normale. Ce sont les *corps pédonculés* de Dujardin, entourés d'une substance corticale celluleuse, dont la tex-
ture complexe rappelle l'aspect des circonvolutions céré-
brales des vertébrés.

Le volume relatif du cerveau est aussi très remarquable, et, si l'on consulte à cet égard les tableaux de
Graber, on verra qu'il représente chez la fourmi la deux
cent quatre-vingtième partie de son corps, tandis que
chez le hanneton par exemple, il n'égale que la trois
millième partie du volume total de l'insecte. C'est à peu
près la même relation cérébrale qui existe entre l'homme
et les grands mammifères, tels que le cheval ou le bœuf,
et ce rapprochement est très intéressant en confirmant
les données acquises par l'expérience sur la supériorité
intellectuelle des fourmis dans le monde des invertébrés.

Chacun des segments du thorax offre, sur la chaîne
centrale, des ganglions analogues à ceux de la tête, mais
moins complexes et moins développés; le premier article
du pétiole en renferme un spécial, et trois autres sont
échelonnés sur la partie des connectifs qui traverse l'abdomen. Chacun de ces ganglions est un centre nerveux
jouissant d'une certaine indépendance et pouvant fonctionner isolément, d'où il suit que si une fourmi est
coupée en deux, chacune des parties peut vivre et exécuter certains actes pendant un temps assez long, en se
comportant, pour ainsi dire, comme un animal distinct,
tandis que chez les êtres supérieurs, l'ablation de la tête
entraîne la mort presque immédiate. La seule prépondérance que l'on puisse accorder aux ganglions cérébraux,
ou cerveau des articulés, c'est d'être l'organe centralisa-
teur et coordinateur des actes de l'animal, celui qui im-

pose sa loi aux centres nerveux secondaires et empêche l'anarchie dans l'action de ces agents subalternes. C'est, si l'on veut, le chef d'orchestre qui dirige les exécutants, mais dont la suppression, tout en amenant la cacophonie, ne réduirait pas au silence ses subordonnés. Ajoutons aussi qu'indépendamment de leur fonction modératrice, les ganglions cérébraux jouent encore un rôle particulier en actionnant directement les divers organes des sens dont la tête est le siège.

Système musculaire. — Il n'entre pas dans mon plan de décrire ici l'assemblage compliqué des muscles de la fourmi. Ce serait une étude fort aride et qu'il est bon de réserver aux ouvrages purement anatomiques. Il nous suffira de savoir que ces insectes, comme tous les animaux doués d'une organisation développée, possèdent un nombre assez considérable de faisceaux musculaires contractiles, agissant par leur rétraction ou leur extension, sur les diverses parties du corps pour leur communiquer les mouvements variés dont ils sont susceptibles. Chez les vertébrés, les muscles ont leurs points d'attache sur certaines régions correspondantes du squelette, mais chez les articulés dépourvus de charpente osseuse, c'est sur des saillies ou des dépressions internes de l'enveloppe chitineuse que les faisceaux moteurs prennent leurs points d'appui, pour actionner les divers organes dans le sens déterminé par les besoins de la vie ou par la volonté propre de l'animal.

Les muscles des insectes ont une puissance bien supérieure à celle développée par ceux des vertébrés, et nous savons, d'après les expériences de Plateau, que l'énergie de leur système musculaire augmente en raison inverse de la taille. C'est ainsi que la fourmi est capable de déplacer un poids vingt ou trente fois supérieur à celui de son corps, tandis que le hanneton, par exemple, ne peut entraîner un fardeau dépassant quatorze fois son poids, bien que ce coléoptère soit encore proportionnellement

vingt fois plus fort qu'un cheval. Cette puissance énorme
d'un chétif insecte peut surprendre au premier abord,
mais quand on voit les fourmis transporter des matériaux d'un volume considérable, on comprend que ces
chiffres n'ont rien d'exagéré, et qu'au point de vue de la
force corporelle, les mammifères les plus redoutables ne
pourraient soutenir la lutte avec une fourmi ayant seulement le dixième de leur taille.

Circulation du sang. — La circulation, chez les insectes, est extrêmement simple; elle s'effectue sans le
concours de ces canaux particuliers qui, sous le nom
d'artères, de veines ou de réseau capillaire, constituent
l'appareil circulatoire si complexe des animaux supérieurs. Le sang ou le liquide plus ou moins incolore
qui en tient lieu, s'écoule librement dans les intervalles
laissés par les divers organes et baigne sans intermédiaire
tout l'ensemble de l'organisme interne. Le sang, toutefois, n'est pas immobile, mais soumis à une circulation
réelle d'arrière en avant, sous l'influence d'un gros vaisseau dorsal, contractile, faisant fonction de cœur. Ce
vaisseau dorsal est divisé en une série de chambres réunies par des sortes de valvules dont l'ouverture ou la fermeture successive pousse le sang d'une extrémité à
l'autre et produit dans la masse liquide un mouvement
continu et régulier.

Appareil respiratoire. —A l'inverse du précédent, l'appareil respiratoire est fort compliqué, et diffère entièrement de celui des vertébrés. Chez ces derniers, c'est le
sang qui va à la recherche de l'air destiné à le vivifier,
tandis que chez les insectes, où la circulation sanguine
est rudimentaire, c'est l'air qui se distribue lui-même
dans les replis les plus cachés du corps, et cette circulation aérienne s'effectue par des canaux particuliers appelés
trachées. Le système trachéen se compose, en thèse générale, de deux gros troncs parcourant toute la longueur
du corps, et se reliant entre eux, à divers intervalles,

par des *anastomoses*. Des rameaux aboutissent à des ouvertures extérieures, les *stigmates*, servant à l'entrée de
l'air et à la sortie des gaz expirés. D'autres ramifications
très nombreuses répartissent l'oxygène dans toute la masse
sanguine, et ainsi s'entretient la combustion vitale, aussi
indispensable chez les articulés que chez les animaux supérieurs, bien qu'elle soit moins active et que la chaleur
développée soit beaucoup moins sensible.

Les stigmates sont, ou thoraciques, ou abdominaux;
les premiers, au nombre de trois paires chez les fourmis,
sont situés au point de jonction de chacun des segments
inférieurs du thorax, sauf la dernière paire qui s'ouvre
sur le métathorax lui-même; les seconds, souvent in-
distincts, sont portés par le pétiole et l'abdomen. Ce sont
des ouvertures elliptiques, garnies, sur tout leur pourtour,
de cils qui, sans s'opposer à l'accès de l'air, arrêtent les
poussières et autres corps étrangers, dont l'introduction
dans les trachées nuirait à leur fonctionnement. En dessous de ces orifices extérieurs, une membrane élastique,
mue par un muscle constricteur, ouvre ou ferme les
stigmates aux différentes phases de l'acte respiratoire.
C'est par des dilatations et des contractions successives de
la cavité abdominale, produites par le jeu des anneaux
glissant les uns sur les autres, que l'air est amené dans
les trachées et que les produits de la respiration sont rejetés au dehors.

Le rythme des mouvements respiratoires, chez les insectes, est lent ou précipité selon le plus ou moins d'activité développée par l'animal. Les fourmis, qui sont
presque toujours en travail, ont une respiration assez
active, et résistent moins à l'asphyxie que beaucoup
d'autres articulés. Tandis que Lyonnet a pu conserver des
chenilles pendant dix-huit jours sous l'eau sans les voir
périr, les fourmis, au contraire, se noient assez rapidement, et elles sont, aussi, beaucoup plus sensibles que
d'autres insectes aux vapeurs délétères des substances

Organes de la digestion.

y séjourne pour s'écouler ou être projeté, à la volonté de l'animal, par le *canal déférent*. Certaines fourmis sont armées d'un aiguillon lisse ou barbelé, et c'est dans la plaie résultant de sa piqûre qu'est déversé le venin. Chez un grand nombre d'autres, l'aiguillon est nul ou rudimentaire, mais son absence ne désarme pas l'insecte qui peut alors, soit faire jaillir son venin à distance, soit en couvrir l'ennemi en le touchant de l'extrémité de son abdomen.

Une autre glande, la *glande accessoire*, débouche aussi dans le canal déférent, mais le liquide oléagineux qu'elle sécrète paraît avoir une destination lubréfiante encore mal déterminée.

Un petit nombre de fourmis à aiguillon rudimentaire et chez lesquelles la vessie à venin est plus ou moins réduite ou atrophiée, possèdent un appareil vénénifique spécial qui supplée à l'absence ou à l'insuffisance des organes ordinaires. Ce sont les *glandes anales*, sécrétant un liquide odorant ou inodore, qui s'accumule dans les *vessies anales* et peut s'échapper, à la volonté de l'insecte, par l'ouverture du cloaque, en produisant tous les effets du venin normal sur les ennemis qui en sont atteints.

Quels que soient la source et le mode d'émission du liquide caustique, ce moyen de défense souvent énergique est toujours spécial aux ouvrières et aux femelles, les mâles étant constamment inoffensifs et dépourvus de venin et d'aiguillon.

III

MÉTAMORPHOSES — REPRODUCTION — BIOLOGIE

De même que la plupart des insectes, les fourmis ne naissent pas sous la forme définitive que nous avons seule considérée dans les pages précédentes, et il importe maintenant de les suivre dans leurs transformations, de

mort apparente, pendant lesquels il se fait dans tout l'organisme un travail latent mais considérable, la jeune fourmi se réveille, déchire les langes qui l'enveloppaient, déploie ses membres et, d'un pas encore hésitant, va prendre sa place au milieu de ses compagnes. Si elle est renfermée dans une coque de soie, ce sont les ouvrières qui ouvrent sa prison et l'aident à en sortir, car les dents de la nouveau-née sont encore trop faibles pour lacérer le tissu résistant du cocon qui deviendrait pour elle un tombeau. Quand la jeune fourmi est enfin dégagée de ses entraves, il lui faut encore attendre que ses téguments soient assez raffermis et ses membres assez déliés pour lui permettre de prendre part au travail commun, avec l'allure et l'apparence des aînées de la famille. Pendant les premiers moments de sa nouvelle existence ses nourrices ne l'abandonnent pas, mais la soignent, la guident et l'instruisent dans les devoirs importants auxquels elle est destinée. Je reviendrai d'ailleurs sur ce sujet qui se rattache directement aux études de mœurs faisant l'objet principal de ce livre.

Distinction des sexes. — Au moment de la ponte, les œufs des fourmis sont tous semblables et rien ne peut faire présager le sexe de l'embryon qu'ils renferment. Pourtant, en ce qui concerne les mâles et les femelles, il parait hors de doute que les œufs ont reçu dès l'origine leur destination spéciale et que les mères ont seulement la faculté de les mettre au jour à volonté, puisque les mâles n'apparaissent qu'à certaines périodes et font complètement défaut pendant la plus grande partie de l'année. Mais les ouvrières, qui ne sont que des femelles arrêtées dans leur développement, proviennent-elles aussi d'œufs spéciaux, ou l'atrophie des ailes et des organes inutiles est-elle due à une nourriture particulière et à une différence de traitement de la part de leurs nourrices? Chez les abeilles, il est admis que les nourrices peuvent, par une alimentation et des soins appropriés,

période larvaire, il n'existe aucune différence entre les ouvrières et les femelles, que les mêmes rudiments d'ailes se voient chez les larves des neutres et des sexuées, et que c'est seulement dans le passage à l'état de nymphe que les ailes s'atrophient complètement chez les unes et se développent au contraire chez les autres. Je sais bien que cet argument n'est pas sans réplique, puisqu'on a constaté bien souvent, même chez les embryons des animaux supérieurs, des traces d'organes qui ne sont que les témoins de fonctions ancestrales, disparues depuis longtemps. Par suite, les rudiments d'ailes des neutres de fourmis pourraient n'être que les vestiges d'un état antérieur ayant donné naissance à la forme actuelle; mais la même objection se pose à l'égard des abeilles ouvrières, et je ne vois pas, avec Lubbock, qu'il y ait lieu de chercher deux explications différentes pour un même fait.

Laissons toutefois cette question d'origine aux investigations des savants, qui arriveront peut-être à en trouver un jour la vraie solution, et bornons-nous à constater que, dans toute fourmilière, on rencontre constamment, avec un nombre plus ou moins considérable de neutres, une ou plusieurs femelles fécondes, privées d'ailes, et à certaines époques seulement, des mâles et des femelles ailés. Ces trois catégories d'individus sont généralement assez faciles à distinguer, et voici les caractères principaux auxquels on pourra aisément les reconnaitre. Les mâles sont constamment ailés[1] et cette circonstance seule empêchera de les confondre avec les ouvrières et les femelles fécondes dont les ailes ont disparu. On les distinguera sans peine des femelles vierges, ou ailées, par leur abdomen comptant sept segments au lieu de six, y compris le pétiole, par leur taille généralement moindre, leurs yeux et leurs ocelles plus saillants, leurs antennes

---

1. Je ne tiens pas compte d'une espèce assez rare, l'*Anergates atratulus*, dont le mâle est aptère, et qui n'a pas d'ouvrières, parce que cette seule exception à la règle générale ne peut l'infirmer.

« la force prime le droit » n'a pas pris naissance chez les
hommes, mais que de chétifs insectes la mettent depuis
bien longtemps en pratique, en conservant toutefois sur
nous la supériorité d'une inconscience probable qu'il ne
nous est pas permis d'invoquer.

Rôle des mâles et des femelles. — Reproduction.
— Si les mâles des vertébrés ont quelque droit de s'enor-
gueillir de la prépondérance de leur sexe, il n'en est pas
de même chez les fourmis. Ce sont des êtres faibles, dé-
sarmés, sans intelligence et sans industrie, dont la présence momentanée n'a d'autre but que d'assurer la pro-
pagation de l'espèce. Aussi, dès que leur mission fécondatrice est terminée, ce qui a lieu ordinairement peu de
jours après leur naissance, ils errent au hasard, comme
des êtres désormais inutiles, et meurent bientôt misérablement, quand ils ne deviennent pas la proie des oiseaux
ou des insectes carnassiers.

Les femelles mènent, il est vrai, une existence assez
paresseuse, et il est rare qu'elles prennent une part quelconque aux soins du ménage, mais elles sont choyées et
nourries avec sollicitude par les ouvrières, car elles portent
dans leur sein l'avenir de la communauté. Aussi leur
mission consiste-t-elle à peu près uniquement à pondre
des œufs, aussitôt emportés par les nourrices, et placés
dans des cases spéciales de l'habitation. Elles conservent
leur fécondité pendant toute leur existence, sans avoir
besoin de nouvelles approches du mâle, et peuvent continuer pendant huit ou neuf ans au moins, comme l'a
démontré Lubbock, à fournir la communauté d'une population nombreuse et sans cesse renouvelée. Contrairement
à ce qui se passe pour la mère abeille, toujours unique
dans la ruche, les fourmilières peuvent posséder plusieurs
femelles qui, toutes, vivent en bonne intelligence et sont
l'objet des mêmes soins de la part des travailleuses.

Pour terminer ce qui a rapport aux mâles et aux
femelles, dont la vie fort uniforme n'offre pas beaucoup

d'intérêt, suivons-les depuis leur naissance jusqu'à la
fécondation, et nous laisserons ensuite mourir les premiers et poudre les secondes, pour nous occuper à peu
près exclusivement des ouvrières, dont les mœurs variées
et la merveilleuse industrie suffiront à remplir les pages
de ce livre.

C'est généralement en été ou au commencement de
l'automne, quand le soleil nous échauffe de ses rayons
les plus ardents, qu'a lieu l'éclosion des sexes ailés.
Pendant un peu moins d'une semaine, on les voit se promener nonchalamment au-dessus de la fourmilière ou
dans son intérieur, pour attendre le grand jour des
noces, dont le choix dépend probablement des conditions
atmosphériques et peut-être aussi d'autres causes qui
nous échappent. Lorsque le moment propice est arrivé,
il se produit dans toute la fourmilière une effervescence
considérable; les ouvrières vont et viennent, accostent
les ailés réunis en grand nombre à la surface du nid,
passent de l'un à l'autre, les touchant de leurs antennes,
leur offrant de la nourriture et semblant leur faire des
recommandations peu écoutées par tous ces êtres pressés
de prendre leur essor. Enfin l'essaim s'envole, souvent à
une grande hauteur, les fugitifs s'éloignent du nid qui
les a vus naître et qu'ils quittent sans retour. Chemin
faisant, ils rencontrent d'autres essaims sortis de fourmilières voisines, s'y joignent, s'y confondent, et le
grand acte s'accomplit loin des regards profanes, au sein
de l'air qui les transporte, au milieu des parfums de la
nature qui les enivrent. Mais la chute suit de près l'apo-
théose et cet instant de folle ivresse n'a pas de lendemain. Ils retombent bientôt du haut de ces régions
aériennes qu'ils ne visiteront plus, et le sol se jonche de
leurs corps alourdis et comme épuisés par ce suprême
effort. L'arrêt de mort est déjà signé pour les mâles dont
la mission est accomplie. Les femelles, en arrivant à
terre, ne tardent pas à se désarticuler les ailes et à se

dépouiller de ces organes désormais inutiles, puisque celles destinées à survivre doivent mener une existence tranquille et sédentaire et se consacrer entièrement à la fondation de nouvelles colonies. Le nombre de ces survivantes est d'ailleurs assez restreint, car elles ont bien des dangers à courir avant d'avoir trouvé un abri protecteur et un lieu propice à l'établissement de la famille à naître. Des observations nombreuses ont démontré que les femelles ne reviennent jamais à leur fourmilière d'origine, dont elles sont d'ailleurs le plus souvent fort éloignées, et qu'elles ne seraient pas reçues non plus dans d'autres fourmilières plus voisines, en vertu du principe d'hostilité que professent constamment, les unes à l'égard des autres, les fourmis appartenant à des nids différents. Cette situation embarrassante fait naître deux questions que nous allons examiner.

Entretien et origine des fourmilières. — Les sociétés étant évidemment destinées à vivre plus que les individus, il est indispensable que les mères fécondes se renouvellent au sein d'une fourmilière, et comment ce renouvellement peut-il avoir lieu si pas une des jeunes femelles ne rentre au bercail et si la population n'accorde le droit de cité à aucune femelle étrangère? Huber, le premier, et après lui d'autres patients observateurs, parmi lesquels je citerai son compatriote et son émule, le docteur Forel, ont résolu le problème en nous apprenant que plusieurs couples ne suivent pas la masse des fuyards dans ses ébats aériens, mais plus sages peut-être et moins aventureux, restent à la surface du nid pour y célébrer leurs noces sous l'œil vigilant des ouvrières. Dès que la fécondation s'est accomplie, on voit les fidèles gardiennes accoster les femelles qu'un reste d'indépendance porterait à s'enfuir, s'accrocher à leurs pattes, les entraîner de vive force dans l'intérieur de leurs souterrains et leur arracher les ailes pour prévenir toute possibilité d'évasion. Elles les

gardent ainsi à vue jusqu'à ce que les prisonnières se
soient habituées à leur captivité et aient renoncé à aller
porter ailleurs les germes précieux dont elles sont dépositaires.

, La seconde question, relative à l'origine des fourmilières, c'est-à-dire au mode de fondation d'une famille
nouvelle par les femelles qui se sont envolées loin de
leur demeure natale, est malheureusement encore restée
sans solution bien satisfaisante. La mère pourvoit-elle
seule aux premiers besoins de ses jeunes enfants, ou
s'adjoint-elle tout d'abord quelques ouvrières rencontrées par hasard et qui consentent à lui offrir leurs services? Ce sont là deux hypothèses qui ont été tour à tour
soutenues et critiquées par des naturalistes éminents.
Contre le premier système on objecte l'incapacité ordinaire des femelles pour les travaux compliqués que nécessitent la construction des nids et l'éducation des
larves, incapacité qui est même absolue chez certaines
espèces (*Polyergus, Strongylognathus*), par suite de la
conformation spéciale de leurs mandibules. La seconde
hypothèse se heurte au peu de sympathie des fourmis
entre elles, en dehors des liens de parenté résultant
d'une commune origine, et on comprend difficilement
une alliance si contraire à leur tempérament et à leurs
habitudes.

Toutefois, sans repousser absolument la première
explication qui s'appuie sur l'autorité d'Huber et qui
peut se trouver exacte pour certaines espèces plus industrieuses, je crois avec Lepeletier, Ebrard, Forel, Lubbock
et autres, que, dans la plupart des cas, la mère est secondée, sinon remplacée tout à fait, dans les travaux de
premier établissement, par des ouvrières de son espèce
qui la rencontrent fortuitement et s'allient à elle pour
la fondation d'une nouvelle société.

On peut citer, à l'appui de cette opinion, les expériences de Lubbock qui jettent un certain jour sur la question. Ce naturaliste a remarqué qu'en mettant une reine en contact avec un très petit nombre d'ouvrières, elle n'était pas attaquée par ces dernières, tandis qu'il n'a jamais réussi à la faire adopter d'emblée par une communauté un peu considérable, même privée de mère fertile. Il a pu ainsi, en ajoutant peu à peu d'autres ouvrières à celles déjà familiarisées avec la femelle, fonder assez rapidement une société artificielle et amener les travailleuses à reconnaître définitivement l'intruse pour leur véritable souveraine.

Le Rév. Mac Cook, de Philadelphie, cite un cas d'adoption immédiate d'une reine de *Cremastogaster lineolata*, par toute une colonie d'ouvrières de son espèce, mais ce fait isolé ne peut être pris en sérieuse considération en présence des résultats contraires constatés par Sir John Lubbock.

En résumé, la question de l'origine des fourmilières appelle de nouvelles observations, mais on peut dès à présent prévoir que la solution doit être multiple et que la nature, dont les moyens sont si variés, n'a pas assujetti toutes les espèces à une règle uniforme, ne leur a pas imposé une conduite invariable.

Diversité des aptitudes et des caractères. — C'est en histoire naturelle surtout qu'il faut se défier de la maxime : *ab uno disce omnes,*

> Par un seul apprenez à les connaître tous.

Et je profite de l'occasion pour mettre le lecteur en garde contre une généralisation trop grande des faits que j'aurai à énoncer. Le monde des fourmis est immense; on en a déjà reconnu plus de 1500 espèces, et ce chiffre, si respectable qu'il soit, ne représente peut-être pas la moitié des types existant réellement à la surface du globe. A cette variété de formes se rattache naturellement une diversité non moins grande de mœurs, d'instincts, de caractères, et l'histoire ethnographique des fourmis serait plus

considérable que celle du genre humain, si on arrivait
à rassembler un jour tous les éléments de ce livre gigan-
tesque dont nous n'avons encore que quelques feuillets
épars, quelques phrases incomplètes. Quand on pense que
certaines espèces fondent de véritables villes dont la population dépasse de beaucoup celles de nos plus grandes
cités, et que d'autres vivent en petites familles composées seulement de quelques individus; quand on consi-
dère la haute intelligence et les admirables institutions
des unes comparées aux instincts bornés et à l'humble
existence de certaines autres, on trouve entre ces deux
extrêmes un abime aussi vaste que celui qui sépare
le sauvage le plus primitif de l'Européen le plus civi-
lisé. Et combien d'autres démarcations profondes ne
peut-on pas constater entre telle ou telle peuplade, entre
tels ou tels individus! « Sans parler, disais-je ailleurs,
des avantages physiques qui établissent, entre une fourmi
et une autre, une différence plus fondamentale que celle
qui existe, selon l'expression de Forel, entre une souris
et un tigre, il y a encore toute une série de nuances morales et intellectuelles qui s'observent même chez des
espèces extrêmement voisines au point de vue de leur
structure extérieure. Ainsi, par exemple, le genre *Formica*, qui compte dans ses rangs les *F. sanguinea, rufa,
pratensis*, etc., dont l'intelligence est des plus remarquables, nous offre des espèces effrontées ou timides,
guerrières ou pacifiques. Les *Formica fusca* et *rufibarbis*,
qui constituent des formes tellement voisines qu'un œil,
même exercé, les distingue avec peine, sont cependant
d'un caractère fort différent, la première étant lâche et
craintive, la seconde courageuse et hardie. Certains
Lasius (fuliginosus, niger, emarginatus, etc.) aiment la
vie au grand jour; d'autres, au contraire (*flavus, umbra-
tus*) sont très casaniers et ne sortent presque jamais de
leur nid. La gourmandise l'emporte ordinairement sur
la haine et le dévouement chez les *Lasius* et les *Tetra-*

morium; c'est le contraire qui arrive chez les *Formica sanguinea* et *pratensis* (Forel). Les fourmis à instincts sociaux très développés sont aussi les plus intelligentes; celles qui vivent en petites sociétés, comme les *Myrmecina*, les *Leptothorax*, les *Ponera*, le sont beaucoup moins. La *Formica sanguinea* est belliqueuse et chevaleresque, ne déchirant jamais ses ennemis morts; la *Myrmica scabrinodis* est lâche et pillarde et va, comme les chacals, sur les champs de bataille, pour s'emparer des cadavres et les dévorer. »

Ces exemples, qu'on pourrait aisément multiplier, suffisent pour faire apprécier l'étonnante diversité que nous offrent les habitudes ou les penchants de ces êtres si intéressants, dont les mœurs nous sont encore cependant si imparfaitement connues. La plupart vivent dans de sombres retraites, inaccessibles à nos regards, et se refusent obstinément à satisfaire notre curiosité quand nous voulons soulever le voile de leur vie privée, en les enfermant dans des prisons de cristal, seul moyen que nous ayons de surprendre quelques-uns de leurs secrets, mais moyen brutal et souvent inefficace à cause du trouble et de la gêne qu'il apporte dans leurs habitudes et leur mode particulier d'existence.

Je terminerai ce chapitre par quelques mots sur la nourriture des fourmis et sur la durée de leur vie.

Régime alimentaire. — Le régime alimentaire des fourmis est extrêmement varié et, sauf quelques rares exceptions, elles paraissent s'accommoder indifféremment de substances végétales ou animales. Toutefois les matières sucrées semblent avoir leur préférence dans la majorité des cas, et les visites qu'elles font souvent à nos pots de confitures en sont la preuve évidente. Quelle que soit d'ailleurs la nature de leurs aliments, elles ne peuvent se nourrir que de matières fluides ou semi-fluides, car leur bouche n'est pas disposée de façon à mâcher les aliments solides. Les mandibules, dont nous avons examiné plus haut la structure, sont des instruments de travail et de défense, et leur rôle dans l'alimentation se borne à déchirer ou à diviser, mais ne va pas jusqu'à broyer comme le font les molaires des animaux vertébrés. Les fourmis lèchent et lapent, au moyen de leur langue, les sucs animaux ou végétaux, et nous verrons plus tard que les espèces granivores ne font pas exception à la règle, comme l'avaient cru certains naturalistes.

Les entrailles des proies succulentes, le nectar des fleurs, la pulpe savoureuse des fruits mûrs et entamés sont leurs mets ordinaires, auxquels il faut joindre la liqueur émise par les pucerons, qui entre pour une large part dans l'alimentation de beaucoup d'espèces, comme on le verra lorsque nous retracerons la curieuse histoire des mœurs pastorales de ces insectes.

La prédilection des fourmis pour les sirops et les sucreries leur a valu une réputation de gourmandise dont je n'essayerai pas de les justifier. C'est en effet un de leurs péchés capitaux, l'autre étant la colère, mais je me hâte d'ajouter qu'elles n'y joignent pas la paresse, compagne si fréquente du premier chez les enfants des hommes.

Ces deux penchants, qui se partagent la direction instinctive des fourmis, entrent quelquefois en lutte, et il est curieux de voir les hésitations de la bestiole sollicitée à la fois par ses deux conseillers et ne sachant auquel obéir. Si l'on met en présence un certain nombre de fourmis appartenant à des nids différents, un combat à outrance s'engagera aussitôt et les crocs ou l'aiguillon joueront leur rôle meurtrier. Mais qu'on jette, au plus fort de la mêlée, un peu de miel ou des parcelles de sucre, on verra les guerriers s'arrêter sur ces friandises, les quitter, puis revenir à elles, et finalement recommencer la lutte ou, au contraire, s'attabler sans plus de façon, selon que l'un des instincts l'emportera sur l'autre d'après le tempérament personnel de chaque individu.

Modifiant l'une des expériences de Lubbock, j'ai placé, un jour, quelques *Lasius emarginatus* dans une petite cage fermée d'un morceau de tulle, et je l'ai recouverte d'une cloche de verre sous laquelle furent introduites quelques ouvrières de *Formica rufibarbis*. Ces dernières, à la vue des *Lasius*, entrèrent en fureur et cherchèrent à les attaquer à travers l'écran de tulle qui les emprisonnait. Quand je les vis bien occupées à assiéger la cage, je soulevai la cloche et y glissai un fragment de carte sur laquelle j'avais déposé un peu de confitures. Dès que mes *rufibarbis* aperçurent ce plat sucré, elles y goutèrent avidement, mais de temps en temps elles revenaient à l'attaque des *Lasius*, et ces alternatives de festin et de combat se répétèrent trois ou quatre fois, après quoi elles ne quittèrent plus la table et abandonnèrent tout à fait le siège de la petite cage des *Lasius*.

Dans ce cas, la gourmandise l'avait emporté sur la haine, et je crois qu'il doit en être ainsi toutes les fois que cette dernière n'est pas entretenue et excitée par les démonstrations hostiles de l'ennemi, démonstrations que j'avais empêchées en séquestrant la partie adverse.

J'ai répété l'expérience en mettant sous la cloche, avec une provision de confiture, un nombre égal des deux fourmis empruntées aux mêmes nids, mais cette fois sans emprisonner l'un des partis, et aucune de mes fourmis ne toucha à l'appât jusqu'à ce que tous les *Lasius* fussent tombés sous les coups des *Formica*, qui alors s'attablèrent pour célébrer leur victoire, sauf toutefois deux d'entre elles restées gisantes sur le champ de bataille. Le résultat eut été moins décisif si, comme je l'ai constaté en d'autres circonstances, les adversaires n'avaient pas été confinés dans un aussi petit espace, qui ne leur permettait pas de s'isoler, même momentanément, les uns des autres.

Durée de la vie des fourmis. — On a cru pendant

longtemps que la vie des fourmis était assez courte et que leur existence ne se prolongeait pas au delà d'une année. J'ai moi-même contribué à propager cette erreur, en l'insérant, sur la foi de mes devanciers, dans un récent travail consacré à l'étude systématique des fourmis d'Europe. Mais les expériences de sir John Lubbock, sur des fourmis élevées en captivité, sont venues, dans ces derniers temps, reculer beaucoup le terme de la longévité de ces petits animaux, et il est aujourd'hui prouvé que les ouvrières et les femelles peuvent vivre huit ou neuf années et probablement davantage. La vie des mâles est nécessairement beaucoup plus courte, car, leur mission fécondatrice terminée, ils deviennent inutiles et doivent par conséquent disparaître pour obéir aux lois immuables de la nature. C'est en effet ce qui arrive, bien que leur existence puisse, dans certaines circonstances favorables, se prolonger encore quelques mois après l'accouplement.

IV

SENSATIONS ET SENTIMENTS — INTELLIGENCE

Difficulté d'apprécier les phénomènes sensitifs. — Sens de la vue. — L'œil composé transmet-il la sensation d'images multiples. — Vision en mosaïque de Müller. — Conséquence singulière de la première hypothèse. — Elle nous transporte dans un monde fantastique. — La théorie de Müller paraît plus rationnelle. — Usage des ocelles. — Faiblesse de la vue des fourmis. — Expériences de Lubbock avec des verres colorés. — Les fourmis distinguent les couleurs. — Elles voient les rayons ultra-violets. — Sens de l'ouïe. — Insuccès des recherches sur les facultés auditives des fourmis. — Elles perçoivent probablement des sons que nous n'entendons pas. — Organes de stridulation. — Sens de l'odorat. — Son importance. — Langage. — Les antennes en sont le principal instrument. — La vue lui vient en aide dans quelques circonstances. — Rapide transmission d'une nouvelle. — Appel aux armes. — Observations de Lubbock sur la faculté de communication. — Les fourmis se suivent à la piste. — Elles se portent réciproquement. — Modes divers de transport. — Sens de direction. — L'odorat est un guide plus sûr que la vue. — Conclusions contraires de Fabre. — Ses observations ne peuvent être généralisées. — Expériences de Lubbock. — Mémoire et faculté de reconnaissance. — Les amies sont reconnues après une longue séparation. — Curieuses expériences et merveilleux résultats. — Fourmis chloroformées et fourmis enivrées. — Sentiments affectifs. — Leur inconstance. — Divers exemples de compassion et de bienfaisance. — Intelligence. — Elle résulte de tous les actes des fourmis. — Observations de Mistress Treat, d'Ébrard et de l'auteur.

Nous n'avons jusqu'ici considéré, dans les fourmis, que leurs organes externes ou internes, nous n'avons passé en revue que les fonctions purement matérielles de croissance et de reproduction; il nous reste, avant d'aborder l'étude de leurs mœurs, à envisager nos insectes à un point de vue plus élevé, à nous rendre compte de la nature et de l'étendue de leurs sensations, à reconnaître le développement de leurs sentiments affectifs, à mesurer, autant que faire se peut, la portée de leur intelligence et la puissance de leurs conceptions.

Indépendamment des difficultés inhérentes à de semblables recherches, il est encore une source d'erreur qui doit nous rendre très circonspects dans l'appréciation de facultés et de phénomènes sensitifs issus d'organes si distincts des nôtres. Nous ne pouvons concevoir que les objets extérieurs, par exemple, produisent sur d'autres êtres des impressions différentes de celles que nous fournissent nos sens, et cependant il est possible et même probable que les insectes voient, entendent et sentent d'une tout autre façon que nous, sans que nous ayons aucun moyen de nous rendre compte de leur manière d'apprécier le monde matériel. N'est-on pas aussi fondé à croire qu'ils possèdent des sens qui nous sont tout à fait étrangers, quand nous les voyons accomplir certains actes inexplicables pour nous, et ne sommes-nous pas condamnés, à cet égard, à une ignorance absolue, de même qu'un aveugle de naissance ne peut se former aucune idée des couleurs, et que l'harmonie des sons restera toujours incompréhensible pour l'homme frappé d'une surdité originelle.

Ce n'est donc qu'avec une extrême réserve qu'on doit admettre ou contester l'existence de telle ou telle faculté chez les insectes. En étudiant les manifestations sensorielles résultant d'un organisme si peu modelé sur le nôtre, il faut se dégager de toute idée préconçue et, pour employer le langage mathématique, ne pas prendre pour étalon de mesure une *unité* qui peut ne pas être comparable à la *quantité* qu'il s'agit de définir.

Sens de la vue. — On se souvient que l'œil des

fourmis est formé d'un nombre plus ou moins considérable de petits yeux juxtaposés et présentant chacun un
appareil visuel complet. Dans ces conditions, la vision
doit s'opérer autrement que chez nous et, pour expliquer
le mode d'action de ces organes complexes, deux sys-
tèmes sont en présence, appuyés tous deux sur l'autorité
de savants bien connus dans la science. Les uns soutiennent que les insectes reçoivent l'impression d'autant
d'images distinctes que leurs yeux comptent de facettes ;
d'autres pensent, au contraire, que chaque œil élémentaire n'admet qu'un pinceau de lumière correspondant à
une étendue proportionnelle du champ de vision, de
sorte que la somme de toutes ces perceptions produit
une image unique, formée de la réunion de toutes les
images fragmentaires, comme ces mosaïques italiennes
dont les tableaux délicats résultent d'un assemblage considérable de petites pierres de nuances diverses, mais de
forme et de volume à peu près identiques.

Si cette seconde explication n'est pas à l'abri de toute
critique, il faut avouer qu'elle satisfait notre raison plus
facilement que la précédente, dont l'adoption nous oblige
à admettre l'hypothèse difficilement acceptable de la superposition de toutes ces images distinctes, sans quoi
nous sommes transportés dans un monde fantastique à la
réalité duquel il est bien difficile d'avoir foi. Se figure-
t-on, par exemple, la fourmi fauve de nos bois (*Formica
rufa*), dont l'œil compte environ 600 facettes, saisissant une brindille pour ajouter à la charpente de son
édifice, et s'imaginant manœuvrer 600 poutrelles pour les
ajuster à 600 places semblables et distinctes? Conçoit-on
la même fourmi, en face d'une de ses compagnes de travail et recevant l'illusion d'une armée d'ouvrières rangées
en bataille et exécutant toutes à la fois les mêmes mouvements, comme si un chef invisible leur faisait répéter
une manœuvre d'ensemble dont nos meilleurs troupiers
pourraient envier la précision? Et que dire du mâle de la

même espèce, qui, possédant 1200 facettes à chaque œil, verrait se multiplier, dans la même proportion, la femelle, objet de ses amours passagères, et se réaliser ainsi un véritable sérail en une personne, que les conteurs orientaux n'ont pas osé rêver dans leurs plus étranges créations, et que Mahomet eût sans doute promis à ses élus si l'histoire naturelle lui eût été moins étrangère ! Remarquons encore que les fourmis sont, parmi les insectes, des êtres peu privilégiés sous le rapport visuel, et que la Mordelle, avec ses 25 000 facettes, jouirait d'un spectacle bien autrement merveilleux, quoique peut-être bien monotone à cause de la symétrie absolue de ses 25 000 perceptions simultanées.

Sans doute il est permis de supposer que les fourmis ne voient pas le monde extérieur sous le même aspect qu'il se présente à nos regards, mais, si disposé que je sois à admettre même l'incompréhensible, quand les preuves de son existence me paraissent concluantes, je crois plus simple et plus rationnel de me rallier à la théorie de la vision en mosaïque proposée par Müller et adoptée par un grand nombre de savants autorisés. L'hypothèse d'une image fragmentée, mais unique, a du moins l'avantage de répondre plus directement aux besoins de l'animal, tel que nous les concevons et tels aussi que sa conduite semble nous les indiquer. L'hypothèse contraire renverse toutes nos idées reçues et, en l'adoptant sans tempérament, nous n'arrivons plus à expliquer les actes parfaitement coordonnés que nous voyons s'accomplir sous nos yeux.

Indépendamment des yeux composés, un petit nombre d'ouvrières et la généralité des mâles et des femelles possèdent encore, comme on l'a déjà vu, trois petits yeux simples ou ocelles, agissant probablement de la même façon que les nôtres, mais que leur convexité semble rendre plus propres à percevoir les objets rapprochés. Ce n'est toutefois qu'une supposition qu'il faut se garder de prendre pour une certitude.

Ainsi donc, d'une façon ou d'une autre, les fourmis voient, mais il paraît prouvé que leur vue est généralement assez faible et que c'est l'odorat qui lui vient en aide ou même la supplée dans la plupart des cas.

Sir John Lubbock a entrepris une série d'expériences fort intéressantes pour s'assurer si les fourmis avaient la faculté de reconnaître les couleurs, et il est arrivé, à ce sujet, à des résultats très curieux.

On a depuis longtemps remarqué que les fourmis redoutent l'entrée de la lumière dans leurs souterrains, et qu'en couvrant d'un écran quelconque l'un des angles de la cage vitrée où on les tient prisonnières, on les voit aussitôt se réfugier dans la partie ainsi obscurcie, y transporter leurs larves, et déménager autant de fois qu'on déplace l'obturateur, qu'elles suivent dans toutes les positions qu'on lui fait occuper. Partant de ce principe et remplaçant la couverture opaque par des verres colorés de diverses nuances ou des solutions de teintes variées, Lubbock a pu conclure de ses expériences : 1° que les fourmis savent distinguer les couleurs; 2° que les rayons pourpres et violets, si intense que soit la nuance employée, semblent les affecter plus que toutes les autres couleurs et leur paraître très lumineux, tandis que le jaune et le vert, même très clairs, ne les influencent que faiblement et jouent vis-à-vis d'elles le rôle d'écrans presque obscurs. Il suit de là que les fourmis ont une tout autre notion des couleurs que celle que nous en possédons, mais qu'elles les perçoivent à leur manière et d'une façon qu'il nous est impossible de concevoir. Lubbock a même constaté expérimentalement que leurs organes sont impressionnés par des couleurs à nous inconnues comme se trouvant en dehors des limites de notre perception, et que, sous ce rapport, leurs yeux seraient plus parfaits que les nôtres. On sait, en effet, que pour nous le spectre solaire est borné d'un côté par le rouge et de l'autre par le violet, mais qu'au delà de ces rayons il en existe d'autres qui n'impressionnent plus notre rétine et qu'on désigne sous le nom collectif d'ultra-rouge et d'ultra-violet. Or, si les fourmis semblent n'être pas mieux partagées que nous en ce qui concerne la connaissance de l'ultra-rouge, il n'en est pas de même de l'ultra-violet qui les affecte vivement et qu'elles fuient avec autant de persistance qu'elles en mettent à éviter le violet lui-même.

Concluons donc avec Lubbock que « puisque chacun des rayons qui composent la lumière homogène, nous présente, lorsque nous pouvons le percevoir, une couleur particulière, il est probable que les rayons ultra-violets produisent sur les fourmis la sensation d'une couleur distincte dont nous ne pouvons nous faire d'idée, couleur aussi différente des autres que le rouge du jaune ou le vert du violet. On peut aussi se demander si la lumière blanche de ces insectes diffère de la nôtre puisqu'elle contient une couleur en plus. Comme les couleurs naturelles ne sont presque jamais pures, mais se composent d'un mélange de rayons de diverses longueurs d'onde, et qu'alors la résultante visible provient non seulement des rayons que nous pouvons percevoir, mais aussi de ceux de l'ultra-violet, il est probable que la couleur des objets et l'aspect général de la nature doivent être tout autres pour les fourmis que pour nous. »

Sens de l'ouïe. — Quel que soit, chez les fourmis, le siège de l'organe de l'ouïe, siège qui a donné lieu aux diverses hypothèses que j'ai précédemment exposées, il me paraît certain que ce sens ne leur a pas été refusé, et je ne puis croire, avec Huber et Forel, à leur absolue surdité. Je sais que les expériences entreprises par sir John Lubbock pour élucider ce point délicat, sont restées sans résultat, et que ce savant n'a pas réussi à se faire entendre des fourmis, quelque diversité qu'il ait apportée dans la gamme des sons produits, non plus qu'à percevoir lui-même ceux qu'elles pouvaient émettre, quelque délicats que fussent les instruments microphoniques qu'il ait employés. Il a même cherché à s'assurer si elles pouvaient s'entendre l'une l'autre au moyen de sons inappréciables pour nous, et il est arrivé à un résultat négatif. Mais, malgré le peu de succès de ses tentatives, il se garde bien de conclure à l'absence de perceptions auditives chez les fourmis, et croit, au contraire, qu'elles entendent d'une certaine manière, peut-être différente de la nôtre, et que si elles sont sourdes pour les sons sensibles à notre oreille, elles en perçoivent d'autres qui nous sont inconnus. N'avons-nous pas déjà constaté, en parlant de la vue, que lorsque les ondulations de la lumière dépassent la vitesse d'environ sept cent cinquante millions de millions de vibrations par seconde, nécessaires pour la perception du violet, nous ne voyons plus rien, tandis qu'un nombre bien plus grand de vibrations donne encore aux fourmis des sensations très lumineuses? Ne sommes-nous pas dès lors très autorisés à penser que si l'oreille humaine devient incapable de transmettre au cerveau les vibrations sonores dont la vitesse dépasse trente-huit mille à la seconde, la faculté auditive des fourmis ne commence au contraire qu'au delà de ce nombre, pour s'étendre à une catégorie de sons tout à fait inaccessibles à nos sens et dont nous ne pouvons nous former aucune idée?

On a constaté, chez beaucoup d'insectes, l'existence d'organes de stridulation de diverses sortes. Ils consistent, la plupart du temps, en fines rugosités transversales, ciselées à la surface de certains anneaux du corps, et capables de faire vibrer par frottement le bord libre du segment voisin qui les recouvre, absolument comme les cordes d'un violon vibrent sous l'action de l'archet. Landois, Swinton et Mac Cook ont reconnu une disposition analogue chez quelques fourmis, et la figure suivante représente cette structure retrouvée par Lubbock dans les segments abdominaux du *Lasius flavus*. Cette

C'est par la perception des odeurs surtout que la fourmi reconnait le chemin déjà parcouru, et qu'aidée du toucher, elle se dirige dans les recoins tortueux de ses obscurs labyrinthes. Si l'on passe simplement le doigt sur le sentier conduisant au pot de confitures visité par des maraudeuses, elles s'arrêtent au retour devant la trace invisible laissée par ce léger frottement, semblent inquiétés, hésitantes, et se décident avec peine à franchir l'obstacle idéal que semble leur opposer cette trace insaisissable pour des organes moins délicats. Les parfums les plus suaves semblent leur être souverainement désagréables, et Lubbock faisait reculer subitement une grosse femelle captive de fourmi ronge-bois, en approchant de son antenne une barbe de plume imbibée d'extrait de musc ou d'essence de lavande, tandis que le même objet présenté à sec ne provoquait aucune émotion.

Langage. — Les fourmis, étant des êtres sociaux, doivent avoir le moyen de communiquer entre elles par un langage approprié. Une réunion d'individus dont chaque membre agirait isolément, sans rapport avec son voisin, ne serait pas une société, mais un simple troupeau, incapable d'un travail collectif et inhabile à toute industrie exigeant le concours d'un ensemble de forces ou de volontés. Bien que, dans aucune association peut-être, l'initiative individuelle ait plus de part et soit plus respectée que chez les fourmis, il n'en était pas moins indispensable que des êtres si faibles pussent, à l'occasion, échanger leurs idées, se communiquer leurs plans et combiner leurs efforts pour accomplir ces travaux d'Hercule que nous passerons en revue, et pour mener à bien ces occupations multiples, ces soins assidus, ces industries diverses dont se compose la besogne journalière de leurs communautés. Aussi, l'existence d'un langage chez les fourmis n'est ni contestable ni contestée, mais il est plus difficile de se rendre compte de sa nature et de l'étendue des impressions qu'il est appelé à transmettre.

Huber, et après lui tous les naturalistes qui se sont occupés de ces industrieux animaux, ont considéré les antennes comme étant le principal instrument du langage chez les fourmis. C'est, le plus souvent en effet, par des attouchements répétés de ces organes que deux interlocutrices s'instruisent d'un fait important, d'un évènement inattendu, d'une découverte intéressante, et se réclament réciproquement aide ou assistance.

Le toucher antennal paraît donc être le mode principal de conversation employé par nos insectes, mais il n'exclut pas d'autres moyens de communication, et l'existence, chez certaines espèces, des organes stridulants plus haut signalés, nous laisse supposer que la langue *parlée* ou plutôt *musicale* ne leur est pas aussi étrangère qu'on pourrait le croire tout d'abord, bien qu'il soit téméraire de lui accorder un développement comparable à celui du langage par attouchements ou par signes.

Dans bien des cas, la vue de l'objet à transporter, de la proie à attaquer, de la construction à édifier ou à réparer, doit suffire pour faire comprendre à la fourmi qui passe, l'aide que sa compagne sollicite, et cette dernière n'a probablement pas besoin de fournir des explications bien détaillées à celle dont elle réclame l'assistance. Il est toutefois des circonstances nombreuses où cet élément d'instruction fait défaut, et où l'échange des idées doit nécessairement s'effectuer en dehors de tout secours matériel.

Essayez, par exemple, d'inquiéter les fourmis qui se promènent à la surface d'un nid : aussitôt quelques-unes rentrent précipitamment dans leurs galeries, jettent l'alarme dans la communauté et, en un clin d'œil, tout ce petit monde est en révolution. Tandis qu'une partie des ouvrières se hâte de transporter larves et nymphes dans leurs plus profondes retraites, d'autres sortent vaillamment pour reconnaître le danger et repousser l'ennemi qui leur a été signalé. Ce n'est pas la vue du péril qui a mis ainsi en émoi toute cette légion d'êtres effarés et leur a fait quitter brusquement leurs paisibles occupations, pour se transformer les uns en sauveteurs, les autres en soldats; mais c'est le *garde à vous!* lancé par la sentinelle, qui s'est propagé de proche en proche avec une rapidité surprenante, appelant chaque citoyen à son poste de sauvetage ou de défense, pour concourir au salut de la patrie en danger.

Dans les guerres internationales des fourmis, ainsi que dans les expéditions entreprises par les espèces amazones ou esclavagistes, le Dr Forel a observé qu'un signal peut se transmettre parmi les combattants, avec une vitesse incroyable, et que la tactique est subitement modifiée par suite de cette information nouvelle, survenue au milieu de l'engagement.

Lubbock, qui a soumis les fourmis à la méthode expérimentale, rapporte ainsi un fait venant confirmer l'existence du langage chez ces insectes.

« Un jour, dit-il, j'avais une fourmi (*Lasius niger*) en observation; elle fut constamment occupée à charrier des larves à son nid. Le soir je l'enfermai dans une petite bouteille, et le matin vers six heures un quart, lorsque je la remis en liberté, elle reprit immédiatement son travail. Devant aller à Londres, je la réemprisonnai à neuf heures. Lorsque je revins à quatre heures quarante, je la remis près des larves. Elle les examina avec beaucoup d'attention, mais retourna au logis sans en prendre. Aucune autre fourmi n'était hors du nid à ce moment. En moins d'une minute, elle en revint avec huit amies, et la petite troupe alla droit au tas de larves; quand elles eurent fait les deux tiers du chemin, j'emprisonnai de nouveau la fourmi marquée; après quelques minutes d'hésitation, les autres retournèrent au nid avec une remarquable promptitude. A cinq heures quinze, je la remis aux larves; elle s'en retourna encore sans en emporter une seule, mais après quelques secondes de

séjour dans le nid, elle ne revint pas avec moins de
treize amies. Elles allaient toutes aux larves; mais,
quand elles eurent fait les deux tiers du chemin, bien
que la fourmi marquée eût dans la journée précédente
suivi ce même chemin au moins cent cinquante fois, et
bien qu'elle n'eût à marcher qu'en droite ligne du nid
aux larves, elle sembla avoir oublié son chemin, et
s'égara; après qu'elle eut erré environ une demi-heure,
je la mis près des larves. Ainsi donc, dans ce cas, ma
fourmi marquée en amena vingt une autres; car c'est bien
avec elle qu'elles vinrent, et aucune autre fourmi ne se
trouvait dehors. Bien plus, elles avaient dû être instruites,
car (fait en lui-même très curieux), dans aucun des cas
ma fourmi n'avait emporté de larves, et par conséquent
ce n'était pas simplement la vue des larves qui les avait
engagées à la suivre. »

Une autre expérience, due au même observateur, est
également très intéressante. Elle a été faite sur une fourmilière artificielle d'*Aphænogaster testaceopilosa* provenant d'Algérie. Ayant fixé sur une plaque de liège, au
moyen d'une épingle, une grosse mouche morte, Sir John
Lubbock plaça cet appât dans une petite boîte dont les
bords le cachaient entièrement aux yeux des fourmis,
puis il introduisit l'une d'elles dans l'intérieur de la
boîte. « Après avoir, dit-il, vainement essayé pendant dix
minutes de détacher la mouche, ma fourmi rentra au nid.
Je ne pus à ce moment voir que deux autres fourmis de
cette espèce hors du nid. Mais en quelques secondes,
bien moins d'une minute, elle revint avec douze amies.
Elle marchait en tête, les autres la suivant lentement à
la débandade, mettant, en réalité, plus d'une demi-heure
pour atteindre la mouche. La première, après avoir vainement travaillé un quart d'heure à détacher la mouche,
s'en retourna au nid. Trouvant en route une de ses
amies, elle causa un instant avec elle, puis continua son
chemin : mais à peine avait-elle parcouru la distance

d'un pied, qu'elle changea d'avis et revint à la mouche avec son amie. Après quelques minutes pendant lesquelles deux ou trois autres fourmis arrivèrent, une d'elles détacha une patte qu'elle porta au nid, d'où elle revint presque aussitôt avec six compagnes, dont une, chose curieuse, semblait conduire la marche, guidée, je pense, par l'odorat. J'enlevai alors l'épingle, et elles emportèrent la mouche en triomphe.

« Le 15 juin 1878, une autre fourmi du même nid avait trouvé une araignée morte, à la même distance du nid environ. J'épinglai cette araignée comme précédemment. La fourmi fit tous ses efforts pour l'emporter, mais au bout de douze minutes de travail, elle rentra au nid. Quoique depuis plus d'un quart d'heure aucune fourmi n'eût quitté le nid, en quelques secondes elle reparut avec dix compagnes. Comme dans les cas précédents, elles la suivaient sans se presser. Elle marchait en tête et après s'être acharnée dix minutes après l'araignée, voyant qu'aucune de ses amies ne venait à son aide, bien qu'elles errassent par là, évidemment en quête de quelque chose, elle s'en retourna de nouveau. Trois quarts de minute après être rentrée au nid, elle reparut cette fois avec quinze amies, qui la suivirent un peu plus rapidement que le lot précédent, quoique mollement encore. Peu à peu néanmoins, elles arrivèrent et, après les efforts les plus acharnés, emportèrent l'araignée par lambeaux. Le 7 juillet j'essayai la même expérience avec une guerrière de *Pheidole megacephala*. Elle tira sur la mouche pendant plus de cinquante minutes, après quoi elle s'en fut au nid et en ramena cinq amies, tout comme avait fait l'*Aphænogaster*. »

Voici encore un cas bien évident de transmission d'idées dont chacun peut facilement acquérir la preuve expérimentale. Faisons aboutir à une fourmilière deux chemins parallèles, formés de bandes de papier, à l'extrémité desquelles nous placerons deux petits vases renfermant, l'un, un grand nombre de larves empruntées au nid mis en expérience, et l'autre trois ou quatre spécimens seulement des mêmes larves. Prenons maintenant deux fourmis, et plaçons, l'une au milieu des larves du premier vase, et l'autre sur celles du second. Chacune des fourmis, obéissant à son impulsion instinctive, va prendre une larve pour la reporter au nid, et reviendra par le même chemin chercher un autre fardeau. Si elle est capable de transmettre à ses compagnes des indications précises, celle qui a à transporter une quantité de larves réclamera l'aide d'autres ouvrières, tandis que celle qui n'a que trois ou quatre nourrissons à rentrer, fera sa besogne seule, ou demandera l'assistance d'un moins grand nombre de travailleuses. Dans l'hypothèse contraire, c'est-à-dire si nous supposons les fourmis inhabiles à échanger des idées directes, les habitants de la fourmilière, ne pouvant se rendre compte du nombre de larves contenues dans chacun des vases, laisseront les deux fourmis travailler seules, ou, si la vue des larves qu'elles transportent leur suggère la pensée d'aller en chercher elles-mêmes, elles devront se rendre indifféremment à l'un ou à l'autre réservoir, et en répétant plusieurs fois l'expérience, la quantité des voyageuses devra se trouver sensiblement égale des deux côtés. Notons encore qu'il faut remplacer par une larve nouvelle chacune de celles enlevées, au moins dans le récipient qui n'en renferme que peu, sous peine de ne pouvoir prolonger suffisamment l'observation des allées et venues des fourmis. C'est sur ces données que Lubbock a entrepris une série d'expériences avec le *Lasius niger*, et le résultat a été très concluant en faveur de communications transmises par les ouvrières à leurs compagnes. En divers essais modifiés de plusieurs façons et ayant duré, en tout, environ cinquante heures, la fourmi du vase contenant beaucoup de larves, avait ramené 257 amies pour lui venir en aide, tandis que celle du vase n'en renfermant que peu, n'avait ramené que 82 amies.

Bien qu'on puisse multiplier ces exemples qui rendent incontestable l'existence d'un langage, sans nous expliquer toutefois son mode de manifestation, il ne faudrait pas exagérer l'étendue de cette faculté, et en conclure que les fourmis puissent se transmettre ainsi des communications de toute nature, quelles que soient leur multiplicité et leur complication. Il résulte, au contraire, des expériences de Lubbock, que ces insectes ne peuvent échanger directement que des idées simples et que, le plus souvent, ils emploient un moyen détourné pour arriver à leur but. Ce moyen, constaté par tous les observateurs, consiste à se faire suivre à la piste par leurs compagnes, pour suppléer à la difficulté des explications, par la vue de l'objet sur lequel elles veulent appeler l'attention. C'est ainsi que la maraudeuse, ayant découvert l'armoire aux provisions, y amène bientôt plusieurs de ses amies qui rendent le même service à d'autres, de sorte que la cachette est rapidement envahie par un flot pressé de convives s'en donnant à cœur joie, sans souci du châtiment qui les attend, si elles sont prises en flagrant délit par la ménagère courroucée de leur impudence.

Lubbock a provoqué expérimentalement le même fait et a obtenu un résultat identique. Il affama un jour un nid de *Lasius niger,* en le privant pendant quelque temps de nourriture, puis il transporta l'une des ouvrières auprès d'un vase rempli de miel. En vertu du principe de charité bien ordonnée, la fourmi commença d'abord par se rassasier de cette friandise, puis retournant à la fourmilière, elle rencontra quelques amies à qui elle distribua une partie de ses provisions. Quand son jabot fut ainsi allégé, elle revint au miel sans être accompagnée d'aucune commensale. Après une seconde station gastronomique, elle reprit le chemin de l'habitation, partagea ses vivres avec plusieurs de ses concitoyennes, dont cinq l'accompagnèrent cette fois dans sa troisième expédition. Nul doute, ajoute l'auteur, que ces cinq en eussent amené

loigner d'un lieu trop souvent visité par les importuns.
D'autres fois, c'est la porteuse qui saisit l'autre par le
thorax ou par une patte, et celle-ci reste étendue avec
les membres repliés, simulant certains exercices acroba-
tiques de nos spectacles forains. Quelques *Myrmicides*
usent d'un moyen plus naturel et moins fatigant, et
placent leur fardeau vivant renversé sur leurs épaules,
en le soutenant par les mandibules.

Quelle que soit la méthode employée, c'est toujours
du plein consentement des deux parties que l'acte s'effectue, et cet enlèvement volontaire est précédé de petits
coups d'antennes constituant un avertissement préalable,
à la suite duquel il est rare de voir les avances de la solliciteuse ne pas être accueillies favorablement par sa
compagne.

Sens de direction. — Il est incontestable que les
fourmis savent parfaitement retrouver la route qu'elles
ont déjà parcourue, mais on n'est pas complètement d'accord sur le sens qui leur vient en aide dans cette opération. Les uns, partisans exclusifs de l'odorat, y voient le
fil conducteur qui guide ces insectes sur la piste déjà
suivie ; d'autres font intervenir la vue dans une large mesure ou préconisent la prépondérance du toucher antennal. La vérité réside probablement dans la fusion de
tous ces éléments de direction, en tenant compte du développement particulier de tel ou tel sens chez les différentes espèces. Il est certain que les *Formica*, par
exemple, douées d'une vue relativement excellente, ont
une idée bien plus nette des objets extérieurs que les
Tapinoma dont la vue est faible et qui doivent compter
davantage sur les ressources de leur odorat très développé. On connaît même des espèces complètement
aveugles, qui cependant, comme les *Anomma* de l'Afrique
tropicale, sont des coureuses d'aventures et ne regardent
pas à s'engager dans de lointaines expéditions.

Les fourmis ne paraissent pas être douées de ce sens

particulier apprenant au pigeon voyageur à retrouver son
nid malgré la distance, ou permettant à certains Hyménoptères, fins voiliers, de ne pas se laisser dépayser par
un transport lointain, comme les *Chalicodomes*, par
exemple, que M. Fabre essaya maintes fois d'égarer sans
y réussir. Chez ces derniers il ne peut être question de
l'odorat, puisque, le sillage tracé dans les airs par leur
vol rapide ne laissant aucune trace odorante, il faut chercher ailleurs la boussole invisible qui leur indique la
voie à suivre pour retourner au logis. Chez les fourmis
attachées au sol, l'odorat doit certainement avoir une
plus grande part dans leur faculté de direction, mais
d'autres sens peuvent y concourir dans de certaines
limites, selon le plus ou moins de perfection de leurs différents organes.

L'éminent naturaliste doublé d'un écrivain de talent,
M. J. Fabre, qui nous a donné de si intéressants détails
sur les mœurs des insectes, pense que la vue et la mémoire des lieux jouent le principal rôle pour ramener au
gîte les Hyménoptères excursionnistes, et même en ce
qui concerne les fourmis, il est peu disposé à croire à
l'efficacité de l'odeur laissée par la voyageuse sur le
chemin parcouru. Il a toutefois eu le tort de choisir pour
ses expériences le *Polyergus rufescens*, la fameuse fourmi
amazone, dont la vue très bonne, grâce à ses cinq yeux
(deux yeux composés et trois ocelles), lui est certainement d'un bien plus grand secours que chez les autres
fourmis.

Pour démontrer le peu d'influence de la trace odorante
laissée par les pas de l'amazone, il fit suivre à la piste,
par sa petite fille, une colonne de ces insectes partant en
expédition, et recommanda à l'enfant de bien remarquer
la route parcourue par les fourmis. La fillette, qui avait
entendu raconter l'histoire du petit Poucet, sème de
cailloux blancs le sentier suivi par les voyageuses et
court appeler le naturaliste, en lui apprenant le départ

des amazones. Celui-ci, s'armant d'un fort balai, déblaie vigoureusement divers endroits de la piste et attend le résultat de son opération. Les fourmis ne tardent pas à revenir et, à la première coupure, elles s'arrêtent hésitantes; un groupe se forme devant cette place insolite, la foule grossit, se disperse à droite et à gauche, mais finalement franchit la bande balayée et continue sa route. Aux autres coupures, mêmes hésitations suivies d'une semblable décision, et l'armée tout entière rentre au nid par le chemin primitif.

Une autre fois, un tuyau d'arrosage remplace le balai entre les mains de M. Fabre et, après une nouvelle sortie des légionnaires, leur passage est coupé par une nappe d'eau abondante, de façon à opérer un lavage complet; l'expérimentateur maintient même la nappe d'eau, en en modérant l'écoulement, quand il aperçoit les fourmis faire volte-face pour rentrer chez elles. Cette fois, l'obstacle est plus difficile à franchir, un ruisseau transversal coule lentement en travers de la route, et la stupéfaction est grande de la part des voyageuses. Après une longue hésitation, les plus hardies s'aventurent au milieu de l'eau, en s'aidant de l'émergence de quelques graviers, puis quelques-unes perdent pied, sont entraînées par le courant et se raccrochent comme elles peuvent à toutes les épaves qu'elles rencontrent. Brins de paille, feuilles mortes, morceaux de bois, forment des ponts ou des radeaux et, après des efforts répétés et de nombreuses culbutes, le corps de l'armée atteint enfin la rive opposée et regagne ses quartiers sans nouvel incident.

Pour détruire complétement l'hypothèse d'une odeur quelconque ayant pu guider les fourmis, M. Fabre guette une troisième sortie et dès qu'elle a eu lieu, il frotte, avec quelques poignées de menthe, une partie de la nouvelle piste; il la recouvre à un autre endroit d'un tapis de feuilles de la même plante et se remet en observation. Cette fois, les fourmis traversent, sans presque s'en aper-

cevoir, la zone frictionnée, et s'arrêtent à peine devant
le tapis odorant qu'elles franchissent pour se diriger vers
leur demeure par la route ordinaire.

Ces expériences semblent, à bon droit, écarter l'action
de l'odorat dans la reconnaissance du chemin parcouru,
et donner à ce sujet la prédominance à la vue et à la mémoire topographique du trajet effectué. Mais, je le répète, les sujets choisis par M. Fabre pour servir à sa démonstration, ne peuvent nous donner une solution appli-
cable à la généralité de, ces insectes, car les *Polyergus*
ont de bons yeux et la plupart des autres fourmis sont,
au contraire, fort mal partagées sous ce rapport. Il paraît donc certain que la vue joue chez elles un rôle très
secondaire et qu'elle est suppléée par les perceptions
olfactives, aidées du toucher et peut-être encore d'autres
agents d'information qui nous restent inconnus. Certaines
expériences de Lubbock nous convaincront de la réalité
de ce que j'avance.

Reliant, par un pont volant formé d'une bande de papier, une fourmilière captive de *Lasius niger* avec la
table devant laquelle il est assis, le savant anglais établit,
au point où vient aboutir l'extrémité du pont, un objet
facile à apercevoir, tel qu'un crayon fixé verticalement
sur une pièce de monnaie qui lui sert de base. Il place
alors quelques larves de *Lasius* dans une petite coupe,
qu'il dépose à une légère distance de la colonnette, et
introduit dans la coupe une ouvrière empruntée au nid
artificiel. Obéissant à son instinct, la nourrice s'empare
à l'instant d'une larve afin de la transporter à la fourmilière, et, guidée par le naturaliste, elle arrive au nid, y
dépose son fardeau, puis retourne opérer un nouveau
sauvetage. Après quatre voyages consécutifs, la fourmi
connaît parfaitement son chemin et, sans être aidée par
l'observateur, se dirige maintenant toute seule de la
coupe à la colonne et de là au nid. Lubbock déplace
alors le vase latéralement, sans l'éloigner du crayon et,

élément

par un pont de papier. A l'extrémité de la planchette opposée au pont plaçons un peu de miel, puis jalonnons la
route entre ces deux points par un alignement de petites
briquettes de bois, établies sur deux rangs parallèles.
Pour aller du pont à la nourriture, les fourmis sont

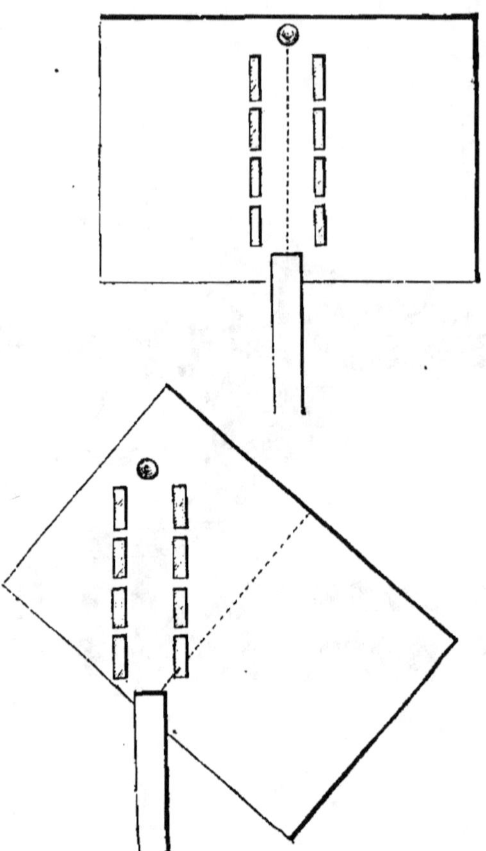

Fig. 20. — Autre expérience de Lubbock.

obligées de passer entre les deux murailles de bois, et
leur chemin est trop bien indiqué pour laisser place à
une méprise, si la vue des objets extérieurs est leur
principal guide. Quand les *Lasius* sont bien habitués à
cette disposition, par de nombreuses allées et venues,

obliquons la planchette, mais en déplaçant les briquettes de façon à leur conserver leur direction normale dans l'axe du pont de papier, et rétablissons le miel à l'extrémité de l'avenue. Pour les fourmis qui viennent du pont rien n'est changé en apparence, et elles n'ont qu'à suivre la même direction, entre les murailles, pour retrouver leur pâture. Cependant, arrivées à la première briquette, elles la palpent et, au lieu de s'engager comme précédemment dans l'allée, elles suivent leur ancienne piste maintenant dégagée de toute bordure, et semblent très déconfites de ne plus trouver le miel à son extrémité. Voilà donc encore une fois la vue reléguée au second plan et l'odorat imposant sa loi impérieuse.

Ces essais ont été variés par Lubbock de plusieurs façons et ont toujours donné des solutions analogues. Dans quelques circonstances, la vue paraissait être moins annihilée que dans les cas précédents; et ce fait se produisait notamment quand l'observateur employait, pour point de repère, un objet lumineux, comme la flamme d'une bougie, mais jamais les indications visuelles n'avaient l'importance et la précision de celles fournies par d'autres agents et en particulier par l'odorat.

Le *Lasius niger*, qui a servi aux expériences ci-dessus rappelées, est une fourmi privée d'ocelles et dont la vue est bien moins développée que celle des *Polyergus*. De là les différences notables dans la conduite de ces deux insectes. Mais les facultés visuelles des *Lasius* ne sont pas inférieures à celles de la grande majorité des fourmis, et on connaît une foule d'espèces encore beaucoup moins bien partagées sous ce rapport. On peut donc considérer les résultats obtenus par Lubbock comme applicables à la généralité des Formicides, tandis que ceux indiqués par Fabre ne sauraient être étendus qu'à un nombre très restreint de ces insectes, doués comme les *Polyergus* d'une puissance de vue tout à fait exceptionnelle.

Mémoire et faculté de reconnaissance. — De ce

fait déjà signalé que les fourmis n'admettent jamais aucune étrangère parmi elles, qu'elles attaquent impitoyablement toute intruse essayant de forcer la consigne, tandis qu'elles accueillent leurs amies sans aucune marque de défiance et sans leur demander de passe-port, il résulte nécessairement qu'elles possèdent la faculté de se reconnaître et de discerner rapidement une figure amie d'un visage suspect.

Si physionomistes qu'on puisse les supposer, il paraît déjà bien extraordinaire que leur mémoire puisse conserver l'empreinte de tant de visages divers, surtout si l'on veut bien se rappeler que certaines espèces fondent de véritables villes, composées d'un grand nombre de nids, et dont la population totale s'élève à plusieurs millions d'individus. Mais la surprise augmentera si, répétant les expériences de Lubbock, on emprisonne pendant de longs mois un certain nombre d'ouvrières et si, les rétablissant ensuite dans leur nid, on remarque qu'elles sont reconnues par leurs sœurs et traitées amicalement, tandis que des étrangères introduites simultanément sont repoussées et maltraitées par ces citoyennes peu hospitalières et jalouses de leur nationalité. Tout au plus, quand la séparation a été longue, y a-t-il un peu d'hésitation, probablement de la part des plus jeunes ouvrières qui n'ont pas connu les survenantes, mais quelques explications suffisent pour faire cesser la méprise, et l'ancienne amie reprend, sans nouvelle contestation, sa place au foyer domestique.

Au lieu de séquestrer des fourmis adultes, pour les rendre à leur famille au bout d'un temps plus ou moins long, enlevons des larves et des nymphes, faisons-les élever par un groupe de nourrices, sans communication avec le nid principal, puis, quand les jeunes fourmis auront atteint leur état parfait, réintégrons-les dans la fourmilière. Leurs parentes ne les ont jamais vues; peut-être vont-elles les chasser comme des vagabondes ou les massacrer comme des ennemies? Pas du tout : la voix du sang est là qui leur crie : ce sont vos sœurs! et elles lèchent les nouvelles venues, les choyent, les nourrissent; l'adoption, en un mot, est complète.

Mais, dira-t-on, les jeunes larves sont nées dans le nid, les nourrices les ont vues à leur état vermiforme, leur ont donné les premiers soins et, si incroyable que cela paraisse, elle ont pu conserver quelque souvenir de leurs nourrissons. Faisons mieux alors : voici un nid de *Formica fusca* pourvu de deux reines qui n'ont pas encore pondu; séparons-le en deux moitiés, en plaçant dans chacune une femelle; supprimons toute espèce de rapport entre les deux sociétés, puis laissons pondre les femelles, laissons élever les larves, laissons naitre une nouvelle génération, et transportons alors, dans chacune des moitiés du nid primitif, une partie des enfants nés dans l'autre moitié. Cette fois, les ouvrières ne les auront jamais vus, n'auront même jamais approché les œufs d'où ils sont sortis, et cependant, elles les traiteront en vieilles connaissances, les soigneront et les adopteront comme leurs propres élèves.

Notons encore que l'aversion professée par les fourmis pour les individus de leur espèce n'appartenant pas à la même communauté, ne s'étend pas aux œufs ou aux larves, qu'on peut faire élever sans difficulté par des nourrices étrangères. Profitant de cette circonstance, si l'on enlève quelques œufs d'une fourmilière, en les confiant aux bons offices de deux ou trois ouvrières prises dans un autre nid, ils seront soignés par elles, et les larves accompliront leur évolution, nourries et entretenues avec autant de sollicitude qu'à l'ordinaire. Mais l'éducation spéciale qu'elles ont reçue dans leur premier âge, ne confère pas aux jeunes fourmis des lettres de naturalisation, car si on les réintègre dans leur fourmilière d'origine, elles sont reçues amicalement par la population, tandis que si on veut les installer dans le nid d'où on a tiré leurs nourrices, elles sont impitoyablement mises à mort.

Ces expériences, maintes fois répétées par Lubbock, ont toujours donné des résultats identiques. Le fait est donc incontestable; mais, par quelle sorte de mémoire ou d'intuition arriverons-nous à l'expliquer d'une façon plausible? Il ne peut être question de la vue puisque son intervention est écartée dans certains cas, sans modification dans la conduite finale. L'odorat ne saurait non plus, pour la même raison, nous donner une solution du problème, malgré les résultats partiels obtenus par Mac Cook et que je rappellerai tout à l'heure. La possibilité d'un signe de ralliement ou d'un mot de passe, tombe devant les expériences faites sur des sujets enivrés ou sur des larves élevées par des fourmis étrangères qui n'ont pu le leur transmettre. Il nous reste donc l'hypothèse d'un sens ou d'une faculté spéciale que nous ne pouvons définir, et il faut nous contenter de cette explication, en attendant que de nouvelles révélations scientifiques nous apportent un peu de lumière sur ce sujet délicat.

Pour s'assurer que les fourmis ne se reconnaissent pas par un signe mystérieux, comme les Carbonari ou les Francs-maçons, Lubbock essaya d'insensibiliser des *Lasius flavus* au moyen des vapeurs de chloroforme, mais son expérience ne fut pas concluante, les sujets chloroformés ayant été traités comme des cadavres dont ils avaient l'apparence. Il eut alors recours à l'ivresse et, enseignant l'usage des liqueurs alcooliques à de vertueuses ouvrières pures jusque-là de tout excès dégradant, il parvint, à différentes reprises, à faire perdre la raison à de pauvres fourmis qui titubaient, devenaient incapables de se diriger et de coordonner leurs mouvements. Prenant les fourmis enivrées et les introduisant au sein d'une fourmilière de leur espèce, il obtint, dans la plupart des cas, un résultat fort différent selon que les ivrognes appartenaient au nid lui-même ou à un nid étranger. Après le premier moment de stupeur provoquée par la vue de leurs compagnes ainsi privées de leur bon sens, les ouvrières les transportaient charitablement dans des appartements réservés où elles les laissaient cuver leur vin en paix. S'il s'agissait, au contraire, d'étrangères, elles étaient saisies et jetées hors du nid comme des êtres abjects et méprisables. Cette différence de traitement appliqué aux amies ou aux étrangères donne la preuve évidente d'une reconnaissance, tout en excluant l'emploi d'un signe de ralliement que les enivrées eussent été incapables de transmettre ou de discerner.

Le Rév. Mac Cook, persuadé que les fourmis se reconnaissaient à l'odeur, a cherché à appuyer cette opinion de quelques preuves expérimentales. Bien que les résultats obtenus ne puissent être pris en grande considération pour la solution du problème, je ne crois pas inutile de les signaler ici, ne serait-ce que pour mettre sous les yeux du lecteur tous les éléments de l'enquête.

Si les différentes communautés de fourmis ont une odeur *sui generis*, faible sans doute mais appréciable pour les sens délicats de ces petits êtres, il doit suffire, s'était dit l'éminent naturaliste, de dissimuler cette odeur sous une autre plus accentuée, enveloppant à la fois amis et ennemis, pour empêcher toute reconnaissance entre eux. Ayant donc mis en présence, dans un vase, deux partis hostiles de *Tetramorium cæspitum*, il introduisit au milieu d'eux, au moment où la lutte était le plus acharnée, un tampon de papier imbibé d'eau de Cologne. Au bout d'un instant, le combat cessa et, même quand l'odeur du parfum se fut dissipée, les adversaires continuèrent à fraterniser, sans donner aucun signe de mauvaise humeur. De nouvelles expériences répétées avec la même fourmi eurent une semblable issue, mais il en fut autrement avec le *Camponotus pennsylvanicus* à l'égard duquel le procédé ne réussit pas et qui conserva la même animosité vis-à-vis de ses adversaires.

Ce dernier fait suffirait à infirmer la généralisation de la théorie des odeurs, mais je la crois même inadmissible dans le premier cas, où la pacification obtenue peut avoir sa cause dans une sorte d'ivresse et de dérangement intellectuel provoqués par l'absorption des vapeurs parfumées, dont l'action a été plus intense sur le petit *Tetramorium* que sur le gros *Camponotus*. Comment admettre, d'ailleurs, que les millions de fourmilières d'une même espèce, disséminées dans un pays, soient pourvues chacune d'une odeur distincte de nature ou d'intensité, à laquelle participeraient, dans une même mesure, tous les individus d'un nid, sans distinction d'âge, de taille ou de sexe, mais à l'exclusion complète des habitants du nid voisin, munis à leur tour d'un passe-port odoriférant suffisamment appréciable? Que dire aussi des fourmilières mixtes, dont les esclaves sont empruntés à plusieurs familles étrangères, sans que cette diversité d'origine donne lieu à la moindre méprise ou à la plus petite confusion?

Concluons donc à notre ignorance à peu près absolue sur le siège de cette curieuse faculté de reconnaissance, et, sans nous laisser décourager par les difficultés d'investigation, continuons nos recherches, mais gardons-nous de les diriger d'après des idées préconçues qui les stériliseraient en risquant de nous éloigner de la véritable voie.

Sentiments affectifs. — Les observations qui précèdent nous montrent les fourmis susceptibles d'affection ou de haine et nous apprennent que, violentes et cruelles envers leurs ennemis ou même à l'égard de simples étrangers, elles sont douces et bienveillantes envers leurs sœurs et leurs compagnes. Il est intéressant de rechercher quel degré peuvent atteindre leurs sentiments affectifs, et si on doit leur reconnaître certaines qualités morales, comme la sensibilité, la compassion ou le dévouement.

Les anciens auteurs, Huber, Latreille, Lepeletier, etc., sont unanimes pour accorder aux fourmis une grande sollicitude les unes envers les autres, affirmant qu'elles soignent et transportent leurs compagnes blessées, qu'elles leur viennent en aide dans les situations critiques, qu'elles les secourent dans le danger et que leur affection mutuelle ne se dément en aucune circonstance. Forel met un tempérament à cette règle trop absolue, en confirmant leur sollicitude envers les amies dont les blessures ou l'état de maladie n'offrent pas de gravité, mais en la démentant, au contraire, à l'égard des incurables qui sont, dit-il, presque toujours portées hors de la fourmilière et abandonnées à la mort, sans secours et sans pitié. Mac Cook et Lubbock ont constaté aussi de nombreux cas d'indifférence à côté de réels exemples de compassion, et je pense avec eux que les fourmis, comme les hommes, ont leurs bons et leurs mauvais moments, leurs grands cœurs et leurs égoïstes, et qu'il ne faut pas asseoir un jugement d'ensemble sur des actes essentiellement individuels. Les traits bien constatés de dévouement et d'assistance ne sont pas rares et ne peuvent être infirmés par les exemples contraires, très réels à coup sûr, mais d'où nous devons simplement conclure que ces bestioles ne sont pas parfaites et qu'heureusement pour notre dignité, elles n'ont pas encore réalisé l'idéal que nous poursuivons depuis si longtemps sans l'atteindre.

Bien que je me sois promis à leur égard une rigoureuse impartialité, je glisserai pour cette fois sur leurs côtés faibles et, ne voulant pas trop nuire à leur réputation, je ne relèverai pas certains faits peu honorables signalés par de véridiques observateurs, mais je me bornerai à rappeler quelques traits faisant honneur à la délicatesse de leurs sentiments.

« Les fourmis, dit Ebrard, se servent de leurs antennes

pour se conduire, comme les escargots de leurs tenta-
cules inférieurs, comme les aveugles de leurs bâtons,
toutefois avec plus d'habileté. Dans l'intention de constater ce genre d'utilité des antennes, je coupai ces organes à une fourmi fauve et je la replaçai ensuite sur la
fourmilière où je l'avais prise, dans une partie bien découverte. Elle allait à gauche et à droite, errant à
l'aventure. Des fourmis s'approchèrent d'elle, lui touchèrent la tête avec leurs antennes, léchèrent ses plaies,
petite opération à laquelle la blessée se prêta par son
immobilité. Enfin l'une d'elles la saisit par l'extrémité
de l'une de ses pattes de devant et la conduisit ainsi et
avec douceur jusqu'à l'une des entrées.

« Sur la même fourmilière, je pris, un moment après,
une fourmi à laquelle je coupai une patte de devant, et
que je déposai à l'endroit où j'avais mis la première
fourmi. Celles de ses compagnes qui la rencontrèrent,
s'approchèrent d'elle, échangèrent des attouchements d'antennes, léchèrent également la plaie, puis l'une d'elles
la saisit par ses mandibules, et l'emporta dans l'intérieur
de la fourmilière, la blessée ayant replié son corps de
manière à rendre le fardeau moins embarrassant. »

« Voici, ajoute un peu plus loin le même auteur, un
fait d'assistance mutuelle dont j'ai eu plusieurs exemples
sous les yeux. Une fourmi éloignée de sa demeure et
chez laquelle la lenteur de la marche dénotait la fatigue,
rencontrait-elle une autre fourmi, une de ses concitoyennes, venant de la fourmilière, et dont l'agilité prou-
vait la vigueur, elle s'en approchait et lui touchait la
tête avec ses antennes; la seconde fourmi saisissait alors
par les mandibules sa compagne fatiguée et, retournant
sur ses pas, l'emportait à un point rapproché de la fourmilière où elle la laissait pour retourner à ses recherches. »

« Dans un de mes nids de *Formica fusca*, rapporte
Lubbock, était une fourmi venue au monde sans an-

tennes. N'ayant jusque-là jamais vu de cas semblable, je la surveillais avec le plus grand intérêt, mais elle ne parut jamais quitter le nid; enfin, un jour, je la trouvai errante dehors, toute désorientée et ne paraissant nullement connaître son chemin. Elle ne tarda pas à rencontrer quelques *Lasius flavus* qui l'attaquèrent aussitôt. J'essayai de les séparer, mais soit qu'elle eût reçu de graves blessures de ses ennemies, ou que ma rudesse, bien involontaire, en la prenant, lui eût été funeste, soit pour ces deux causes à la fois, il est certain qu'elle était grièvement blessée et qu'elle gisait à terre sans mouvement. Quelque temps après, une *Formica fusca* du même nid passa par là, elle examina attentivement la pauvre malade, la prit tendrement et la porta à la fourmilière. Il eût été certes bien difficile à n'importe quel témoin de cette scène, de dénier à cette fourmi des sentiments d'humanité.

« Une autre fois, j'aperçus dans un de mes nids de *F. fusca*, une pauvre fourmi qui était sur le dos et ne pouvait se mouvoir. Ses pattes semblaient crispées et ses antennes étaient roulées en spirale. Elle était par conséquent tout à fait incapable de prendre elle-même sa nourriture. Aussi me suis-je mis à la surveiller. Plusieurs fois j'essayai de découvrir la partie du nid où elle se trouvait, chaque fois les autres la portèrent dans un endroit obscur. Quelques jours après, les fourmis étaient toutes dehors de leur fourmilière, probablement pour prendre le frais, et elles s'étaient rassemblées dans un coin de la boîte; elles n'avaient point oublié celle-là, mais l'avaient apporté avec elles. J'enlevai le couvercle en verre de la boîte et, au bout d'un instant, elles revinrent comme d'habitude dans le nid, en la rapportant encore.... Deux autres fourmis entièrement impotentes et tout à fait incapables de se mouvoir, ont vécu ainsi dans deux nids différents, toujours de *Formica fusca*, l'une cinq, l'autre quatre mois. »

Pour clore ce petit traité de morale en action à l'usage des fourmis, je rappellerai une dernière observation qui m'est personnelle.

Étant un jour installé auprès d'un monticule assez considérable, élevé par la fourmi fauve de nos bois (*Formica rufa*) dont je regardais travailler les ouvrières, je fus distrait de mon attention par le passage d'un *Carabe* qui se glissait sous les feuilles mortes, en se gardant bien d'approcher trop près de la fourmilière. Cette précaution faisait honneur à sa prudence, mais il avait compté sans la curiosité implacable d'un naturaliste en quête d'expériences. Dans le but de provoquer un combat intéressant, je saisis l'insecte et le plaçai sur le nid, au milieu de l'essaim pressé des travailleuses. Aussitôt, grande fureur parmi les fourmis troublées dans leurs occupations ! Le pauvre carabe est attaqué vigoureusement et se défend de son mieux. Après une lutte très vive, dans laquelle ils n'eut pas toujours l'avantage, il réussit cependant, grâce à ses longues jambes et à sa force peu commune, à s'échapper des griffes et des dents de ses ennemies, non sans abandonner une partie de ses antennes sur le champ de bataille.

Je laissai le malheureux coléoptère gagner le large, pour m'occuper du sort de quelques-unes des guerrières qui gisaient plus ou moins écloppées sur le théâtre de l'action. Plusieurs de leurs compagnes vinrent d'abord les flairer, les toucher de leurs antennes, puis s'éloignant de quelques pas, semblaient communiquer à d'autres le résultat de leur enquête et revenaient ensuite vers les blessées à qui elles prodiguaient de nouvelles caresses. Enfin l'une des visiteuses tiralla doucement une pauvre malade et, voyant, sans doute, que son état ne lui permettait pas de marcher, elle la saisit entre ses mandibules et disparut avec elle dans l'intérieur de l'habitation. Son exemple fut suivi par d'autres bonnes âmes et je vis ainsi transporter successivement quatre des plus-

invalides. Il en restait encore plusieurs à secourir, mais la pluie me semblant menaçante, je jugeai prudent de quitter mon poste d'observation, sans être renseigné sur le sort des dernières victimes de la lutte que j'avais provoquée.

Intelligence. — Si les sentiments moraux des fourmis demandaient à être appuyés de preuves convaincantes, il est à peine nécessaire d'insister ici sur leur intelligence, qui ressort de tous leurs actes avec une évidence telle que personne ne songera sérieusement à la contester. Dans le cas où il resterait cependant, parmi mes lecteurs, quelque partisan exclusif de l'instinct aveugle et des actes purement inconscients, je ne puis mieux faire, pour le convaincre, que de citer quelques traits caractéristiques et surtout de renvoyer aux nombreux arguments en faveur d'une volonté raisonnée, qui se trouvent accumulés dans les pages suivantes. De même qu'à l'œuvre on reconnaît l'ouvrier, le meilleur moyen de mesurer la portée de l'intelligence d'une créature quelconque, c'est de se rendre compte de ses manifestations, par l'étude des actes qui exigent impérieusement son intervention.

Je ne veux pas dire par là que l'instinct ne joue pas un certain rôle et même, si l'on veut, un rôle prépondérant dans la conduite des fourmis; mais je crois pouvoir affirmer que ses seules ressources sont impuissantes à expliquer une foule de circonstances de leur vie, et que l'existence d'une faculté supérieure à l'instinct s'impose à tout esprit libre de prévention ou de parti pris. Qu'on n'accorde pas à la fourmi la notion des idées abstraites, je le comprends, puisque rien jusqu'à présent ne nous autorise à l'en croire capable; mais on ne peut lui refuser le pouvoir de comparer, de réfléchir, de se décider librement, le tout, bien entendu, dans une mesure restreinte à l'étendue de ses besoins et à la nature des actes qu'elle a à accomplir.

Cela dit, j'emprunterai mon premier exemple à Mistress

local, le savant américain qui étudie avec tant de succès les mœurs des fourmis de la Floride.

Un énorme ver de terre, de plus de seize centimètres de longueur, ayant eu l'imprudence de sortir en partie de son trou, dans le voisinage d'un nid de *Formica Schau-fussi*, fut saisi par quelques ouvrières qui s'efforcèrent de l'arracher de sa retraite pour l'attirer en régal à la

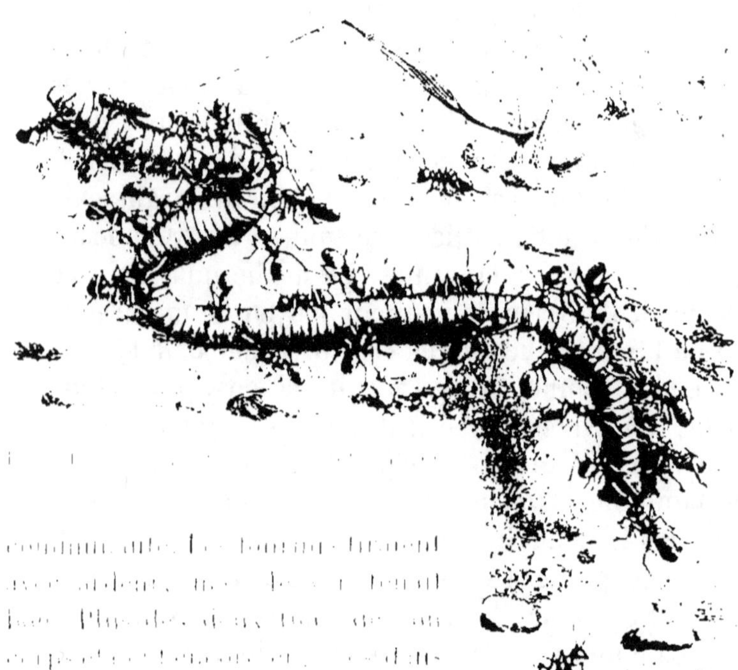

communauté. Les fourmis tiraient avec ardeur, mais le ver tenait bon. Plus de deux cents travailleurs emportaient le ver en l'entraînant, le tiraient en sens divers, et l'attelage épuisait ses forces sans pouvoir le tirer.

Ayant vaincu l'inutilité de leurs efforts aboutissant tout au plus à emporter le recul de l'animal, les fourmis ne se tinrent pas pour battues, mais modifièrent ingénieusement leur tactique. Tandis qu'un nombre suffisant de travailleurs restèrent cramponnés au ver pour le maintenir en respect, une escouade de terrassiers se mit en devoir de bloquer la terre autour de la victime, afin d'en avoir plus facilement raison. Les dents et les pattes des mineurs fonctionnèrent avec activité, et petit à petit, grain à grain, le sol fut entamé, laissant à découvert une fraction correspondante du corps du malheureux ver. Mais la besogne était rude et avançait lentement. Après sept heures de travail, la partie enterrée était encore de cinq centimètres environ, et les terrassiers continuaient leur œuvre sans repos ni découragement. Moins patiente que les fourmis, Mistress Treat se lassa la première et, pour activer la fin de l'opération, elle leur vint en aide en achevant, au moyen d'une pince, l'extraction du ver qui ne se laissa pas amener sans une certaine résistance.

Quand leur proie fut ainsi tout entière dégagée de sa retraite, les fourmis se mirent en devoir de la transporter chez elles, et cette seconde partie de l'opération n'é-tait pas sans difficulté, par suite de la grandeur inusitée du gibier. Une forte compagnie d'ouvrières s'attela à chaque extrémité de la bête, quelques unes dirigèrent le milieu du fardeau, et toutes se mirent en marche précédées d'éclaireurs chargés de frayer la route, de détourner les obstacles et de jeter de côté les petits morceaux de bois que l'auteur de l'observation plaçait malicieusement sur leur passage pour éprouver leur sagacité. Tout alla bien pendant quelques instants; de temps en temps les porteurs se relayaient, et la caravane avançait lentement. Mais il fallut traverser un fourré d'herbes et là le ver se trouva si bien engagé au milieu des tiges entrelacées, qu'il devint impossible de continuer le transport. L'obstacle reconnu insurmontable, on prit un parti extrême et le corps du ver fut coupé en deux moitiés. Chaque fraction, beaucoup plus facile à diriger par suite de sa diminution de poids et de longueur, prit alors, sans nouvel incident, le chemin de la fourmilière où elle fut, en quelques minutes, placée en sûreté et emmagasinée dans une case souterraine. Toute la population rentra

chez elle, les portes de l'habitation furent closes, et
Mistress Treat se retira sans avoir l'indiscrétion de trou-
bler, par une violation de domicile, le repas de la laborieuse famille.

Voici maintenant un fait dont j'ai été témoin et qui
dénote une grande sagacité de la part de ses auteurs.

Après une promenade un peu fatigante, je m'étais
assis au revers d'un fossé bordant la lisière d'un bois.
Sur le plan incliné qui me faisait face, les accidents du
terrain avaient formé comme un petit escalier de deux
marches assez bien dessinées. Un nid de *Formica sanguinea* débouchait au milieu de la marche supérieure et
les ouvrières fort agitées allaient et venaient de ce point
à la seconde marche, où l'on voyait un grand rasssem-
blement de population paraissant occupée d'une grave
affaire. Une chenille verte, de moyenne taille, avait été
attaquée par les fourmis et s'agitait faiblement dans les
dernières convulsions de l'agonie. Mais, le gibier mis à
mort, il fallait le transporter au nid et c'était là le point
difficile, car la route était verticale et la proie fort
encombrante. Pendant quelque temps un groupe de travailleuses, que d'autres venaient incessamment relayer,
tiraillaient la chenille et essayaient de lui faire franchir
la hauteur de dix centimètres environ, séparant la seconde marche de la première où se trouvait l'entrée de
l'habitation. Vains efforts ! la chenille retombait toujours, au début même de l'ascension, entrainant dans sa
chute la foule des ouvrières cramponnées à son corps.

Après un certain nombre d'essais infructueux, les
fourmis parurent se décourager et rentrèrent pour la
plupart dans leurs souterrains. Il en restait à peine cinq
ou six, rejointes parfois par une de leurs compagnes qui
venait palper la victime et retournait au gîte. Cette
période d'inaction apparente dura environ vingt minutes,
et je croyais que les fourmis avaient définiment abandonné la partie, quand, à ma grande stupéfaction, je vis,

au niveau de la seconde marche, en face de l'endroit où
gisait la chenille, s'ouvrir un petit trou qui donna
passage à une fourmi suivie bientôt de plusieurs autres.
En peu d'instants l'ouverture fut agrandie, et quand elle
eut atteint une largeur suffisante, les intelligentes petites
bêtes s'attelèrent de nouveau à leur proie et l'entraî-
nèrent triomphalement, sans autre difficulté, dans leur
domicile souterrain.

J'avoue que cette manière d'agir me surprit beaucoup
et que je cherchai même à l'expliquer en attribuant à
une circonstance fortuite le débouché d'une galerie à
cette place favorable, mais l'ensemble des faits, que je
viens de raconter avec une scrupuleuse exactitude,
semble au contraire donner la preuve d'une conduite
intentionelle, et je crois pouvoir, sans trop de témérité,
inscrire ce nouvel exploit au livre d'or du petit peuple
intelligent dont je retrace la véridique histoire.

Le récit suivant, emprunté à Ebrard, est encore de
nature à nous édifier sur les facultés intellectuelles des
fourmis et sur leur aptitude à se tirer d'affaire dans
une circonstance difficile.

« Au mois d'avril 1849, des fourmis de cette espèce
(*Aphænogaster barbara*) avaient depuis deux ou trois
jours débouché l'ouverture de leur demeure, au milieu
de l'allée d'un jardin attenant à la maison que j'habitais à
Hyères. Le soleil était très chaud; c'était vers les deux
heures; toute la peuplade s'était dirigée vers un même
point (fait assez ordinaire chez cette espèce), vers un
énorme platane dont elle recueillait les graines tombées
et disséminées par le vent. Que mon oisiveté, effet de
mon état de maladie, me serve d'excuse! Je m'amusai à
mettre leur intelligence à l'épreuve, soit à leur jouer un
tour dont je reconnais la méchanceté. J'allai chercher
cent à deux cents fourmis mineuses (*Formica rufibarbis*)
appartenant à une espèce qui creuse sa demeure au
pied des oliviers, et je les déposai, avec une certaine

quantité de leurs larves, auprès de la fourmilière momentanément abandonnée. Elles furent heureuses de trouver ainsi un refuge à leur portée, et, y transportant leurs cocons, elles s'y installèrent sans façon. .

« Sur ces entrefaites, arrivèrent les fourmis grosse-tête, revenant au logis chargées de butin. Grande dut être leur déconvenue. Houspillées d'importance, renversées par les envahisseuses, les deux premières qui s'approchèrent de leur habitation s'empressèrent de rebrousser chemin, toutefois sans quitter leur fardeau. Elles ne s'arrêtèrent dans leur fuite qu'après s'être éloignées d'un demi-mètre environ. Là, elles retinrent celles de leurs compagnes qui suivaient la même route, et il ne tarda pas à se former en ce lieu un rassemblement nombreux ; l'agitation était grande parmi tout ce monde, mais on s'agitait sur place sans prendre de détermination. Surviennent deux fourmis beaucoup plus grosses ; on s'empresse autour d'elles ; on leur rend probablement compte de l'état des choses ; puis la scène change. Les fourmis se massent, les deux plus grosses au centre, et toute la bande précédée, je n'invente pas, par deux éclaireurs, par deux fourmis marchant de front à quatre ou cinq centimètres en avant, s'ébranle et s'avance en bon ordre vers la fourmilière.

« Les deux éclaireurs formant l'avant-garde touchent déjà à l'entrée de leur demeure ; elles n'y pénètrent pas, du moins cette fois. Averties de leur approche, les fourmis envahisseuses sortent et s'élancent au devant d'elles ; leur marche rapide, leur tête élevée, leurs mandibules entr'ouvertes, les font ressembler à ces lices en fureur qui, ayant des petits à garder, se précipitent sur les passants, le poil hérissé et en montrant les dents. Les deux éclaireurs n'attendent pas un contact immédiat — c'était probablement les deux fourmis qui avaient été précédemment battues — elles tournent bride et rejoignent précipitamment le gros de la troupe qui, pre-

nant peur, fuit également en toute hâte jusqu'au lieu de
la première station.

« Au printemps les nuits sont froides; ces pauvres
fourmis vont-elles donc être forcées de passer la nuit en
plein air? Que l'on se rassure. Une fourmi très volumineuse qui vient les rejoindre, une fourmi plus volumineuse encore que les deux grosses dont j'ai fait mention,
va les tirer d'embarras. Elle circule de groupe en groupe,
échangeant çà et là des attouchements d'antennes, puis
s'étant entourée d'une dizaine de fourmis ne portant pas
de fardeaux, elle quitte la foule. Je la vois se diriger du
côté de la fourmilière, mais elle la contourne prudem-
ment à distance, passe à droite, puis en arrière; enfin,
s'arrêtant à une vingtaine de centimètres sur la gauche,
elle creuse la terre avec ses mandibules; une ouverture
parait presque aussitôt; elle y pénètre tranquillement, et
je ne la revois plus. Quant à ses compagnes, les unes
agrandissent l'ouverture, les autres vont chercher le
reste de la bande qui s'ébranle tout entière, arrive en
ligne droite sur la nouvelle entrée et gagne les cellules
souterraines.

« Le lendemain, à onze heures, l'entrée improvisée la
veille n'existait plus et l'ouverture ancienne était vide
des fourmis mineuses qui l'avaient envahie. Des fourmis
grosse-tête en sortaient; quelques-uns de ces insectes
restaient immobiles à l'intérieur. Ils étaient préposés à
la garde de la porte. L'utilité de cette précaution leur
avait été enseignée par l'accident du jour précédent. »

Je ferai remarquer, au sujet de cette observation,
qu'Ébrard accorde trop d'importance à la grosse fourmi
libératrice, qu'il semble considérer comme un chef ou
un personnage influent auquel obéissent les autres membres de la communauté. Cette supposition est inexacte et
repose sur une fausse interprétation du fait signalé. La
conduite de cette fourmi, dans le cas cité par Ébrard,
doit être attribuée, non à une supériorité morale ou

intellectuelle reconnue par ses compagnes, mais à sa conformation physique et par suite à son aptitude qui, en vertu du principe de la division du travail, la désignait plus particulièrement pour remplir le rôle en question.

Maintenant que nous avons fait connaissance avec l'animal lui-même, que nous avons examiné sa structure, suivi les phases de son développement physique, et essayé de nous rendre compte de la nature de ses rapports avec le monde extérieur, nous allons entrer immédiatement dans l'étude impartiale de ses mœurs et de son industrie, en nous gardant de toute exagération et en ne perdant pas de vue que le seul mérite de ce livre doit être sa sincérité et son exactitude scientifique. Pour mettre un peu de méthode dans les nombreux faits que nous aurons à passer en revue, nous réunirons dans les chapitres suivants ceux qui présentent un certain caractère de généralité ou que leur connexité avec des faits du même ordre interdit de les en séparer, réservant pour des chapitres spéciaux l'exposé des particularités qui intéressent plus exclusivement telle ou telle espèce déterminée.

Qu'il me soit permis de revenir encore sur ce que j'ai déjà dit ailleurs, pour éviter toute méprise. Ne pouvant faire l'histoire séparée de chaque fourmi, je serai forcé de généraliser, dans une certaine mesure, une partie des données qui vont suivre, mais je le répète, le lecteur doit se garder d'étendre trop loin cette généralisation, car rien n'est plus divers que le monde des fourmis, et il serait aussi peu logique d'appliquer à leurs actes une règle uniforme, que de juger la civilisation chinoise ou indoue d'après celle de la France ou de l'Angleterre.

V

NIDIFICATION

Architecture variée des fourmis. — Irrégularité de leurs constructions. — Travail individuel. — Diversité de méthodes selon les
circonstances. — Classification des nids. — Nids souterrains. —
Nids de terre pure. — Nids simplement minés. — Leur mode de
confection. — Ouvertures simples ou à cratère. — Travail des
mines. — Instruments employés. — Nids sous les pierres. — Nids
maçonnés. — Architecture de la *Formica fusca* et du *Lasius niger*.
— Mode d'opérer des fourmis maçonnes. — Une pluie fine favo-
rise leurs travaux. — Observations d'Huber. — Curieux exemple
de sagacité rapporté par Ébrard. — Dômes secondaires. — Leur
emploi par le *Tapinoma erraticum*. — Nid du *Pogonomyrmex occidentalis*. — Toit pavé en mosaïque. — Force inouïe des carriers. — Pierres en réserve. — Ouverture et fermeture des portes.
— Nids composés de terre et d'autres matériaux. — Ils appartiennent aux *Formica*. — Composition du dôme des *F. rufa et
pratensis*. — Son mode de construction. — Portes. — Architecture de la *F. exsecta*. — Monticules de la *F exsectoides*. — La
F. sanguinea construit parfois des dômes de brindilles. — *Formica
truncicola*. — Colonies. — Leur importance chez la *F. exsecta*. —
La cité des fourmis, œuvre de la *F. exsectoides*. — Son développement incroyable. — Grandeur inusitée des monticules. — Chemins frayés. — Leur mode d'établissement. — Leur utilité. —
Chemins couverts. — Leur mode de construction. — Tunnels. —
Galeries maçonnées. — Pavillons aériens. — Ils servent d'étables.
— Stations et hôtelleries. — Nids aériens. — Nids des rochers et
des murailles. — Nids des planchers et des boiseries. — Fourmis
commensales. — Nids sculptés dans le bois. — Leur architecture.
— Curieux procédé employé par le *C. Pennsylvanicus*. — Nids du
Colobopsis truncata. — Portes vivantes. — Sentinelles. — Nids
sculptés dans l'écorce. — Tiges de ronces. — Galles vides. — Nids
des vieux troncs. — Nids de matières végétales transformées. —
Architecture du *Lasius fuliginosus*. — Nids suspendus des *Cre-*

mastogaster. — Têtes de nègres. — Nidification des *Dolichoderus*
— Nids en miniature des *Polyrhachis*. — Nids formés aux dépens
de parties végétales vivantes. — *Oecophylla smaragdina*. — *Pseudomyrma*. — Nids végétants. — *Myrmecodia et Hydnophytum*. —
Cremastogaster limata. — Nids divers. — Mousses, détritus,
bouses, etc.

Le moment est venu d'aborder l'étude attrayante des
mœurs et de l'industrie des fourmis ; mais, avant de parler
de leurs institutions, avant de considérer leurs habitudes
sociales, guerrières, esclavagistes, pastorales ou agricoles, il paraît naturel de les installer d'abord dans leurs
logements et d'assister à la construction de leurs demeures.

Leur architecture est tellement variée que chaque espèce a, pour ainsi dire, la sienne propre, et qu'un œil
exercé pourrait presque toujours nommer l'ouvrière qui
a creusé telles galeries ou élevé tel édifice. Cette variété
se complique encore de la fantaisie individuelle des architectes qui, bien différents en cela des guêpes et des
abeilles, dédaignent l'équerre et le compas, la ligne
droite et la mesure des angles, pour se livrer tout entiers
à l'inspiration capricieuse du moment, à l'improvisation
spontanée de leurs curieux labyrinthes. Pas de plan
arrêté, pas de méthodes précises, pas de disposition géo-
métrique ; leurs chambres, leurs galeries, leurs couloirs
s'enchevêtrent, se contournent de mille manières, et cependant l'édifice conserve toujours un cachet d'ensemble
qui décèle ses constructeurs et trahit leur génie personnel. Ce qui étonne le plus, quand on connaît la manière
de faire de ces petits ouvriers, ce n'est pas l'irrégularité
de leur œuvre, mais, au contraire, sa disposition générale
si bien appropriée aux divers services qui y seront installés. Chaque fourmi, en effet, travaille isolément, construit à sa manière, ne prenant conseil que de sa propre
inspiration pour mener à bien la tâche qu'elle s'est im-
posée. Si elle est trop faible pour exécuter seule l'idée

qu'elle a conçue, elle réclame l'aide de quelques amies,
mais ces groupes de travailleurs sont toujours peu nombreux et tout à fait indépendants les uns des autres.

A la variété dans l'exécution se joint la diversité des
moyens employés ou des matériaux mis en œuvre. Depuis
les sombres retraites des catacombes, jusqu'aux élégants
pavillons entourés d'air et de lumière, nous retrouvons
chez les fourmis des exemples de tous les asiles que
l'homme s'est créé pour se mettre à l'abri des intempéries, se garantir des dangers du dehors, ou voiler les secrets intimes de sa vie privée. Bois ou mortier, charpente
ou maçonnerie, elles savent tout employer pour l'édification de leurs demeures, et elles disposent même, dans
certains cas, de logements tout préparés dont la nature
fait seule les frais, et où elles n'ont plus qu'à s'installer
convenablement sans s'occuper de leur construction.

Les unes se creusent simplement des galeries souterraines, communiquant par une ou plusieurs ouvertures à
la surface du sol, ou profitent de la présence d'une pierre
plate pour établir en dessous leur domicile et se trouver
ainsi plus à l'abri de la sécheresse ou des injures des
passants. D'autres surmontent leur demeure d'un dôme
maçonné ou d'un monticule de matériaux divers, tels
que feuilles sèches, aiguilles de conifères, brindilles,
tiges de graminées, etc. Il en est qui sculptent le bois ou
qui fabriquent une pâte spéciale pour en modeler leurs
appartements. Quelques espèces recherchent les galles
creuses ou l'intérieur de certaines excroissances végétales
dans lesquelles elles s'installent avec leur famille; d'autres se font un nid de feuilles réunies par leurs bords,
ou habitent les cavités naturelles des tiges, des fruits, des
épines, etc., etc.

Ajoutons encore que si chaque espèce a une préférence marquée pour tel ou tel genre d'architecture qu'elle
emploie toutes les fois qu'elle n'y trouve aucun désavantage, ses talents n'ont rien d'exclusif et que, pour peu

que les circonstances l'y obligent, la maçonne deviendra
charpentière, quittant la truelle pour le ciseau, et réciproquement, sans paraitre pour cela plus inhabile dans son art.

Enfin une dernière complication nous est apportée par
les nids à architecture mixte, c'est-à-dire commencés par
une espèce, puis continués ou remaniés par d'autres
occupants. Il n'est pas rare que, par suite d'un déménagement ou d'un envahissement, une tribu de fourmis s'installe
dans un nid abandonné ou dont elle a chassé les propriétaires, et la même habitation peut, de la sorte, passer en
la possession de trois ou quatre familles ayant chacune
ses procédés particuliers de construction. De là des divergences notables dans le style des diverses parties de l'édifice, auquel chaque locataire successif a appliqué les
régles de son art, en tirant parti du travail de ses prédé-
cesseurs et en s'accommodant aussi bien des anciennes
constructions que de celles qu'il a pu y adjoindre. Avec
un peu d'habitude il est souvent facile de reconnaitre le
noyau primitif des agrandissements postérieurs, et de décider, d'après l'aspect de chacune des parties, quels en
ont été les propriétaires successifs.

On voit, par cet aperçu, que nous courrions grand
risque de nous perdre dans ce dédale de bâtiments divers, si nous ne prenions le parti de les classer en un
petit nombre de types que nous passerons ensuite successivement en revue.

Nous pouvons tout d'abord partager l'ensemble de ces
nids en deux grandes catégories :

1° Nids souterrains en tout ou en partie.

2° Nids aériens.

Ces expressions, et surtout la seconde, pourraient
peut-être être remplacées avantageusement, au point de
vue de la précision, par les épithètes d'*hypogés* et d'*épigés*,
si je ne craignais, en employant ces adjectifs par trop
helléniques, d'effrayer quelques-uns de mes lecteurs peu
familiers avec la langue grecque.

Je me contenterai donc, faute de mieux, des dénominations moins savantes mais plus compréhensibles que j'ai indiquées, en expliquant que par *nids aériens*, j'entends tout nid construit au-dessus du sol, quand même il serait caché dans un creux de rocher, un tronc d'arbre ou toute autre cavité non souterraine.

Les nids souterrains, de beaucoup les plus nombreux, se subdiviseront en deux nouvelles classes :

1° Les nids de terre pure.

2° Et les nids composés de terre et d'autres matériaux.

Les nids aériens, moins répandus mais plus variés, comprendront à leur tour :

1° Les nids établis dans les fentes des rochers, les interstices des murailles, ou même dans l'intérieur de nos habitations.

2° Les nids sculptés dans le bois ou l'écorce, sans altération de substance.

3° Les nids de matière papyracée ou de débris végétaux transformés.

4° Les nids des galles, des épines, des feuilles et autres parties de végétaux vivants.

5° Enfin les nids divers, c'est-à-dire ne rentrant dans aucune des précédentes divisions.

Ce classement tout arbitraire est loin d'être inattaquable et de se prêter à la répartition nette et sans confusion de tous les types qu'il prétend englober. Ainsi, les nids sculptés dans le bois, que je rattache aux nids aériens, pourraient, dans certains cas, faire partie des nids souterrains, quand, ce qui est loin d'être rare, ils se continuent dans le sol en galeries plus ou moins profondes, reliées au tronc qui recèle dans ses flancs les appartements supérieurs. Mais la rigueur absolue dans les classifications est un idéal irréalisable, et, malgré tout, un système, si imparfait qu'il soit, vaut encore mieux que le chaos.

Passons maintenant à l'examen particulier de chacun de ces modes de nidification.

§ 1 NIDS SOUTERRAINS
1° Nids de terre pure.

Ces nids sont tantôt simplement minés dans le sol, sans aucune construction extérieure, tantôt surmontés d'un dôme de maçonnerie, atteignant ordinairement de moins grandes dimensions que ceux à architecture composée dont nous aurons plus tard à examiner la structure.

Dans les deux cas, la disposition générale est la même et, de la cave au grenier, c'est une superposition d'étages souvent nombreux, appuyés sur des voûtes soutenues à leur tour par des murs ou des piliers dont la force est proportionnée à la résistance qu'ils doivent présenter. Chacun de ces étages est divisé en salles de dimensions variées, desservies par une grande quantité de couloirs et de galeries, dont le réseau compliqué et irrégulier échappe à toute description.

Le mode de confection des nids simplement minés est fort simple et ne se distingue en rien de la méthode employée par nos terrassiers pour creuser une cave ou un tunnel dans la terre meuble. Chaque fourmi détache une parcelle de terre qu'elle emporte au dehors, et ce manège souvent renouvelé par un nombre plus ou moins grand de travailleuses, produit les excavations de diverses sortes dont se compose l'habitation. Rencontre-t-on sur le trajet d'une galerie, une pierre, une racine, ou tout autre corps dur; l'obstacle est simplement contourné et sert de paroi ou de soutien aux chambres adjacentes ou supérieures, en contribuant ainsi à la solidité de l'édifice.

Quand le nid souterrain ne doit avoir aucune annexe extérieure, les déblais sont transportés assez loin des ouvertures et éparpillés à la surface du sol pour ne pas trahir l'entrée des galeries. Dans le cas contraire, les matériaux sont tantôt entassés autour des portes, de manière à former un cratère ou un entonnoir, et tantôt mis en réserve pour servir aux travaux de maçonnerie qui restent à exécuter.

Les cratères, établis surtout par les *Aphœnogaster barbara* et *structor* ainsi que par quelques fourmis exotiques, sont toujours formés de parcelles de terre simplement juxtaposées et glissant facilement les unes sur les autres. Leur fragilité les rend susceptibles de s'endommager fréquemment, et ils ont besoin de continuelles réparations pour conserver leur forme et servir utilement de rempart contre les attaques extérieures. Tel est en effet le but de leur construction, et la protection qu'offre ce talus mouvant, contre l'ennemi qui voudrait le franchir, est suffisante pour dispenser les fourmis de fermer leurs portes, comme le font la plupart des autres espèces. Les cratères restent donc toujours ouverts et c'est là un des caractères distinctifs de ces petits édifices.

Parfois le nid simplement miné parait n'avoir aucune ouverture extérieure, parce que les fourmis, pour en dissimuler plus complètement l'entrée, établissent celle-ci à l'extrémité d'un canal souterrain, débouchant souvent à plusieurs mètres du corps de logis. Ce long couloir, facile à garder et à défendre, contribue beaucoup à la sécurité des habitants, et le maraudeur mal intentionné qui s'y engagerait imprudemment risquerait fort d'être mis en pièces avant d'avoir atteint le cœur de la cité.

Les instruments de travail employés par les fourmis mineuses dans le percement de leurs canaux, et par les maçonnes pour l'édification de leurs murailles ou la construction de leurs voûtes, sont, comme nous l'avons déjà dit, les pattes et les mandibules. Ces dernières, étant fermées, constituent une excellente truelle convexe en dessus, concave en dessous et pointue à l'extrémité. Avec

cette truelle les ouvrières râclent la terre humide, la façonnent en boulettes, puis fixent, aplatissent et assujet-
tissent ces matériaux les uns aux autres, en les disposant,
selon le but à atteindre, soit en cloisons droites ou cintrées, soit en piliers, en voûtes ou en plafonds. La surface est ensuite lissée et égalisée avec la partie convexe
de l'instrument, de façon à en faire disparaître les aspérités et à en consolider les sutures. Les mandibules sont
encore des outils de préhension et de transport, et, agissant comme une main puissante, capable de soulever des
poids énormes relativement à la faible taille de l'insecte,
elles saisissent les matériaux à employer ou les déblais
à faire disparaître. Enfin ces mêmes organes coupent,
scient, arrachent les tiges et les racines encombrantes ou
celles à utiliser comme charpente pour soutenir certaines
parties de l'édifice. Si la terre à creuser est meuble ou
sablonneuse, les terrassiers se dressant sur leurs pattes
postérieures qu'ils tiennent écartées, fouissent avec leurs
pieds de devant, en rejetant les déblais en arrière. Si le
sol est au contraire dur et compact, il est détaché par
morceaux, les mandibules servant alors de pioche ou de
bêche, en incisant d'abord la terre, puis en arrachant le
fragment par un mouvement de va-et-vient latéral im-
primé à la parcelle saisie.

Ces détails que j'emprunte, en les résumant, aux consciencieuses études du Dr Forel, nous feront mieux comprendre la manière de faire de ces petits ouvriers que
nous allons maintenant voir à l'œuvre.

Les procédés des fourmis mineuses ne demandent pas
d'autres explications que celles qui précèdent, et j'ajouterai seulement quelques mots sur la disposition particulière des nids établis sous les pierres par un grand
nombre d'espèces, soit habituellement, soit exceptionnellement. La plupart des fourmis mineuses et maçonnes
savent, à l'occasion, tirer parti de ces abris naturels, et
c'est surtout dans les lieux secs et arides que ce genre

de demeure est préféré, pour éviter l'évaporation trop rapide de l'humidité si nécessaire au bien-être de la famille. Les pierres plates et un peu larges sont choisies de préférence aux cailloux épais qui pèseraient trop sur les cloisons intérieures et obligeraient à en augmenter l'épaisseur, ce qui réduirait d'autant les dimensions des chambres. L'étage supérieur, dont la pierre forme le plafond, est très bas, horizontal, et composé de cases d'une certaine étendue où les fourmis passent la majeure partie de leur temps. C'est seulement quand leur demeure est soumise aux rayons d'un soleil trop ardent ou à l'action d'un froid trop intense, que les habitants se retirent dans leurs galeries souterraines pour y trouver une température plus saine ou plus agréable. Aussi, quand on soulève la pierre qui abrite une fourmilière, on voit, au premier instant, la population presque tout entière massée, avec ses larves et ses nymphes, dans la partie mise au jour, puis bientôt tout disparaît dans les profondeurs du sol, et l'observateur peut examiner à l'aise les détails de la construction vide de ses habitants.

Passons maintenant aux fourmis maçonnes, dont l'architecture et le mode d'opérer ont été si admirablement décrits par Huber que je crois devoir lui céder la parole, pour nous faire part de ses patientes et minutieuses observations.

Après avoir fait remarquer, ce que nous savons déjà, que les nids d'espèces différentes ne sont pas construits dans le même système, il ajoute :

« Ainsi le monticule élevé par les fourmis noir-cendrées (*Formica fusca*) offrira toujours des murs épais, formés d'une terre grossière et raboteuse, des étages très prononcés, et de larges voûtes soutenues par des piliers solides; on n'y trouvera ni chemins, ni galeries proprement dites, mais des passages en forme d'œil-de-bœuf; partout de grands vides, de gros massifs de terre, et l'on remarquera que les fourmis ont conservé une certaine propor-

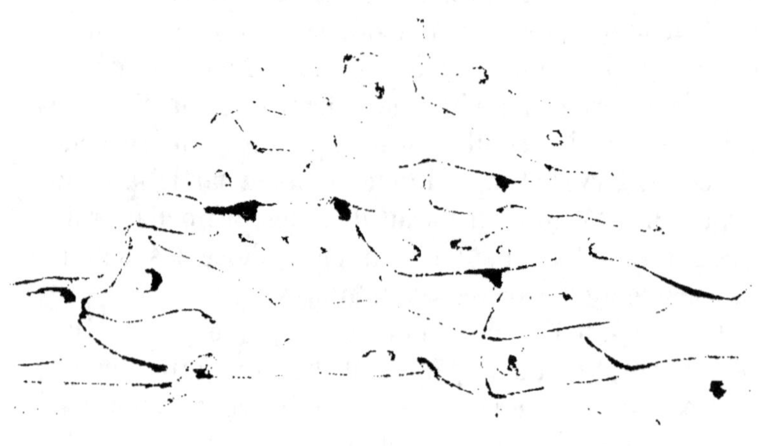

tude à cet égard, et qu'elles peuvent, selon les circonstances, le modifier à leur gré ; mais, quelque bizarre que
puisse paraître leur maçonnerie, on reconnaît toujours
qu'elle a été formée par étage concentrique.

« Si l'on examine chaque étage séparément, on y voit
des cavités travaillées avec soin, en forme de salles, des
loges plus étroites et des galeries allongées qui leur
servent de communication. Les voûtes des places les plus
spacieuses sont supportées par de petites colonnes, par
des murs fort minces, ou enfin par de vrais arcs-boutants.
Ailleurs, on voit des cases qui n'ont qu'une seule entrée ;
il en est dont l'orifice répond à l'étage inférieur ; on
peut encore y remarquer des espaces très larges, percés
de toutes parts et formant une espèce de carrefour où
toutes les rues aboutissent. Tel est à peu près l'esprit dans lequel sont construites les habitations de ces
fourmis ; lorsqu'on les ouvre, on trouve les cases et les
places les plus étendues remplies de fourmis adultes ;
mais, on voit toujours que leurs nymphes sont réunies
dans les loges plus ou moins rapprochées de la surface,
suivant les heures et la température, car à cet égard
les fourmis sont douées d'une grande sensibilité et paraissent connaître le degré de chaleur qui convient à
leurs petits.

« La fourmilière contient quelquefois plus de vingt
étages dans sa partie supérieure, et, pour le moins,
autant au-dessous du sol. Combien de nuances de chaleur doit admettre une telle disposition, et quelle facilité les fourmis ne se procurent-elles pas, par ce
moyen, pour la graduer ? Quand un soleil trop ardent
rend leurs appartements supérieurs plus chauds qu'elles
ne le désirent, elles se retirent avec leurs petits dans
le fond de la fourmilière. Le rez-de-chaussée devenant
à son tour inhabitable pendant les pluies, les fourmis de
cette espèce transportent tout ce qui les intéresse dans
les étages les plus élevés, et c'est là qu'on les trouve

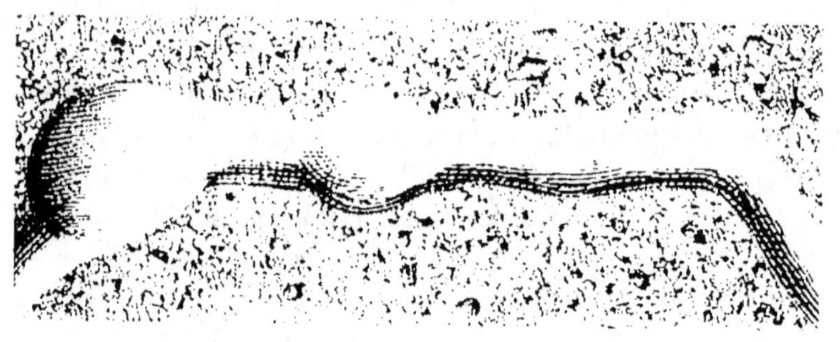

de cette enveloppe, et la prennent entre leurs dents,
pour la modeler et l'amincir à leur gré. La cire dont elle
est composée, et le papier dont la guêpe se sert, hu-
mecté au moyen d'une sorte de colle, se prêtent à ce
genre de travail; mais la terre, très souvent incohérente,
dont les fourmis font usage, devait être maçonnée d'une
autre manière.

« Chaque fourmi apportait donc entre ses dents une
petite pelote de terre qu'elle avait formée en ratissant le
fond des souterrains avec le bout de ses mandibules (ce
que j'ai vu souvent au grand jour); cette petite masse de
terre, étant composée de parcelles réunies seulement depuis quelques instants, pouvait aisément se prêter à
l'usage que les fourmis voulaient en faire. Ainsi, lorsqu'elles l'avaient appliquée à l'endroit où elle devait
rester, elles la divisaient et la poussaient avec leurs
dents, de manière à remplir les plus petites inégalités
de leur muraille. Leurs antennes suivaient tous leurs
mouvements, en palpant chaque brin de terre, et quand
ils étaient disposés ainsi, la fourmi les affermissait en
les pressant légèrement avec ses pattes antérieures; ce
travail allait fort vite.

« Après avoir tracé le plan de leur maçonnerie, en
plaçant çà et là les fondements des piliers et des cloisons
qu'elles voulaient établir, elles leur donnaient plus de
relief, en ajoutant de nouveaux matériaux au-dessus des
premiers. Souvent deux petits murs, destinés à former
une galerie, s'élevaient vis-à-vis l'un de l'autre et à peu
de distance; lorsqu'ils étaient à la hauteur de quatre ou
cinq lignes, les fourmis s'occupaient à recouvrir le vide
qu'ils laissaient entre eux, au moyen d'un plafond de
forme cintrée. Cessant alors de travailler en montant,
comme si elles avaient jugé leur murs assez élevés, elles
plaçaient contre l'arête intérieure de l'un et de l'autre,
des brins de terre mouillée, dans un sens presque horizontal, de manière à former au-dessus de chaque mur un

formés par la rencontre des murs, puis le long de leurs bords supérieurs, qu'elles en plaçaient les premiers éléments; et de la sommité de chaque pilier s'étendait, comme d'autant de centres, une couche de terre horizontale et un peu bombée, qui allait se joindre à d'autres parties de la même voûte, partant de différents points de la grande place publique.

« Cette foule de maçonnes, arrivant de toutes parts avec la parcelle de mortier qu'elles voulaient ajouter au bâtiment, l'ordre qu'elles observaient dans leurs opérations, l'accord qui régnait entre elles, l'activité avec laquelle elles profitaient de la pluie pour augmenter l'élévation de leur demeure, offraient l'aspect le plus intéressant pour un admirateur de la nature.

« Cependant, je craignais quelquefois que leur édifice ne pût pas résister à sa propre pesanteur, et que ces plafonds si larges, soutenus seulement par quelques piliers, ne s'écroulassent sous le poids de l'eau qui tombait continuellement et semblait devoir les démolir. Mais je me rassurai en voyant que la terre apportée par ces insectes adhérait de toutes parts au plus léger contact, et que la pluie, au lieu de diminuer la cohésion de ses particules, semblait l'augmenter encore. Ainsi, loin de nuire au bâtiment par sa chute, elle contribue donc à le rendre plus solide. Ces parcelles de terre mouillée, qui ne tiennent encore que par juxtaposition, n'attendent qu'une averse qui les lie plus étroitement, et vernisse, pour ainsi dire, la surface du plafond qu'elles composent, ou les murs et les galeries restées à découvert. Alors les inégalités de la maçonnerie disparaissent; le dessus de ces étages, composés de tant de pièces rapportées, ne présente plus qu'une seule couche de terre bien unie, et n'a besoin, pour se consolider entièrement, que de la chaleur du soleil.

« Ce n'est pas qu'une pluie trop violente ne détruise parfois plusieurs cases, surtout lorsqu'elles sont peu voûtées; mais les fourmis ne tardent pas à les relever avec une patience admirable.

« Ces différents travaux s'exécutaient à la fois sur toutes les parties de la fourmilière qu'on vient de décrire; ils se suivaient de si près dans ses nombreux quartiers, qu'elle se trouva augmentée d'un étage complet en sept à huit heures. Car toutes ces voûtes, jetées d'un mur à l'autre, étant à la même distance du plan sur lequel elles s'élevaient, ne formèrent qu'un seul plafond lorsqu'elles furent terminées, et que les bords des unes atteignirent ceux des autres.

« A peine les fourmis eurent-elles achevé cet étage qu'elles en bâtirent un nouveau; mais elles n'eurent pas le temps de le finir; la pluie cessa avant que leur plafond fut entièrement construit. Elles travaillèrent cependant encore quelques heures, en profitant de l'humidité de la terre; mais le vent du nord s'étant élevé avec violence, il la dessécha trop promptement, de manière que les fragments rapportés n'avaient plus la même adhérence et se réduisaient en poudre. Les fourmis, voyant le peu de succès de leurs efforts, se découragèrent enfin et renon-cèrent à bâtir; mais, ce dont je fus étonné, c'est qu'elles détruisirent toutes les cases et les murs qui n'étaient pas encore recouverts, et répartirent les débris de ces ébau-ches sur le dernier étage de la fourmilière.

« Ces faits prouvent incontestablement qu'elles n'em-ploient ni gomme, ni aucune espèce de ciment pour lier ensemble les matériaux de leur nid; elles sont donc in-struites à se servir de l'eau pour maçonner la terre, et savent profiter du soleil et du vent pour durcir leur ou-vrage. A la simplicité des moyens, je reconnaissais les voies de la nature; cependant je crus devoir faire encore une autre expérience, pour me convaincre entièrement de l'exactitude de ces résultats.

« A quelques jours de là, j'essayai de les exciter à reprendre leurs travaux, au moyen d'une pluie artificielle. Je pris pour cela une brosse très forte, que je plongeai dans l'eau, et, en passant ma main sur ses crins, dans un sens et dans l'autre, je faisais jaillir sur la fourmilière une rosée extrêmement fine. Les fourmis, depuis l'intérieur de leur demeure, s'aperçurent fort bien de l'humidité de leur toit; elles sortirent et coururent rapidement à la surface. L'arrosement continuait; les maçonnes y furent trompées; elles allèrent se pourvoir de brins de terre au fond du nid, revinrent les placer sur le faîte, et bâtirent des murs, des cases, en un mot un étage complet en quelques heures.

« J'ai souvent répété cette expérience, et toujours avec le même succès. C'est surtout au printemps que les fourmis maçonnes profitent de la pluie pour agrandir leur nid; la nuit même ne les arrête pas, et j'ai fréquemment trouvé, le matin, des étages entièrement construits pendant l'obscurité.

« Les fourmis ne se contentent pas d'augmenter l'élévation de leur demeure, elles creusent dans la terre des appartements plus spacieux encore, et les matériaux qu'elles en retirent sont employés, comme nous l'avons déjà dit, dans leurs constructions extérieures. Ainsi, l'art de ces insectes consiste à savoir exécuter à la fois deux opérations opposées : l'une de miner et l'autre de bâtir, et à faire servir la première à l'avantage de la seconde. Ce qu'il y a plus singulier, c'est qu'on observe le même esprit dans ces excavations que dans la partie du bâtiment qui s'élève au-dessus du sol. L'humidité qui pénètre au fond de leur nid les aide sans doute dans ces travaux. »

Huber rend compte ensuite de l'architecture de la fourmi noir-cendrée (*Formica fusca*), fort différente de celle du *Lasius niger*, comme on l'a vu tout à l'heure :

« Lorsque les fourmis noir-cendrées, dit-il, veulent donner plus d'élévation à leur demeure, elles commencent par en couvrir le faîte d'une épaisse couche de terre qu'elles apportent de l'intérieur, et c'est dans cette couche même qu'elles tracent, en creux et en relief, le plan d'un nouvel étage. Elles creusent d'abord çà et là, dans cette terre meuble, de petits fossés plus ou moins rapprochés les uns des autres, et d'une largeur proportionnée à leur destination. Elles leur donnent une profondeur à peu près égale; les massifs de terre qu'ils laissent entre eux doivent servir ensuite de base aux murs intérieurs, de manière qu'après avoir enlevé toute la terre inutile au fond de chaque case, et réduit à leur juste épaisseur les fondements de ces murs, il ne reste plus à leurs architectes qu'à en augmenter la hauteur et à recouvrir d'un plafond les loges qui en résultent. »

Voulant déterminer bien exactement les procédés employés par cette fourmi dans ses travaux de maçonnerie, Huber suivit l'une des ouvrières occupées à leur édification, et il décrit ainsi les manœuvres de cette infatigable bestiole :

« Un jour de pluie, je vis une ouvrière creuser le sol auprès d'un trou qui servait de porte à la fourmilière; elle accumulait les brins qu'elle avait détachés, et en faisait de petites pelotes qu'elle portait çà et là sur le nid. Elle revenait constamment à la même place et paraissait avoir un dessein marqué, car elle travaillait avec ardeur et persévérance. Je découvris d'abord en cet endroit un léger sillon tracé dans l'épaisseur du terrain; il était en ligne droite, et pouvait représenter l'ébauche d'un sentier ou d'une galerie. L'ouvrière, dont tous les mouvements se faisaient sous mes yeux, lui donna plus de profondeur, l'élargit, nettoya ses bords, et je vis enfin, sans pouvoir en douter, qu'elle avait eu l'intention d'établir une avenue conduisant d'une certaine case à l'ouverture du souterrain. Ce sentier, long de deux à trois pouces, formé par une seule ouvrière, était ouvert au-dessus, et bordé des deux côtés d'une butte de terre. Sa concavité, en forme de gouttière, se trouva d'une

régularité parfaite, car l'architecte n'avait pas laissé
dans cette partie un seul atome de trop.

« Le travail de cette fourmi était si suivi et si bien
entendu, que je devinais presque toujours ce qu'elle
voulait faire, et le fragment qu'elle allait enlever.

« A côté de l'ouverture où ce sentier aboutissait, en
était une seconde, à laquelle il fallait aussi parvenir par
quelque chemin; la même fourmi exécuta seule cette
nouvelle entreprise. Elle sillonna encore l'épaisseur du
sol, et ouvrit un autre sentier parallèle au premier, de
sorte qu'ils laissaient entre eux un petit mur de trois à
quatre lignes de hauteur.

« Les fourmis qui tracent le plan d'un mur, d'une
case, d'une galerie, etc., travaillant chacune de leur
côté, il leur arrive quelquefois de ne pas faire coïn-
cider exactement les parties d'un même objet ou d'objets
différents; ces exemples ne sont pas rares, mais ils ne
les embarrassent point. En voici un où l'on verra que
l'ouvrière découvrit l'erreur et sut la réparer.

« Là s'élevait un mur d'attente : il semblait placé de
manière à devoir soutenir une voûte encore incomplète,
jetée depuis le bord opposé d'une grande case; mais
l'ouvrière qui l'avait commencée lui avait donné trop
peu d'élévation pour le mur sur lequel elle devait re-
poser. Si elle eût été continuée sur le même plan, elle
aurait infailliblement rencontré cette cloison à la moitié
de la hauteur, et c'était ce qu'il fallait éviter. Cette remarque critique m'occupait justement, lorsqu'une fourmi
arrivée sur la place, après avoir visité ces ouvrages,
parut être frappée de la même difficulté, car elle commença aussitôt à détruire la voûte ébauchée, releva le
mur sur lequel elle reposait, et fit une nouvelle voûte,
sous mes yeux, avec les débris de l'ancienne.

« C'est surtout lorsque les fourmis commencent quelque entreprise, que l'on croirait voir une idée naître dans
leur esprit, et se réaliser par l'exécution. Ainsi, quand

l'une d'elles découvre sur le nid deux brins d'herbe qui se croisent et peuvent favoriser la formation d'une loge, ou quelques petites poutres qui en dessinent les angles et les côtés, on la voit examiner les parties de cet ensemble, puis placer, avec beaucoup de suite et d'adresse, des parcelles de terre dans les vides et le long des tiges; prendre de toutes parts les matériaux à sa convenance, quelquefois même sans ménager l'ouvrage que d'autres ont ébauché, tant elle est dominée par l'idée qu'elle a conçue et qu'elle suit sans distraction. Elle va, vient, retourne, jusqu'à ce que son plan soit devenu sensible pour d'autres fourmis.

« Dans une autre partie de la même fourmilière, plusieurs brins de paille semblaient placés exprès pour faire la charpente du toit d'une grande case; une ouvrière saisit l'avantage de cette disposition; ces fragments, couchés horizontalement à demi pouce du terrain, formaient, en se croisant, un parallélogramme allongé. L'industrieux insecte plaça d'abord de la terre dans tous les angles de cette charpente, et le long des petites poutres dont elle était composée; la même ouvrière établit ensuite plusieurs rangées de ces matériaux les unes contre les autres, en sorte que le toit de cette case commençait à être très distinct, lorsqu'ayant aperçu la possibilité de profiter d'une autre plante pour appuyer un mur vertical, elle en plaça de même les fondements. D'autres fourmis étant alors survenues, elles achevèrent en commun les ouvrages que la première avait commencés. »

Ebrard rapporte en ces termes un des plus curieux exemples de l'aptitude des fourmis à tirer parti des circonstances extérieures ou à les modifier de la façon la plus ingénieuse :

« Une fourmi, appartenant à l'espèce des noires-cendrées (*Formica fusca*), employa sous mes yeux un procédé multiple qui accuse les calculs les plus ingénieux.

Lors d'une promenade à travers champs, au mois de juin, j'aperçus sur le sommet d'une fourmilière toute une ébauche d'un nouvel étage en construction. C'était des séries de galeries formées par deux murs opposés et mi-couverts, interrompues par de nombreuses cellules inachevées. Les extrémités supérieures des parois de plusieurs de ces salles faisaient en dedans une saillie de trois millimètres, et cependant elles laissaient entre elles un espace découvert large de deux centimètres. Les fourmis noires-cendrées ne transportent jamais ni brins de bois, ni brins d'herbe, et ne se servent jamais de piliers en terre. Comment donc les ouvrières de cette habitation s'y prendraient-elles pour achever de couvrir les cellules commencées, avant que les matériaux formant le pourtour de la voûte inachevée, ne tombassent sous leur propre poids? Tel fut le problème qui excita ma curiosité. L'après-dînée ayant été pluvieuse, je m'armai d'un parapluie et de patience, et j'allai m'asseoir près de la fourmilière.

« Le sol était mouillé et les travaux en pleine activité· C'était un va-et-vient continuel de fourmis sortant de leur demeure souterraine et apportant des morceaux de terre qu'elles adaptaient aux constructions anciennes. Ne voulant pas disséminer mon attention, je la fixai vers la salle la plus vaste. Une seule fourmi y travaillait. L'ouvrage était avancé, et cependant, malgré une saillie prononcée en dedans de la partie supérieure des murs, un espace de douze à quinze millimètres restait à couvrir. C'était le cas, pour soutenir la terre restant à placer, d'avoir recours, comme le font plusieurs espèces de fourmis, à des piliers, à de petites poutres, ou bien à des débris de feuille sèche; mais l'emploi de ces moyens n'est pas, ai-je dit, dans les habitudes des fourmis noires-cendrées.

« Notre ouvrière, paraissant quitter un moment son ouvrage, se dirigea vers une plante de graminée peu constante, dont elle parcourut successivement plusieurs

.structions que nous venons d'étudier. Ces légers dômes, composés de parcelles de terre simplement juxtaposées et non agglutinées, ne sont que des édifices temporaires, sortes de baraquements destinés à des besoins momentanés, et condamnés à disparaître avec la cause qui a nécessité leur établissement.

Presque toutes les fourmis maçonnes savent élever ces constructions secondaires, et quelques espèces purement mineuses les emploient exclusivement dans certaines circonstances. Le *Tapinoma erraticum*, petite fourmi noire ou brune, reconnaissable à son pétiole d'un seul article, dépourvu de nœud ou d'écaille, est l'un des hôtes les plus communs de nos prairies. Quand l'herbe a crû de manière à donner trop d'ombrage à son nid, on voit, dit Forel, surgir de toutes parts des centaines de petits dômes en forme de tourelles peu élevées, mais d'une hauteur suffisante cependant pour dominer la partie la plus touffue des graminées et n'être guère dépassées que par les tiges florifères. Ces dômes sont composés d'une croûte extérieure très fragile, formant un mur plus ou moins cylindrique et vertical, dont le sommet est voûté. L'intérieur est un échafaudage de feuilles de graminées qui se contournent en cherchant à croître, et que les fourmis relient entre elles avec quelques parcelles de terre. Toute la construction ne forme qu'un grand hangar, sans salles ni galeries, et les ouvrières se tiennent accrochées par leurs pattes au plafond de la voûte ou aux innombrables poutrelles de verdure qui la soutiennent, portant chacune un paquet d'œufs ou de larves suspendu à ses mandibules. Quand, sous l'influence bienfaisante de la chaleur solaire, les nourrissons ont atteint leur dernier développement, les salles d'incubation, devenues inutiles, sont abandonnées par les fourmis, s'affaissent, s'écroulent, et la population se retire dans ses appartements souterrains.

Comme transition entre les nids de la présente division

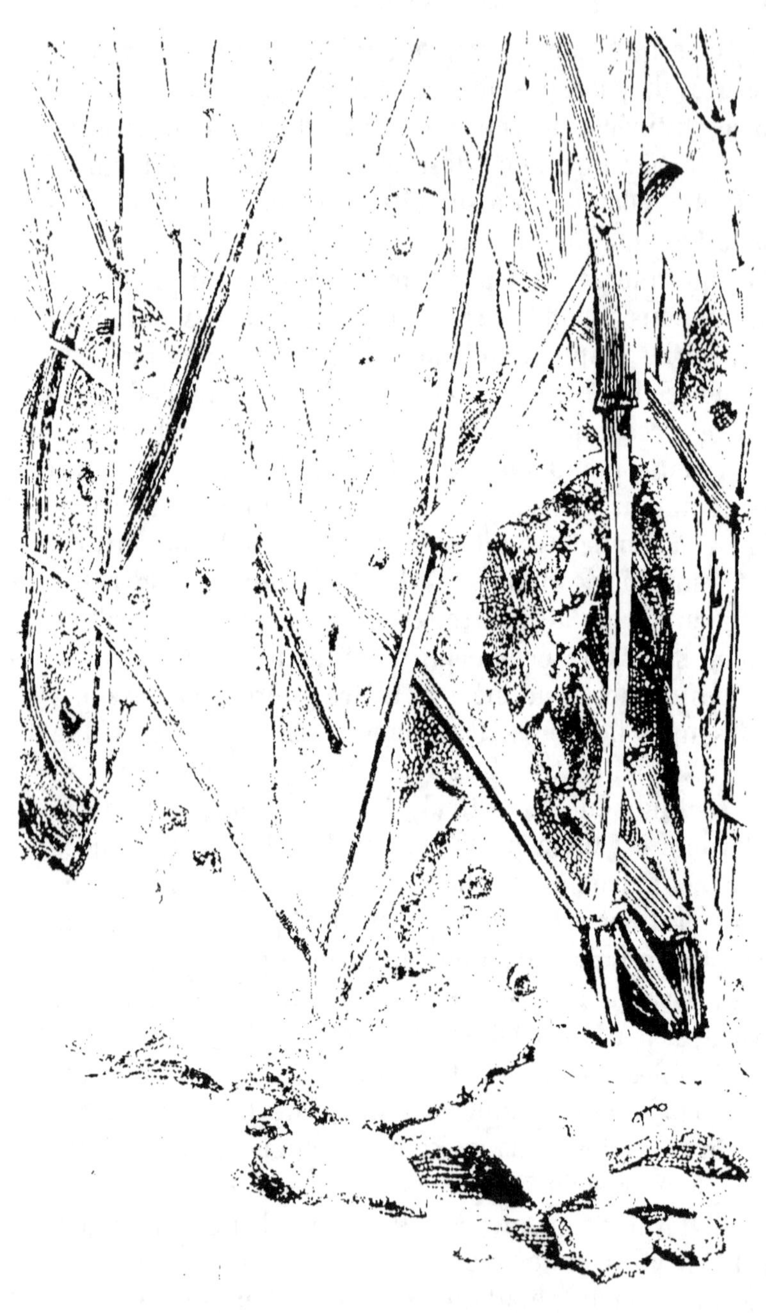

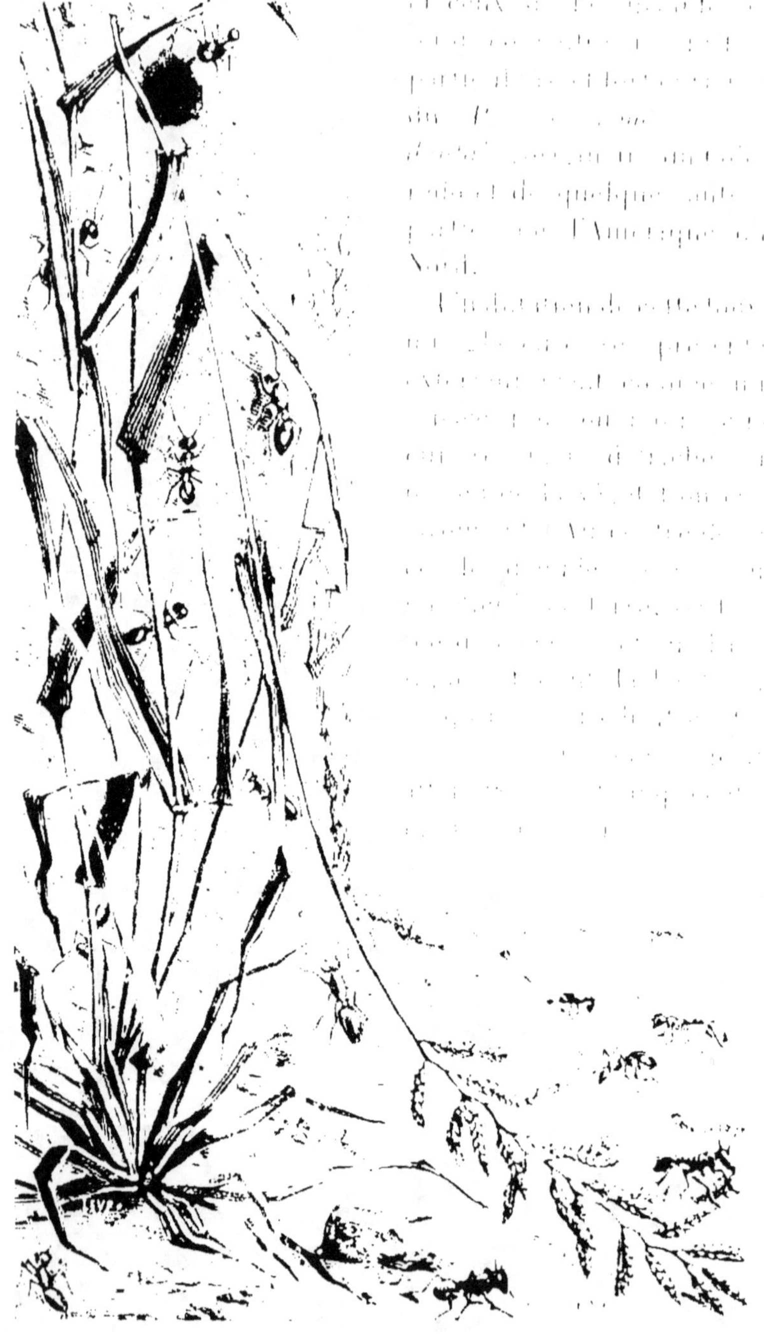

fourmilières. Il va sans dire que le sous-sol est creusé de galeries comme à l'ordinaire, et jusque-là, sauf le cercle défriché qui entoure le cône, ce nid n'offre pas de différences frappantes avec ceux que nous avons déjà étudiés. Mais, ce qui lui donne son caractère particulier et tout à fait remarquable, c'est le revêtement de pierres dont est garnie la surface du monticule. Ce toit protecteur est un assemblage de cailloux soigneusement juxtaposés et dont la nature varie avec la constitution géologique du sol sous-jacent. Tantôt le grès ou le calcaire, tantôt des fragments de roches diverses fournissent aux architectes les matériaux de leur œuvre ; tantôt, si le sous-sol est riche en fossiles, des restes d'animaux éteints figurent au nombre des pavés, et les gisements aurifères du Nouveau-Mexique sont même parfois mis à contribution par les fourmis de cette contrée qui ornent de paillettes d'or la toiture de leurs édifices, sans que ce déploiement de luxe porte la moindre atteinte à leur modestie native.

J'insiste sur ce point que le corps du monticule est formé exclusivement de terre, sans mélange de cailloux, ceux-ci y étant placés en dernier lieu pour constituer un dallage superficiel. Remarquons aussi que ces pierres ne sont pas dispersées pêle-mêle à la surface du tertre, mais, au contraire, disposées avec art, les unes à côté des autres, comme les pavés de vos villes ou les moellons de nos maçonneries. Quand les pluies ont lavé cette enveloppe de pierre et l'ont débarrassée des parcelles terreuses qui pouvaient y adhérer, l'édifice se montre dans toute son originalité, et sa couleur uniforme ou bigarrée dépend de la nature des matériaux employés à sa confection.

Les pavés dont se servent les fourmis pour le revêtement de leur tertre sont extraits par elles des profondeurs du sol, pendant les travaux d'excavation de leur cité souterraine, et sont mis en réserve aux abords du monticule pour servir en temps opportun. C'est le

Rév. Mac Cook qui nous a donné, dans un livre fort intéressant, les curieux détails que je viens de résumer, et
il était étonné, dit-il, de la facilité avec laquelle les
petits carriers maniaient et transportaient des blocs de
pierre énormes pour leur taille. Les cailloux étaient parfois extraits à une profondeur de trois mètres au dessous
de la surface du sol, et en voyant une fourmi, chargée
d'un fardeau pesant six à dix fois plus qu'elle, faire une
pareille ascension sans avoir d'autre aide que l'inclinai-
son des galeries et les aspérités du chemin, on a bien lieu
d'être stupéfait de la force musculaire que ces animaux
sont capables de déployer. En tenant compte de la taille
de l'insecte, inférieure à huit millimètres, un porte-faix
devrait pouvoir monter une charge de cinq cents kilo-
grammes au haut d'un escalier de plus d'un demi-kilo-
mètre de longueur, pour se mesurer sans désavantage
avec un *Pogonomyrmex*. Combien nos plus vigoureux
athlètes sont loin de pouvoir exécuter un pareil tour de
force, et quelle devra être leur confusion si ces lignes
leur tombent sous les yeux!

Il arrive souvent qu'en creusant leurs substructions,
les fourmis extraient de leurs galeries plus de cailloux
qu'il n'en faut pour établir la toiture de l'édifice. Que
feront-elles de cet excédent de matériaux? Les transporter
au dehors est, comme nous l'avons vu, chose pénible, et
d'un autre côté, la couverture du dôme peut subir des
avaries et avoir besoin de réparations pour lesquelles il
faudra de nouveaux pavés. Ces considérations n'ont pas
échappé à nos petits ingénieurs qui, alliant le ménage-
ment de leurs forces aux mesures de prévoyance, établissent çà et là dans leur habitation des magasins spéciaux,
où les pierres sans emploi immédiat sont soigneusement
entassées et entreposées pour servir de réserves et parer
aux éventualités.

Vers la base du cône extérieur, et généralement du côté
du sud, on voit une ouverture simple ou deux ouvertures

jumelles, destinées à donner accès aux appartements
souterrains, et ces portes, closes pendant la nuit, ne
s'ouvrent que le matin assez tard, pour se refermer au
crépuscule. Toutes les fourmis savent ainsi ouvrir et fermer leurs entrées, selon l'heure ou les circonstances, mais
le *P. occidentalis* apporte dans cette opération une mi-
nutie toute particulière. Pour opérer la clôture de leur
domicile, les ouvrières de l'intérieur commencent par
établir, au moyen de brindilles et de tronçons de graminées, une charpente destinée à soutenir les blocs que
d'autres travailleuses ajustent de l'extérieur en imitant
le pavage en mosaïque de la croûte environnante. Quand
il ne reste plus qu'un petit trou, la dernière ouvrière
rentre en tirant derrière elle le pavé qui doit terminer
la clôture, et le monticule présente alors une surface
uniforme où il est presque impossible d'apercevoir la
place de la porte d'entrée.

2° Nids composés de terre et d'autres matériaux.

Le sous-sol de ces nids est tout à fait analogue à celui
des précédents, mais, pour en construire la partie supérieure, les architectes allient l'art du maçon à celui du
charpentier et savent employer poutres et chevrons pour
donner à leurs coupoles une grande légèreté, en même
temps qu'une solidité suffisante. Ces nids, qui atteignent
souvent de grandes proportions, sont connus de tout le
monde, et il n'est personne qui n'ait remarqué dans
les bois, le long des haies et des chemins, ces monceaux
de brindilles, dont la surface disparaît presque sous les
allées et venues d'une population nombreuse et affairée
Les grands monticules des forêts sont construits par
la fourmi fauve (*Formica rufa*), et les autres, ordinairement de moindre volume, sont l'œuvre de sa proche voisine, la fourmi des prés (*Formica pratensis*), ou parfois
de quelque espèce moins répandue et appartenant au
même genre *Formica*.

A. L. Clément

Un examen superficiel n'y fait découvrir, à première vue, qu'un amas confus de matières les plus diverses, mais dans lesquelles les ramilles, les pétioles de feuilles sèches, les tiges de graminées, les aiguilles de conifères, tiennent la plus grande place. On y voit aussi des débris de feuilles, des graines, de petites pierres et jusqu'à des coquilles de jeunes limaçons. Mais approchons-nous d'un de ces édifices, enlevons une partie de sa croûte extérieure, et nous constaterons bientôt que le désordre que nous croyions y remarquer n'est qu'apparent, et que son architecture intérieure est plus compliquée que nous ne l'eussions soupçonné au premier aspect.

Prenons pour exemple un nid de *Formica rufa* ou *pratensis* : C'est d'abord, en partant de la surface du sol, une sorte de cratère de maçonnerie, disposé en chambres et en galeries comme d'ordinaire. A la superficie du cratère sont engagés des piliers de bois et des poutres horizontales solidement fixées. Cette charpente laisse dans l'intérieur du dôme un vide central assez grand, dont le plafond est soutenu par un échafaudage de poutrelles entrelacées. Latéralement se trouvent des cases plus petites, formées de matériaux moins fortement assujettis, et enfin l'enveloppe extérieure ne présente plus qu'un amoncellement de débris, sans vides réservés, mais offrant des ouvertures cylindriques pour l'entrée et la sortie des fourmis.

« Pour concevoir la formation de ce toit de chaume, dit Huber, voyons ce qu'était la fourmilière dans l'origine. Elle n'est, au commencement, qu'une cavité pratiquée dans la terre ; une partie de ses habitants va chercher aux environs des matériaux propres à la construction de la charpente extérieure ; ils les disposent ensuite dans un ordre peu régulier, mais suffisant pour en recouvrir l'entrée. D'autres fourmis apportent de la terre qu'elles ont enlevée au fond du nid, dont elles creusent l'intérieur, et cette terre, mélangée avec les brins de bois et de feuilles qui sont apportés à chaque instant, donne une certaine consistance à l'édifice. Il s'élève de jour en jour; cependant les fourmis ont soin de laisser des espaces vides pour ces galeries qui conduisent au dehors; et comme elles enlèvent le matin les barrières qu'elles ont posées à l'entrée du nid la veille, les conduits se conservent, tandis que le reste de la fourmilière s'élève. Elle prend déjà une forme bombée, mais on se tromperait si on la croyait massive. Ce toit devait encore servir sous un autre point de vue à nos insectes; il était destiné à contenir de nombreux étages, et voici de quelle manière ils sont construits. Je puis en parler pour l'avoir vu au travers d'un carreau de verre que j'avais ajusté contre une fourmilière.

« C'est par excavation, en minant leur édifice même, qu'elles y pratiquent des salles très spacieuses, fort basses, à la vérité, et d'une construction grossière; mais elles sont commodes pour l'usage auquel elles sont destinées, celui de pouvoir y déposer les larves et les nymphes à certaines heures du jour. Ces espaces vides communiquent entre eux par des galeries faites de la même manière. Si les matériaux du nid n'étaient qu'entrelacés les uns avec les autres, ils céderaient trop facilement aux efforts des fourmis, et tomberaient confusément lorsqu'elles porteraient atteinte à leur ordre primitif; mais la terre contenue entre les couches dont le monticule est composé, étant délayée par l'eau des pluies, et durcie ensuite par le soleil, sert à lier ensemble toutes les parties de la fourmilière, de manière cependant à permettre aux fourmis d'en séparer quelques fragments sans détruire le reste. D'ailleurs, elle s'oppose si bien à l'introduction de l'eau dans le nid, que je n'en ai jamais trouvé (même après de longues pluies) l'intérieur mouillé à plus d'un quart de pouce de la surface, à moins que la fourmilière n'eût été dérangée, ou ne fût abandonnée par ses habitants. »

Le dôme est percé de nombreuses ouvertures extérieures que les fourmis bouchent et débouchent à volonté. « Ces portes étaient nécessaires, continue Huber, pour laisser une libre issue à cette multitude d'ouvrières dont leurs peuplades sont composées. Non seulement leurs travaux les appellent continuellement au dehors, mais, bien différentes des autres espèces, qui se tiennent volontiers dans leurs nids et à l'abri du soleil, les fourmis fauves semblent au contraire préférer vivre en plein air, et ne pas craindre de faire en notre présence la plupart de leurs opérations.

. . . .

« Les fourmis fauves, établies en foule pendant le jour sur leur nid, ne craignent pas d'être inquiétées au dedans ; mais le soir, lorsque, retirées dans le fond de leur habitation, elles ne peuvent s'apercevoir de ce qui se passe au dehors, comment sont-elles à l'abri des accidents dont elles semblent menacées? comment la pluie ne pénètre-t-elle pas dans cette demeure ouverte de toutes parts? Ces questions si simples ne paraissent point avoir occupé les naturalistes. N'ont-ils donc pas prévu les résultats auxquels ces fourmis auraient été exposées, si la sagesse qui règle l'univers n'eût pris soin de leur sûreté? Frappé de ces réflexions lorsque j'observai pour la première fois les fourmis fauves, je portai toute mon attention sur cet objet, et mes doutes ne tardèrent pas à se dissiper.

« Je m'aperçus que l'aspect de ces fourmilières changeait d'une heure à l'autre, et que le diamètre de ces avenues spacieuses, où tant de fourmis pouvaient se rencontrer à la fois, au milieu du jour, diminuait graduellement jusqu'à la nuit. Leur ouverture disparaissait enfin; le dôme était fermé de toutes parts, et les fourmis retirées au fond de leur demeure. Cette première observation, en dirigeant mes regards sur les portes de ces fourmilières, éclaircit infiniment mes idées sur le travail de leurs habitants, dont auparavant je ne devinais pas précisément le but; car il règne une telle agitation à la surface du nid, on y voit tant d'insectes occupés à charrier des matériaux, dans un sens et dans un autre, que ce mouvement n'offre d'autre image que celle de la confusion.

« Je vis donc clairement qu'elles travaillaient à fermer leurs passages : elles apportaient d'abord, pour cela, de petites poutres auprès des galeries dont elles voulaient diminuer l'entrée; elles les plaçaient au-dessus de l'ouverture, et les enfonçaient même quelquefois dans le massif de chaume. Elles allaient ensuite en chercher de nouvelles qu'elles disposaient au dessus des premières, dans un sens contraire, et paraissaient en choisir de moins fortes à mesure que l'ouvrage était plus avancé. Enfin, elles employèrent des morceaux de feuilles sèches ou d'autres matériaux d'une forme élargie, pour recouvrir le tout. N'est-ce pas là, en petit, l'art de nos charpentiers, lorsqu'ils établissent le faîte du bâtiment? La nature semble avoir partout devancé les inventions dont nous nous glorifions; celle-ci est, sans doute, une des plus simples. Voilà nos fourmis en sûreté dans leur nid; elles se retirent graduellement dans l'intérieur, avant que les dernières portes soient fermées, et il en reste une ou deux au dehors ou cachées derrière les portes, pour faire la garde, tandis que les autres se livrent au repos ou à différentes occupations, dans la plus parfaite sécurité.

« J'étais impatient de savoir comment les choses se passaient le matin sur ces fourmilières. J'allai donc un jour, de très bonne heure, les visiter; je les trouvai encore dans le même état où je les avais laissées la veille; quelques fourmis rôdaient sur les dehors du nid, cependant il en sortait de temps en temps quelques-unes, par dessous les bords des petits toits pratiqués à l'entrée des galeries, et j'en vis bientôt qui essayèrent d'enlever les barricades; elles y réussirent aisément. Ce travail les occupa pendant plusieurs heures, et je vis enfin les passages libres de tout obstacle, et les matériaux qui les obstruaient répartis çà et là sur la fourmilière.

« Chaque jour, soir et matin, pendant la belle saison, j'ai revu les mêmes faits, à l'exception cependant des jours de pluie, où les portes restent fermées sur toutes les fourmilières. Lorsque le ciel est nébuleux dès le matin, les fourmis, qui paraissent s'en apercevoir, n'ouvrent qu'en partie l'entrée de leurs avenues, et lorsque la pluie commence, elles se hâtent de les refermer. Il paraît, d'après cela, qu'elles n'ignorent pas la raison pour laquelle elles construisent ces clôtures momentanées. »

La *Formica exsecta* a la même architecture que la *F. rufa*, mais elle s'en distingue cependant par certains points importants. D'abord les matériaux qu'elle emploie pour la construction du dôme sont beaucoup plus menus; les débris de feuilles, les petites aiguilles de conifères y jouent un rôle prépondérant, tandis que la terre y entre en moins grande proportion. Certains nids, surtout ceux de petite ou de moyenne taille, sont dépourvus de base maçonnée en forme de cratère, ou n'en présentent que des rudiments. Leur forme est aussi très variable, mais en général plus régulière que celle des précédents. Leur section est tantôt circulaire, tantôt ellipsoïdale, et la disposition intérieure du dôme, au lieu de présenter le grand vide central qu'offrent les nids de *Formica rufa*, montre au contraire un assemblage de chambres et de galeries superposées et séparées par des cloisons assez épaisses à la périphérie, plus minces au centre de l'édifice. Enfin les ouvertures sont ordinairement toutes ménagées à la circonférence de la partie basale, et la croûte supérieure du dôme en est dépourvue.

Le monticule de la *Formica exsectoïdes* des États-Unis, dont nous devons la connaissance à Mac Cook, est conçu

dans le même système et formé d'un assemblage de terre
et de brindilles de bois mort, d'aiguilles de pin, de
feuilles sèches, de brins d'herbe, etc., le tout surmon-
tant une base cratériforme de terre maçonnée. La présence, à la surface du nid, de débris végétaux fraîche-
ment coupés, laisse supposer que la fourmi ne se contente
pas de ramasser les matériaux épars sur le sol, mais
qu'elle sait aussi cueillir elle-même des brins d'herbe
verte pour les employer à la confection de sa couverture.

Bien que la *Formica sanguinea* ne soit pas ordinairement une fourmi charpentière, il lui arrive aussi d'édifier, à l'occasion, des nids analogues aux précédents. Ses
matériaux de construction sont plutôt courts qu'allongés,
et elle préfère les parcelles de bois, les petits cailloux,
les morceaux de feuilles, aux longues brindilles qui
servent d'échafaudage à la *F. rufa*. Les poutres de soutien, indispensables aux espèces qui ne font pas grand
usage du mortier dans l'édification de leur coupole, seraient inutiles à la *F. sanguinea*, qui relie ses moellons
avec une forte quantité de terre dans laquelle ils se
trouvent englobés et fortement assujettis. Elle sait aussi
tirer parti des herbes, des buissons, ou des troncs
d'arbres, pour y appuyer ses constructions, et de là cet
aspect irrégulier qu'elles présentent le plus souvent. Les
entrées sont peu éloignées de la surface du sol, et il est
rare qu'il en existe à la partie supérieure ou moyenne du
dôme, dont le peu d'élévation est encore un caractère
distinctif assez constant chez cette espèce.

La *Formica truncicola* adosse presque toujours ses
nids à une pierre ou à un tronc d'arbre. Son architecture
a beaucoup d'analogie avec celle de la *F. sanguinea*, en
empruntant toutefois certains traits caractéristiques de
la *F. rufa* et notamment l'emploi de poutres allongées
comme échafaudage. Ses dômes ont peu de consistance
et sont percés de grandes ouvertures latérales.

Je n'étendrai pas plus loin cette revue des nids à ma-

tériaux composés; les données qui précèdent étant
suffisantes pour fournir une idée générale de ce mode
particulier de construction.

Colonies, routes, constructions accessoires.

Tous les nids dont il a été question jusqu'ici,
agrandis, au fur et à mesure des besoins, par des adjonc-
tions successives de chambres et d'étages, suffisent très
souvent pour loger la famille qui les a fondés. Il est
cependant des cas assez fréquents où l'accroissement de
la population exige la construction d'un nouvel édifice,
voisin du premier, auquel il est relié par un canal souterrain ou un chemin frayé. Les habitants de cette suc-
cursale rendent de fréquentes visites à ceux de la maison
mère, avec lesquels ils continuent à vivre fraternel-
lement, comme il convient à des membres d'une même
communauté.

Quand la nécessité l'exige, ou seulement pour des
raisons de simple commodité, d'autres succursales sont
fondées, et la colonie peut atteindre ainsi un développement dont on serait loin de se faire une idée
exacte si des observateurs consciencieux n'avaient pris
soin de nous renseigner à cet égard. C'est ainsi que
M. le docteur Forel a constaté en Suisse, dans une forêt
du Mont Tendre, l'existence d'une colonie de *Formica
exsecta*, ne comprenant pas moins de deux cents nids,
et peut-être davantage. Chacun d'eux renfermant de
5000 à 500 000 habitants, leur ensemble constitue déjà
une imposante population; mais ce n'est rien encore. Le
Rév. Mac Cook, qui a étudié les mœurs d'une espèce très
voisine (*Formica exsectoides*), habitant la Pennsylvanie,
nous parle d'une ville immense, occupant une superficie de près de cinquante acres, et composée de plus
de seize cents nids, dont beaucoup mesuraient près d'un
mètre de hauteur au-dessus du sol, sur quatre mètres
de circonférence à la base. Le plus important de ces

nids, formé de deux monticules accolés, dépassait un
mètre d'élévation, et le pourtour de sa base présentait
un développement de plus de vingt mètres. Quant à son
volume comparé à la taille de l'architecte, Mac Cook
l'assimile à 84 fois celui de la grande pyramide d'Égypte,
le plus haut monument construit de main d'homme, dont
la masse imposante dépasse deux millions et demi de
mètres cubes et dont la hauteur perpendiculaire est de
138 mètres, c'est à dire plus du double de celle de
Notre-Dame de Paris. Le travail nécessité par les excavations souterraines de cette vaste demeure est, d'après
le même naturaliste, comparable à celui effectué par les
premiers chrétiens pour le percement des catacombes
de Rome.

Si l'on cherche maintenant à faire le recensement de
la population logée dans cette immense agglomération
de nids, on arrive à un nombre de millions tellement
respectable qu'on reste confondu devant un pareil chiffre,
en s'apercevant que nos plus grandes capitales, telles que
Pékin, Londres ou Paris, ne sont que d'infimes villages
auprès de cette cité des fourmis (*Ant city*), comme l'appelle Mac Cook. Souvenons-nous enfin que tous ces petits
êtres vivent en parfaite harmonie, savent se reconnaître
entre eux, sans erreur et sans hésitation, puisqu'un
voisin, égaré dans leur domaine, est aussitôt signalé et
mis en pièces, et nous passerons de l'étonnement à la
stupéfaction, en nous demandant, comme nous l'avons
déjà fait dans un chapitre précédent, de quelle secrète
faculté, de quel sens mystérieux la nature, inépuisable
dans ses moyens, a pu doter ces merveilleux animaux.

J'ai parlé tout à l'heure de chemins frayés, reliant
entre eux deux ou plusieurs nids. Comme ces travaux de
voirie, exécutés par quelques espèces et en particulier
par les fourmis charpentières, ont assez d'importance, il
convient de nous y arrêter quelques instants. Ce sont des
routes parfaitement tracées et entretenues avec soin, que

les ouvrières établissent en creusant légèrement le sol et
en débarrassant le parcours de tous les déblais, pier-
railles, feuilles et autres obstacles qui pourraient en-
traver la marche. Les travailleuses rencontrent-elles sur
leur passage des herbes gênantes, elles les fauchent avec
leurs mandibules et répètent cette opération toutes les
fois que la végétation les fait reparaître. La largeur des
chemins varie selon les circonstances. S'ils traversent une
prairie d'un défrichement difficile, ils ne mesurent guère
que quatre à six centimètres ; si, au contraire, ils sont
tracés dans une forêt où le sol est moins herbeux, ils
peuvent atteindre jusqu'à vingt centimètres, et cette largeur considérable leur donne l'avantage d'être moins facilement obstrués par les feuilles sèches et les débris qui
tombent des arbres. Leur longueur est indiquée naturellement par leur destination et peut aller jusqu'à 80 mètres,
d'après les observations de Forel, et probablement encore au delà dans certains cas.

L'utilité de ces routes ne consiste pas seulement à faire
communiquer entre eux les différents nids d'une colonie,
mais elles servent en outre et surtout à relier les terrains
de chasse, de moisson ou de pâturage au domicile de leurs
propriétaires, en leur facilitant ainsi la recherche et le
transport des aliments nécessaires à la subsistance de la
famille. Aussi n'est-il pas rare de voir ces chemins
aboutir au pied d'un arbre chargé de pucerons, que les
fourmis escaladent en files serrées, pour traire ces précieux animaux et partager ensuite avec leurs nourrissons
ou leurs compagnes la liqueur bienfaisante dont elles
reviennent chargées.

Beaucoup d'espèces exotiques, et notamment certaines
fourmis moissonneuses ou agricoles de l'Inde ou du
Nouveau Monde, font un fréquent usage de ces routes dé-
frichées, et nous verrons plus tard qu'elles ne le cèdent
pas en importance ou en étendue aux chemins établis
par nos fourmis indigènes.

Ces voies de communication sont perfectionnées par d'autres espèces, telles que certains *Lasius*, qui recouvrent leurs chemins d'une voûte maçonnée, pour voyager ainsi plus tranquillement et à l'abri des attaques des fourmis ennemies ou des insectes carnassiers. C'est surtout dans les endroits jugés dangereux que le passage est ainsi garanti, car, dès que la région est plus sûre ou que se présente un abri naturel, les ouvrières qui connaissent le prix du temps et ne se soucient pas de le perdre en travaux inutiles, poursuivent le tracé à ciel ouvert, pour le voûter de nouveau un peu plus loin si la prudence l'exige. Par contre, à certains endroits trop exposés, la route devient tout à fait souterraine et se transforme en tunnel, pour ressortir à quelque distance et se continuer en chemin libre ou abrité, selon le besoin.

Voici comment procèdent les petits architectes pour la construction de leurs chemins couverts. Ils commencent par élever, dans la direction choisie, deux murs de terre parallèles, laissant entre eux un intervalle correspondant à la largeur de la voie projetée. Quand ces murs ont atteint une hauteur suffisante, les ouvrières y ajoutent de nouveaux matériaux en les inclinant vers l'intérieur, de façon à former un commencement de voûte, et ce travail s'effectue simultanément sur chacune des murailles. Comme il avance inégalement, suivant le nombre des ouvrières qui s'y emploient sur un point donné, il arrive de temps en temps que deux parties se rejoignent, et cette première clef de voûte forme un point d'appui pour l'adjonction de nouvelles parcelles de mortier. Successivement d'autres arceaux se soudent, et bientôt le viaduc présente sa forme définitive, à l'exception de quelques trous qui existent encore dans sa partie supérieure. Ces ouvertures sont alors bouchées et l'œuvre est terminée.

Fréquemment ces voies couvertes, parvenues au pied d'un arbrisseau riche en pucerons, se prolongent le

long de la tige en galeries couvertes, et souvent même
s'élargissent en forme de cases ou de pavillons servant
d'étables ... pour ... le bétail, qui se trouve ainsi garanti
contre tout danger extérieur. Parfois ces pavillons sont
isolés sur la tige, sans galeries de communication avec
le sol, et présentent ... seulement une petite ouverture pour
l'entrée et la sortie des fourmis. Je ne fais ici que signaler ces constructions ... pour des ... dont l'usage s'expliquera

plus tard, quand je parlerai des mœurs pastorales de
ces ... fourmis ...

... un mot ... à propos des ... chemins tracés, dont la
longueur et ... considérable, ... si l'on tient compte
de la petite taille de ... ... appelées à les parcourir.
Les fourmis ne ... plus ... que ... inaccessibles à la
fatigue, et peu ... le ... d'un repos momentané ou
d'un gîte pour ... ... travail, si l'ardeur du travail le
... trop ... ... domicile pour qu'elles puissent
... ... l'heure où la clôture des portes

en interdit l'accès. Un orage violent, une averse inattendue peut aussi les surprendre, et non seulement elles risqueraient d'être mouillées, mais les provisions qu'elles rapportent pourraient être endommagées par la pluie. Voilà, certes, de graves inconvénients auxquels il était urgent de remédier, et les fourmis n'ont eu garde d'y manquer. Le long de leur route, et de distance en distance, elles construisent des hangars ou des hôtelleries, de simples abris, ou de véritables nids en miniature, où se reposent les fatiguées, où se réfugient les attardées et où celles mises en détresse par les intempéries trouvent un toit hospitalier pour attendre la fin de l'orage. Ces petits édifices ainsi échelonnés sont donc très précieux pour nos voyageuses et peuvent aussi servir d'entrepôt, pour y rentrer momentanément le produit d'une récolte ou d'une chasse. Combien de peuplades humaines n'en sont pas encore arrivées à ce degré de prévoyance; et l'humble créature qui nous donne de tels exemples d'industrie n'a-t-elle pas droit à toute notre admiration!

§ 2. NIDS AÉRIENS.
1° Nids des rochers, des murailles ou des habitations.

Ces nids sont les moins compliqués de ceux que nous avons à étudier et n'exigent pas beaucoup d'industrie de la part de leurs constructeurs. Les fourmis qui nichent de la sorte profitent de toutes les anfractuosités des roches ou des fissures des murailles pour y établir leur domicile, et se contentent de boucher certaines issues avec quelques parcelles de terre, et d'établir des communications entre les différentes parties des cavités naturelles ou artificielles qu'elles ont envahies. De petites fourmis jaunes (*Leptothorax*) habitent souvent des nids minuscules, composés d'une ou deux logettes placées dans un trou de rocher ou dans l'intervalle de deux pierres reposant l'une sur l'autre. Les fissures de nos planchers et de

nos boiseries recèlent parfois une peuplade d'hôtes incommodes, dont quelques-uns ne respectent même pas les
charpentes de nos habitations ou nos meubles les plus
précieux, qu'ils percent en tous sens pour y installer leurs
appartements privés. Certaines espèces, originaires des
pays chauds et importées dans nos climats, vivent ainsi
chez nous en commensales, et les habitants de Paris, de
Lyon, de Marseille et d'autres grandes villes ont quelquefois à redouter l'envahissement de la fourmi de Pharaon (*Monomorium Pharaonis*), très petite espèce qui niche
dans les maisons, ravageant les substances alimentaires,
perforant les meubles, et qu'il est fort difficile de déloger.

2° Nids sculptés dans le bois ou l'écorce.

Les fourmilières de cette division s'établissent soit
dans les troncs d'arbres morts, les bois coupés, les poutres,
les charpentes, soit dans l'intérieur des arbres vivants,
qui ne paraissent pas souffrir sensiblement de leur présence. Dans nos pays tempérés, c'est surtout la fourmi
Hercule et la fourmi ronge-bois (*Camponotus herculeanus*
et *ligniperdus*) qui installent ainsi leurs demeures, mais
d'autres espèces plus petites ou moins répandues ont des
mœurs analogues, et le nombre des fourmis qui sculptent
le bois, soit ordinairement, soit accidentellement, est
encore assez considérable.

La substance à travailler étant beaucoup plus résistante
que la terre pétrie, on comprend que les cloisons doivent
avoir moins d'épaisseur, et en effet les plus minces ne
dépassent pas sous ce rapport un demi-millimètre. Les
fourmis ont d'ailleurs soin d'orienter leurs murailles
dans le sens des fibres ligneuses, ce qui leur donne une
force et une élasticité très grandes et permet d'en diminuer l'épaisseur sans nuire à la solidité de l'édifice.
Les cloisons sont toujours verticales et les piliers horizontaux, c'est-à-dire perpendiculaires au fil du bois; la

solidité de ces piliers résulte de leur plus grand diamètre et de leur peu d'élévation. De plus, les architectes réservent tout autour du nid une enveloppe de bois, d'au moins un centimètre d'épaisseur, et percée seulement de quelques trous pour les communications avec le dehors.

Les fourmis emportent souvent au loin les parcelles de bois provenant du percement de leurs galeries. et Mac Cook, dans sa remarquable étude sur les mœurs de la fourmi de Pennsylvanie (*Camponotus pennsylvanicus*), rapporte une manœuvre assez compliquée, employée par les constructeurs pour se débarrasser des copeaux qui les encombraient. Le nid des *Camponotus* était établi dans une pièce de bois faisant partie de la charpente d'un moulin et s'élevant verticalement à côté d'un escalier intérieur. Sur l'une des faces de ce poteau existait une fissure communiquant avec le labyrinthe des fourmis et leur servant d'entrée principale. Au bas de la fente était ajustée une traverse dominant les marches de l'escalier de service. A chaque instant une ouvrière apparaissait à la fissure, portant dans ses mandibules un fragment de bois qu'elle allait déposer sur la traverse inférieure. L'accumulation de ces débris formait, à cet endroit, un petit tas sur lequel étaient rassemblées un grand nombre d'autres fourmis. Celles-ci avaient pour occupation de transporter un à un les copeaux jusqu'au bord extérieur de la traverse, d'où elles les jetaient sur les marches de l'escalier. Une autre escouade d'ouvrières les ramassaient et les portaient au dehors. Cette dernière opération fut soigneusement pratiquée pendant les premiers jours, mais les travailleuses s'étant bientôt aperçues que chaque matin le meunier balayait son escalier, elles jugèrent inutile de se donner la peine de l'aider dans cette besogne, et lui abandonnèrent dorénavant le soin de cette partie du nettoyage.

L'étendue des maisons de bois dont je viens de parler, ainsi que la dimension relative de leurs cases, dépendent

de faible dimension. Les ouvertures étroites et arrondies qui seules donnent accès à l'intérieur, sont presque toujours fermées par des portes d'une singulière nature. Ces obturateurs vivants ne sont autres, en effet, que les têtes cylindriques des *soldats,* qui s'adaptent comme un bouchon dans les trous de sortie, servant ainsi à la fois de véritables portes et de sentinelles vigilantes, prêtes à donner l'alarme au moindre événement. Cette curieuse fonction paraît être le seul rôle dévolu à ces soldats, très distincts des ouvrières, et remarquables par la structure étrange et toute particulière de leur tête longue et tronquée. En général, la mission des fourmis à grosse tête, qu'elles constituent ou non une caste spéciale, paraît être analogue, quoique moins exclusive, et on a constaté bien souvent, chez d'autres espèces, l'existence de ces sentinelles postées ainsi à l'entrée des avenues pour surveiller l'ennemi et éviter des surprises. En cas d'attaque, leurs têtes dures et souvent énormes agissent comme de véritables boucliers à l'épreuve de l'aiguillon ou des crocs des assiégeants.

Les nids sculptés dans l'écorce, encore plus petits que les précédents, sont creusés par de minuscules espèces vivant en communautés peu populeuses. Tels sont les *Leptothorax* à la robe jaune variée de noir, qui s'installent aussi très fréquemment dans l'intérieur des tiges sèches de ronces ou dans les galles vides délaissées par leurs propriétaires.

Signalons enfin, en terminant, des nids à architecture mixte, c'est-à-dire en partie sculptés dans de vieux troncs et en partie composés de détritus divers, mousses, feuilles mortes, bois pourri et autres matériaux trouvés sur place et utilisés de la façon la plus variée par les constructeurs. Ce mode de procéder n'est pas particulier à telle ou telle espèce, mais un grand nombre s'en servent à l'occasion, soit pour économiser leurs peines, soit faute de pouvoir employer facilement leurs méthodes ordinaires.

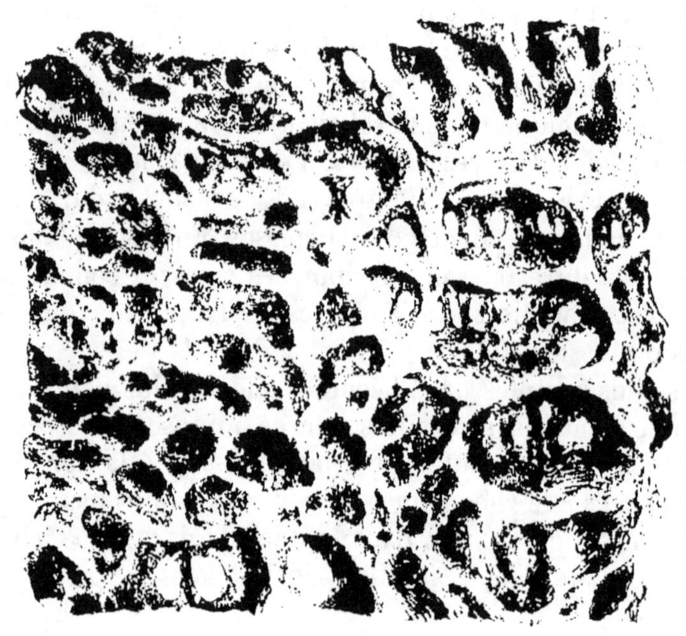

glandes mandibulaires et métathoraciques, qui offrent chez cet insecte un très grand développement. C'est ce produit naturel de sécrétion qui donne à la construction sa teinte noire caractéristique. Quant aux procédés de fabrication et à la mise en œuvre de cette matière papyracée, la fourmi fuligineuse en a conservé le secret avec un soin jaloux et s'est, jusqu'à ce jour, refusée obstinément à travailler en public, quelque facilité qu'on lui ait procurée en lui fournissant les objets supposés nécessaires à sa démonstration. On est donc encore réduit aux conjectures sur ce point, et on se demande si l'insecte emploie des parcelles de bois déjà vermoulu, ou s'il sait tailler le bois naturel, le ramollir au moyen d'un suc quelconque et en façonner le carton qui lui sert de mortier. Cette dernière supposition paraît la plus vraisemblable, mais elle est loin d'être inattaquable, et, dans l'ignorance où nous sommes des procédés de construction, bornons nous à admirer l'élégance et la complication de cet édifice. « Qu'on se figure, dit Huber, l'intérieur d'un arbre entièrement sculpté, des étages sans nombre, plus ou moins horizontaux, dont les planchers et les plafonds, à cinq ou six lignes de distance les uns des autres, sont aussi minces qu'une carte à jouer, supportés tantôt par des cloisons verticales qui forment une infinité de cases, tantôt par une multitude de petites colonnes assez légères, qui laissent voir entre elles la profondeur d'un étage presque entier, le tout d'un bois noirâtre et enfumé, et l'on aura une idée assez juste des cités de ces fourmis.... Quels nombreux appartements, quelle multitude de loges, de salles, de corridors ces insectes ne se procurent-ils pas par leur seule industrie, et quel travail une si grande entreprise n'a-t-elle pas dû leur coûter ! »

La multiplicité des salles de cet immense palais suppose une population considérable, et en effet les fourmilières de cette espèce, dit Forel, sont les plus riches en

ciale. L'aspect extérieur de ces nids rappelle tout à fait ceux des guêpes, et leur couleur d'un noir brun jointe à leur forme arrondie et à leur volume le plus ordinaire, justifie le nom de *têtes de nègre*, sous lequel ils sont connus dans certaines parties du Brésil. La disposition intérieure diffère entièrement de celle que présentent les gâteaux cellulaires des Vespides. C'est un assemblage considérable de chambres et de galeries formées par des cloisons cintrées qui se rejoignent et s'enchevêtrent en un réseau fort compliqué. Des ouvertures et des fentes font communiquer entre eux les divers appartements et, pour se reconnaître dans ce dédale, il faut être fourmi, car le labyrinthe de Crète n'était qu'un jouet d'enfant auprès des capricieux méandres de ce nid aérien, et Thésée avec son indispensable fil eût été pris en pitié par le moindre *Cremastogaster*. Tout l'ensemble est renfermé dans une enveloppe protectrice, percée seulement de quelques ouvertures pour l'entrée et la sortie des habitants.

Quelquefois la partie supérieure du nid, qui est la plus exposée à la pluie, est recouverte d'un toit de carton, dont les tuiles inclinées et dépassant les parois de l'édifice, le protègent contre l'humidité, tout en offrant un abri aux fourmis, qui peuvent circuler à la surface extérieure de leur habitation sans crainte d'être mouillées, grâce à cet auvent circulaire si ingénieusement disposé.

Une espèce du même genre, le *Cremastogaster Ransonnetti*, qui habite Ceylan, donne à son nid la forme d'un cône renversé et l'établit au sommet des arbustes, autour d'une branche qui lui sert d'axe et de soutien. Sa partie supérieure arrondie porte une quantité d'éminences hémisphériques, correspondant à des cellules intérieures. Un grand nombre de petites ouvertures rondes donnent accès aux fourmis, en facilitant par leur multiplicité les allées et venues des travailleuses.

Le *Dolichoderus gibbosus*, propre à la Péninsule in-

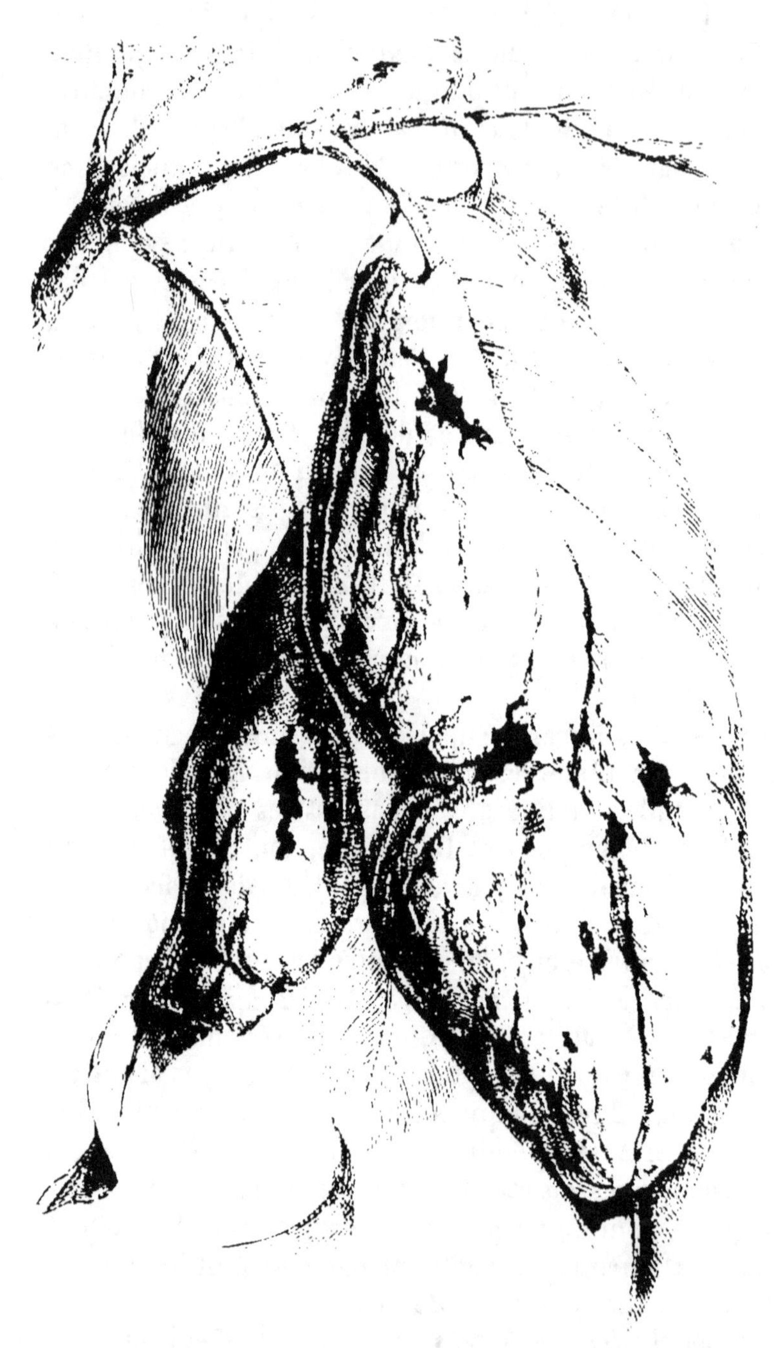

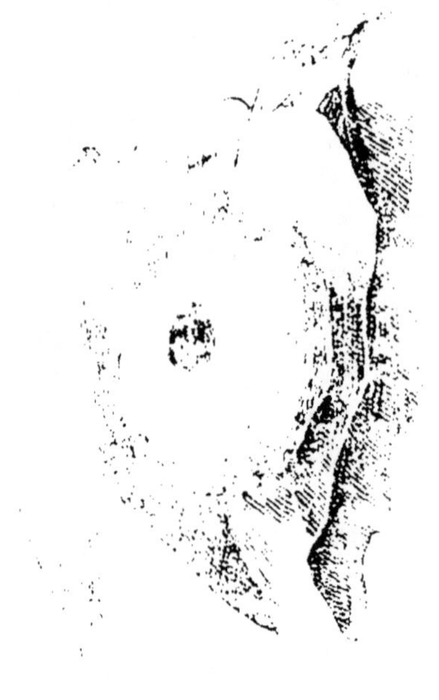

de l'Asie, de la Malaisie et de l'Australie. Elle se fait
une demeure en réunissant par leurs bords, au moyen de
fils de soie, un certain nombre de feuilles vivantes, de manière à former un sac dans lequel elle niche en familles
nombreuses. Pour exécuter ce travail, il paraît que les
feuilles sont d'abord juxtaposées sous les efforts répétés
d'une grande quantité d'ouvrières, tandis que d'autres
s'occupent à les fixer solidement par une suture de toile
blanche. Cette fourmi abonde dans nos possessions fran-
çaises de Cochinchine, et elle habite de préférence, m'a-
t-on dit, les feuilles d'une espèce de prunier à fleurs odo-
riférantes, appelé par les indigènes *Cay-Maï*, arbre sacré
auquel il était autrefois défendu de toucher sous peine de
mort. Cette défense n'atteignait probablement pas les
Œcophylla, qui doivent regretter l'ancien régime et la
sécurité que leur procurait la peine terrible infligée à
quiconque portait une main sacrilège sur leur domicile
aérien.

Les épines creuses d'une espèce d'acacia du Nicaragua
servent, d'après Belt, de logement à de nombreuses
familles de *Pseudomyrma*, qui non seulement trouvent
ainsi des cases toutes préparées, mais n'ont même pas
besoin de s'occuper de leur nourriture, l'arbre qu'elles
habitent se chargeant de la leur fournir sous forme de
nectar distillé par des glandes spéciales situées à la base
de chacune de ses folioles.

Quelques petites fourmis établissent leur domicile
dans les galles végétales délaissées par leurs premiers
propriétaires, comme nous avons déjà eu occasion de le
dire. D'autres s'installent dans les curieuses expansions
galliformes qu'offre la tige de certaines plantes épi-
phytes, telles que les *Myrmecodia* (*armata, echinata*) et
l'*Hydnophyton formicarum*, dont le nom seul indique
leurs rapports avec les fourmis. On a cru pendant longtemps, sur la foi de Moseley et d'autres observateurs, que
le renflement tuberculeux, souvent énorme, que pré-

Java, M. Treub, entreprit, par des expériences sérieuses et répétées, d'élucider la question du prétendu mutualisme des fourmis et de la *Myrmecodia*. Faisant porter ses recherches sur la *Myrmecodia echinata* commune en Malaisie, il reconnut bientôt que la présence des fourmis n'est nullement indispensable à la plante pour se développer, et que ces insectes ne jouent vis à vis d'elle que le rôle de locataires inoffensifs, en s'installant dans les cavités naturelles de sa tige tuberculeuse, admirablement disposée d'ailleurs pour leur offrir tout le confortable nécessaire. C'est la nature seule qui fait les frais des chambres et des galeries, que les fourmis n'ont plus qu'à occuper, sans être obligées de les creuser elles-mêmes au risque de nuire à la vitalité du végétal. M. Treub a reconnu, en effet, que les diverses cavités présentées par la masse tuberculeuse de la *Myrmecodia*, se forment successivement par la dessiccation et la résorption des cellules du parenchyme, et que leurs parois ainsi que l'enveloppe externe sont composées de cellules subérifiées, c'est-à-dire transformées en véritable liège.

Plusieurs espèces de fourmis paraissent habiter ces nids singuliers, mais il est probable qu'elles doivent avoir à l'ordinaire un autre mode de nidification, et qu'en se logeant dans les tubercules de *Myrmecodia*, elles suivent l'exemple de beaucoup de nos fourmis d'Europe qui savent aussi, à l'occasion, profiter d'un ancien nid ou de certaines cavités naturelles, en s'évitant ainsi un travail de construction devenu inutile. Cette question serait résolue si nous connaissions les espèces fréquentant les tubercules de *Myrmecodia*, mais M. Treub, qui n'est pas entomologiste, parle seulement de fourmis rouges et de fourmis noires, et il ne m'a pas été possible jusqu'à ce jour de me procurer quelques individus appartenant, d'une façon certaine, à ces communautés parasites.

5° Nids divers.

Ces nids, qu'on pourrait appeler aussi nids anormaux,
ne sont pas le produit d'une industrie spéciale à telle ou
telle espèce de fourmis, mais sont, en général, employés
accidentellement par des sociétés ayant ordinairement
des habitations beaucoup plus compliquées et conçues
dans un style tout différent. C'est ainsi que les mousses,
les feuilles mortes, les détritus de toutes sortes peuvent
recéler des familles de *Tapinoma*, de *Lasius* ou de *Leptothorax*, bien que ces insectes habitent à l'ordinaire des
demeures moins rustiques et pratiquent avec succès l'art
du maçon ou du sculpteur.

Les bouses desséchées sont parfois aussi transformées
en appartement complet, avec salles et corridors, par plusieurs de nos petites fourmis indigènes, mais une espèce
de Myrmicide exotique, citée par Sykes, les dépasse beaucoup dans ce genre de construction. Au lieu de se contenter de miner sur place la bouse durcie, elle en détache
des lames de forme appropriée et s'en construit un pavillon dans les arbres ou les buissons, en disposant ses matériaux comme les tuiles d'un toit. Une grande plaque d'un
seul morceau recouvre l'édifice, qui ne manque pas d'une
certaine élégance et ne trahit pas trop la vulgarité de son
origine.

J'arrêterai là cette revue déjà longue de la nidification
des fourmis, pour passer à des faits d'un autre ordre,
mais dont l'intérêt ne le cède en rien à tout ce que nous
avons vu jusqu'ici.

VI

VIE INTIME — OCCUPATIONS DOMESTIQUES

Difficulté d'observation. — Nids artificiels. — Cage vitrée. — Fossé d'enceinte. — Talus de plâtre. — Muraille de fourrure — Appareil simplifié. — Installation d'une fourmilière captive. — Aspect général d'un nid en activité. — Les femelles pondent en marchant. — Transport des œufs par les nourrices. — Leur accroissement. — Soins donnés aux larves, nymphes et cocons. — Les larves sont groupées par rang d'âge. — Déménagement rapide en cas d'alerte. — Transport des jeunes dans les souterrains. — Travail de nuit. — Influence des saisons. — L'obscurité n'est pas un obstacle pour les fourmis. — Elles tiennent compte des variations atmosphériques. — Nourriture des larves. — Elles reçoivent la becquée de leurs nourrices. — Éclosions des insectes parfaits. — L'aide des ouvrières est indispensable aux nymphes enfermées dans un cocon. — Comment procèdent les nourrices pour délivrer de leurs langes les jeunes fourmis. — Période d'instruction et d'initiation. — Tutelle temporaire. — Les fourmis n'ont pas de chefs. — Liberté, égalité, fraternité. — Notion du droit et du devoir. — Inutilité des lois impératives ou répressives. — Propreté. — Toilette. — Singulières attitudes. — Services mutuels. — Balayage de la maison. — Transport des détritus et immondices. — Horreur des fourmis pour les cadavres de leurs amies. — Efforts qu'elles font pour s'en débarrasser. — Cimetière. — Respect des morts. — Il ne s'étend pas aux cadavres des ennemis. — Les morts de distinction ont une place privilégiée. — Les esclaves sont jetés à la fosse commune. — Récits invraisemblables de certains auteurs. — Le Rév. White. — Mistress Hatton. — Division du travail. — Consigne des soldats. — Têtes-boucliers. — Sentinelles. — Ouverture et fermeture des portes. — Observations de Lubbock sur la *Formica fusca*. — Ouvrières pourvoyeuses. — Jeux et divertissements. — Lutte et exercices du corps.

Les fourmis, nous venons de le voir, sont des ingénieurs de mérite, des architectes habiles, des maçons et des sculpteurs passés maîtres en leur art; mais ce sont aussi des ménagères soigneuses, des nourrices vigilantes, des servantes dévouées, et pour nous en convaincre il faut pénétrer dans leur intérieur et essayer de soulever le voile de leur vie privée. Malheureusement il ne nous est guère possible de plonger nos regards dans leurs retraites obscures, et bien des secrets nous resteraient cachés à tout jamais, si nous ne prenions le parti de leur construire des nids artificiels qui les forcent à se livrer sous nos yeux à leurs occupations domestiques.

L'appareil le plus simple et le plus pratique consiste en un châssis de bois hermétiquement fermé par deux feuilles de verre laissant entre elles un intervalle d'un à trois centimètres, selon la taille des fourmis à y introduire. Si la cage a trop peu d'épaisseur, les captives sont gênées et s'organisent difficilement; si elles ont, au contraire, trop d'espace, elles en profitent pour couvrir les faces vitrées d'un écran de terre et se mettre à l'abri des regards indiscrets, ce qui ne fait pas l'affaire de l'observateur. Un intervalle justement calculé les oblige à se servir du verre lui-même comme paroi à la plupart de leurs cases, et on peut alors les voir travailler assez facilement. L'un des côtés du châssis doit pouvoir s'ouvrir, pour permettre de remplir et de vider l'appareil, et ce même côté doit porter une petite ouverture pour l'entrée et la sortie des fourmis. Si l'on veut tenir ses captives complètement enfermées, ce qui est désavantageux à différents points de vue, il faut adapter à cette petite ouverture un tube de verre ou de fer-blanc, débouchant dans une cage en toile métallique, destinée à recevoir les provisions de bouche nécessaires, telles que sucre, miel, petits insectes, etc.

Quand on dispose d'un peu de place, il est préférable de poser simplement l'appareil vitré sur un plateau de plus grande dimension ou sur une table quelconque, mais en ayant soin d'établir autour du support une gout-

sible. D'après Lubbock, une enceinte de fourrure, avec le poil tourné en bas, rendrait les mêmes services, mais je n'en ai pas fait l'expérience.

Enfin, si la cage vitrée n'a pas de grandes dimensions, on peut réduire l'appareil en le posant simplement sur un support quelconque, tel qu'un verre à boire par exemple, et en faisant baigner le pied du verre dans une assiette remplie d'eau.

Quelle que soit l'installation qu'on veuille adopter, il faut peupler son appareil, et il suffit pour cela d'y introduire un certain nombre de fourmis capturées dans une fourmilière naturelle, en ayant soin d'y joindre des larves, des nymphes et même une femelle féconde, si l'on peut s'emparer d'une de celles de la communauté. On ajoute une certaine quantité de terre, pour permettre aux ouvrières de construire leurs cases, et on recouvre la cage vitrée d'un écran opaque, de carton ou de bois, qu'on ne soulève que pour l'observation, car le grand jour est tout à fait antipathique à ces êtres dont la vie domestique se passe dans l'obscurité. Une précaution indispensable est d'entretenir la terre à un certain degré d'humidité, en l'arrosant légèrement de temps en temps.

On comprend que l'appareil d'observation que je viens de décrire peut être modifié de bien des manières et que chacun le disposera à sa façon, selon le but à atteindre; mais les données générales ne pourront guère s'écarter de celles que j'ai exposées d'après les indications de Huber, Forel, Lubbock, et le résultat de mes propres expériences.

Notre prison de verre est établie, peuplée, approvisionnée, les habitants ont pris possession de leur demeure; soulevons l'écran de carton qui les cache à nos yeux et voyons ce qui se passe à l'intérieur.

« Là, dit Huber, en parlant de la *Formica fusca*, sont des nymphes entassées par centaines dans des loges spacieuses; ici les larves, rassemblées, sont entourées

a même observé que les larves sont souvent placées par rang d'âge, comme les enfants dans les différentes classes d'une école, et j'ai moi-même remarqué fréquemment cette disposition, en ouvrant une fourmilière où j'apercevais cinq ou six cases, l'une contenant de très petites larves, une autre d'un peu plus grandes, une troisième de plus grandes encore, et ainsi de suite, mais sans mélange entre les larves de tailles différentes. J'ajouterai toutefois que ce classement n'existe pas toujours et que j'ai vu presque aussi souvent des larves petites ou grandes occuper la même case, sans aucune distinction entre elles.

A la moindre apparence de danger, les ouvrières cherchent à mettre à l'abri leur précieux dépôt, en l'emportant à la hâte dans les cases profondes de leur habitation. Ce déménagement s'opère avec une rapidité étonnante et surprend toujours l'observateur qui en est témoin pour la première fois. A peine a-t-il eu le temps, en soulevant une pierre par exemple, de remarquer ces petits entassements de larves blanches, que tout a disparu et qu'il ne reste plus dans les chambres supérieures que quelques ouvrières passant une dernière revue de la place avant de rentrer elles-mêmes dans leurs retraites. Si l'on enlève avec un couteau ou une petite bêche, la couche de terre qui recouvre les galeries profondes, on retrouve les nourrissons logés dans leurs nouveaux appartements, et bientôt ils disparaissent comme précédemment, emportés par les ouvrières infatigables dans des étages encore plus souterrains.

L'activité que développent les fourmis dans leurs occupations domestiques, s'exerce aussi bien la nuit que le jour, au moins dans certaines circonstances. Cette observation avait déjà été faite par Aristote, qui restreignait toutefois à l'époque de la pleine lune le travail nocturne des fourmis. Nous savons aujourd'hui que notre satellite est tout à fait sans influence sur la conduite de ce petit peuple laborieux, mais que d'autres facteurs agissent plus directement sur ses déterminations.

En général, au printemps et à l'automne, alors que les nuits sont froides et que la température du jour n'est pas très élevée, le travail diurne a la préférence. Il en est autrement pendant les mois d'été où les fourmis se reposent durant les heures les plus chaudes, pour reprendre leur activité à la fraîcheur du soir et n'interrompre leurs occupations que le lendemain au retour des fortes chaleurs.

L'obscurité, on le comprend, n'est, pour les fourmis, qu'un obstacle très secondaire, puisque la plupart de leurs travaux s'effectuant dans des galeries où la lumière ne peut pénétrer, elles sont habituées à se diriger beaucoup plus par le toucher que par la vue. Le soleil n'agit donc à leur égard que par la plus ou moins grande intensité de ses rayons calorifiques. Il faut cependant, ici comme toujours, tenir compte de l'organisation et des dispositions particulières de chaque espèce, et ne pas tracer une règle uniforme qui souffre de nombreuses exceptions. Les fourmis lucifuges, par exemple, dont la vue est très faible, sinon nulle, ne font aucune attention au jour ou à la nuit et ne se préoccupent que de la température. Il en est de même, quoique à un moindre degré, des espèces à vie ouverte mais dont la vue peu développée leur est d'un faible secours. Celles, au contraire, comme les *Formica*, les *Polyergus*, etc., qui, indépendamment des yeux composés, sont aussi pourvues d'ocelles bien développés, font surtout leurs sorties pendant le jour, quand le soleil n'est pas trop ardent, et consacrent la nuit au repos ou aux travaux d'intérieur.

Il est encore une circonstance que les fourmis maçonnes doivent prendre en considération, c'est le degré d'humidité de l'air extérieur. La terre trop sèche se façonnerait mal, et les édifices ainsi construits manqueraient de solidité. Aussi avons-nous vu, en parlant de leur architecture, qu'elles choisissent le moment où tombe une pluie fine pour se hâter de construire leurs appartements; mais, par les temps de sécheresse, quand la pluie se fait trop attendre, il faut bien quand même édifier la demeure, et alors le travail de nuit est préféré, pour soustraire les nouvelles murailles à l'action desséchante d'une trop forte chaleur qui en détruirait la cohésion. Le même inconvénient ne se présente pas pour les fourmis charpentières, et c'est pourquoi nous voyons souvent les *Formica rufa* et *pratensis*, par exemple, travailler à leur dôme pendant le jour, sans craindre que l'élévation de la température nuise à la bonne exécution de leur œuvre.

Mais revenons à notre fourmilière vitrée où la population ne peut se dérober à nos regards, et assistons au repas de la jeune famille.

Parmi les larves, plusieurs sont à peu près immobiles et paraissent sommeiller; elles sont repues, et cette agréable plénitude leur procure, comme à nos enfants, le calme dont elles semblent jouir. D'autres, au contraire, sont inquiètes, turbulentes, se redressent, se soulèvent et cherchent avec leur bouche celle de leurs nourrices. Si le moment leur parait opportun, ces dernières ouvrent leurs mandibules et dégorgent quelques gouttes de liqueur nutritive, que les solliciteuses recueillent à l'orifice même de leur bouche et avalent avec délices. On voit que le procédé ressemble tout à fait à celui qu'emploient les oiseaux pour donner la becquée à leurs petits, avec cette différence toutefois que les oiseaux n'ingèrent pas tout d'abord les aliments destinés à leur couvée, mais les apportent dans leur bec dès qu'ils sont recueillis, tandis que les fourmis accumulent dans leur jabot des réserves alimentaires qu'elles régurgitent ensuite au moyen de l'appareil contractile que nous avons examiné précédemment.

Les nymphes, qui pendant leur sommeil profond n'ont pas besoin de nourriture, ne sont pas cependant abandonnées par les ouvrières. Leurs nourrices vigilantes guettent et savent reconnaître le moment, compris d'ail-

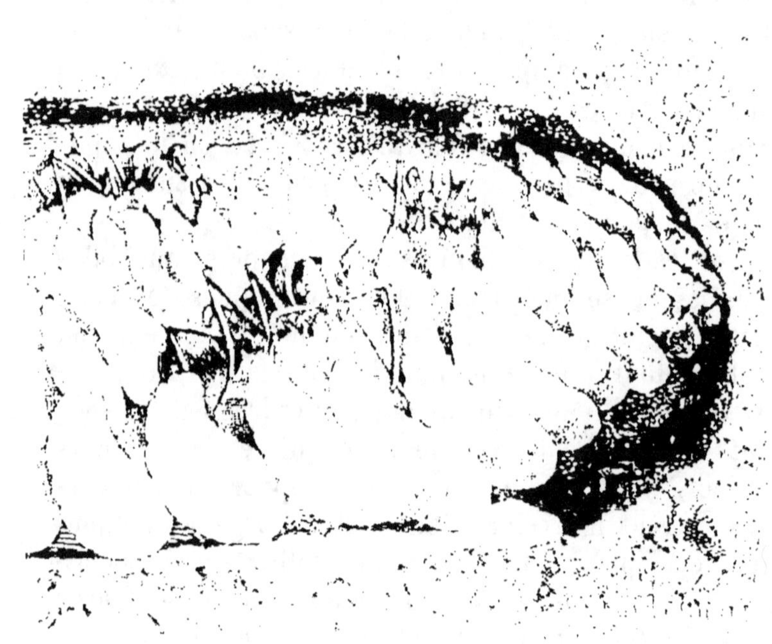

dans les trous qu'elles avaient pratiqués, coupèrent chaque fil l'un après l'autre avec une patience admirable, et parvinrent enfin à faire un passage d'une ligne de diamètre dans la partie supérieure de la coque. On commençait déjà à découvrir la tête et les pattes de l'insecte qu'elles cherchaient à mettre en liberté; mais avant de le tirer de sa cellule, il fallait en agrandir l'ouverture. Pour cet effet, ses gardiennes coupèrent une bande dans le sens longitudinal de cette coque, en se servant toujours de leurs dents, comme nous emploierions une paire de ciseaux.

« Une sorte de fermentation régnait dans cette partie de la fourmilière. Nombre de fourmis, occupées à dégager l'individu ailé de ses entraves, se relevaient ou se reposaient tour à tour, et revenaient avec empressement seconder leurs compagnes dans cette entreprise; de manière qu'elles furent bientôt en état de le faire sortir de sa prison. L'une relevait la bandelette coupée dans la longueur de la coque, tandis que d'autres le tiraient doucement de sa loge natale. Il en sortit enfin sous mes yeux, mais non comme un insecte prêt à jouir de toutes ses facultés et libre de prendre son essor; la nature n'a pas voulu qu'il fût sitôt indépendant des ouvrières. Il ne pouvait ni voler, ni marcher, à peine se tenir sur ses pattes; car il était encore emmaillotté dans une dernière membrane, et ne savait pas la rejeter de lui-même. Les ouvrières ne l'abandonnèrent point dans ce nouvel embarras; elles le dépouillèrent de la pellicule satinée dont toutes les parties de son corps étaient revêtues, tirèrent délicatement les antennes et les antennules de leur fourreau, délièrent ensuite les pattes et les ailes, et dégagèrent de leur enveloppe le corps, l'abdomen et son pédicule. L'insecte fut alors en état de marcher et surtout de prendre de la nourriture, dont il paraissait avoir un besoin urgent; aussi la première attention de ses gardiennes fut-elle de lui donner sa part des provisions que je mettais à leur portée.

« On voyait partout les fourmis occupées à rendre la liberté aux mâles, aux femelles, et aux jeunes ouvrières renfermées dans leur coque de soie ; cela fait, elles en réunissaient les débris dans les loges les plus éloignées du centre de leur habitation......... Les ouvrières que nous avons vues chargées du soin des larves et des nymphes, montrent la même sollicitude à l'égard des fourmis nouvellement transformées. Elles sont soumises encore quelques jours à l'obligation de les surveiller et de les suivre ; elles les accompagnent en tous lieux, leur font connaître les sentiers et les labyrinthes dont leur habitation est composée, et les nourrissent avec le plus grand soin. Elles rendent aux mâles et aux femelles le service difficile d'étendre leurs ailes, qui resteraient froissées sans leur secours, et s'en acquittent toujours avec assez d'adresse pour ne pas déchirer ces membres frêles et délicats. Elles rassemblent dans les mêmes cases les mâles qui se dispersent, et quelquefois les conduisent hors de la fourmilière. Les ouvrières paraissent, en un mot, avoir la direction complète de leur conduite aussi longtemps qu'ils y restent, et ne cessent de remplir leurs fonctions auprès de ces insectes, dont les forces ne sont pas encore développées, que lorsqu'ils s'échappent enfin pour vaquer au soin de la reproduction. »

En ce qui concerne les ouvrières, ce n'est que progressivement qu'elles prennent part au travail commun, et pendant les trois ou quatre premiers jours de leur vie nouvelle, souvent même pendant un temps plus considérable, elles s'instruisent de leurs devoirs sous la direction des aînées et s'occupent tout d'abord des soins intérieurs, de l'éducation des larves ou de la propreté de l'habitation. Au fur et à mesure que leurs membres se raffermissent et que s'accroissent leurs forces, elles passent à des travaux plus pénibles, deviennent architectes, pourvoyeuses ou guerrières, selon les besoins ou l occasion. et leur émancipation est alors complète.

Notons, en effet, que la tutelle que s'arrogent les vieilles fourmis sur leurs jeunes compagnes n'est jamais que provisoire et qu'elle cesse tout à fait dès que les néophytes n'ont plus besoin de secours, sans que les anciennes matrones cherchent à réclamer la moindre autorité ou à revendiquer le respect et la déférence que pourrait justifier leur droit d'aînesse.

Bien que certains auteurs aient cru reconnaître chez les fourmis une sorte de *Conseil des anciens*, cette suprématie de l'âge ou de l'expérience n'existe pas, et il est aujourd'hui bien établi que leurs républiques n'ont pas de chef et que l'égalité la plus parfaite s'y allie à une fraternité absolue et à une sage liberté. Chacun remplit sa tâche spontanément, simplement, personne ne commande et personne n'obéit, mais tout le monde s'entr'aide et travaille avec courage pour le bien commun, sans attendre d'autre salaire que la satisfaction d'une conscience tranquille. Dépourvues d'ambition, comme sans intérêt personnel, les fourmis ignorent la jalousie, l'orgueil, l'envie et autres fort vilains défauts qui gangrènent notre pauvre humanité, en engendrant les crimes et nécessitant les châtiments, toutes choses complètement inconnues à ce peuple modèle qui, ne transigeant jamais avec le devoir, sait se passer de législateurs et de magistrats, de lois impératives ou répressives. Si les socialistes de nos jours daignaient abaisser leurs regards sur ce monde merveilleux qu'ils foulent aux pieds, quels enseignements ils pourraient y puiser, et combien ils se trouveraient loin de la perfection nécessaire pour réaliser cet idéal qu'ils nous montrent un peu trop prématurément comme le dernier degré de la civilisation !

En disant que nous aurions beaucoup à apprendre des fourmis, je n'exagère rien, et il n'est pas jusqu'à la propreté qu'elles ne pourraient enseigner avec succès à beaucoup d'entre nous, car, sans employer les cosmétiques, ces industrieuses petites bêtes sont très scrupuleuses dans

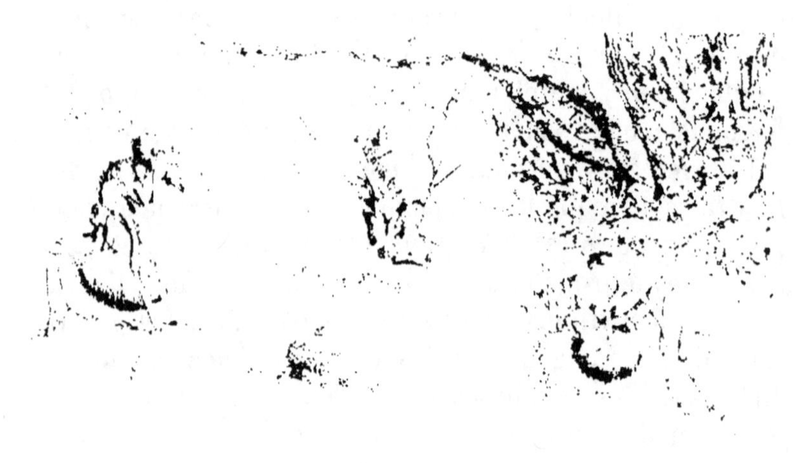

dont nous aurons plus tard à étudier les mœurs, et les figures ci-jointes, extraites d'un de ses ouvrages, donneront une idée de la variété des attitudes prises par ces insectes, en justifiant l'analogie que je viens d'indiquer entre leur mode de procéder et celui employé par certains de nos animaux familiers.

Souvent aussi les fourmis recourent aux bons offices de leurs compagnes qui les aident à faire disparaître certaines souillures difficiles à atteindre. Ces caméristes improvisées, mais très entendues dans leurs fonctions, savent à merveille laver ou brosser leurs camarades, en recevant d'elles le même service quand l'occasion se présente. Ces attentions réciproques font quelquefois le désespoir du naturaliste qui, voulant reconnaître une fourmi, pour suivre sa conduite dans une expérience déterminée, et l'ayant à cet effet marquée d'une tache de couleur, voit sa précaution rendue inutile par des amies trop empressées à faire disparaître ce signe insolite dont elles n'apprécient pas l'importance.

La maison n'est pas moins bien entretenue que la personne, et les ménagères la balaient soigneusement, en transportant au dehors, grain à grain, fragment par fragment, toutes les immondices, tous les objets nuisibles ou inutiles. Ces détritus amassés aux abords du nid forment parfois des tas considérables, surtout chez les espèces à régime végétal, qui rejettent ainsi au dehors les débris des graines dont elles se nourrissent. Nous reviendrons sur ce sujet en étudiant spécialement les mœurs des fourmis moissonneuses.

Au nombre des objets qui leur sont souverainement désagréables et dont elles ne peuvent supporter la présence dans leur habitation, il faut ranger, en première ligne, les cadavres de leurs compagnes mortes dans la fourmilière. Ces corps sans vie paraissent leur causer une véritable répulsion, et si gênées qu'elles soient, elles font pour s'en débarrasser des efforts multipliés et parfois incroyables. Des fourmis enfermées par Mac Cook, sans communication avec le dehors, perdirent pendant leur captivité quelques-unes de leurs amies, et, ne pouvant emporter les défuntes hors du nid, elles semblaient en proie à une profonde anxiété. Elles saisissaient ces cadavres, les promenaient pendant longtemps tout autour de leur prison, puis, quand la fatigue les forçait à les abandonner, ils étaient repris par d'autres fourmis qui recommençaient la promenade funèbre. Ce manège dura plusieurs jours sans discontinuer. Evidemment les malheureuses bêtes cherchaient une issue pour faire disparaître ces corps gênants, et la persistance de leurs efforts témoignait de la pénible impression qu'elles éprouvaient de leur présence. Une fourmilière de *Camponotus pennsylvanicus* soumise pendant quelque temps à l'obligation de conserver ses morts, ayant été mise par le même observateur en communication avec un vase rempli d'eau, les ouvrières saisirent avec empressement cette occasion de se débarrasser des cadavres encombrants, et se hâtèrent de les précipiter dans le gouffre, sans autre espèce de cérémonie funèbre.

Ce mode sommaire de sépulture n'est cependant pas dans les habitudes des fourmis, qui traitent en général leurs morts avec beaucoup plus de déférence. La plupart des espèces, sinon toutes, ont en effet de véritables cimetières, et ce fait, tout invraisemblable qu'il puisse paraître au premier abord, est parfaitement exact et attesté par un grand nombre d'observations consciencieuses, émanant des naturalistes les plus dignes de foi. Ces cimetières, situés en général à une petite distance de la fourmilière, sont des emplacements absolument réservés à cette destination, où les cadavres sont transportés et déposés, tantôt en petits tas réguliers, tantôt en rangées ou alignements plus ou moins symétriques.

Chose remarquable, les fourmis n'accordent les honneurs de la sépulture qu'à leurs compagnes défuntes, dont

les restes sont toujours respectueusement portés au
champ du repos sans avoir subi aucun outrage, mais elles
agissent tout différemment à l'égard des cadavres de leurs
ennemis tués dans une rencontre individuelle ou collec-
tive. Ces victimes de la guerre sont, au contraire, tantôt
simplement abandonnées ou mises dehors comme des
objets immondes, tantôt même éventrées et dépecées par
les vainqueurs, qui, après s'être gorgés de leur sang, rejettent à la voirie les débris informes de leurs membres
disloqués. C'est ainsi que chez les cannibales, dont les
fourmis nous rappellent les mœurs, les malheureux prisonniers de guerre servent à nourrir la tribu victorieuse,
et que les convives, le repas achevé, jettent au vent les
restes à demi rongés de leur hideux festin.

En rendant à leurs morts les honneurs funèbres, les
fourmis, malgré le régime égalitaire qui caractérise leurs
institutions, ne sont cependant pas exemptes de certains
préjugés de castes, et, dans de rares circonstances, elles
semblent partager sous ce rapport nos humaines faiblesses. C'est ainsi que les morts de distinction, c'est-à-
dire les maîtres du logis chez les espèces esclavagistes,
jouissent du privilège d'un enterrement de première
classe avec concession perpétuelle, tandis que les serviteurs sont bien plus modestement traités et n'ont que la
fosse commune pour dernier asile. Cette différence de
traitement, dont le récit peut paraître fantaisiste, a été
observée par une Américaine, Mistress Treat, à qui la
science est redevable de très judicieuses études sur les
fourmis de la Floride. La *Formica sanguinea* qui se trouve
à la fois en Europe et dans l'Amérique du Nord, et dont
nous étudierons les mœurs dans un chapitre suivant, s'adjoint fréquemment comme esclave la *Formica fusca* répandue également dans l'ancien et le nouveau monde. Or
Mistress Treat a remarqué que les fières *sanguinea* ont un
cimetière spécial, assez éloigné de l'habitation, où leurs
cadavres privilégiés sont déposés isolément et côte à côte,

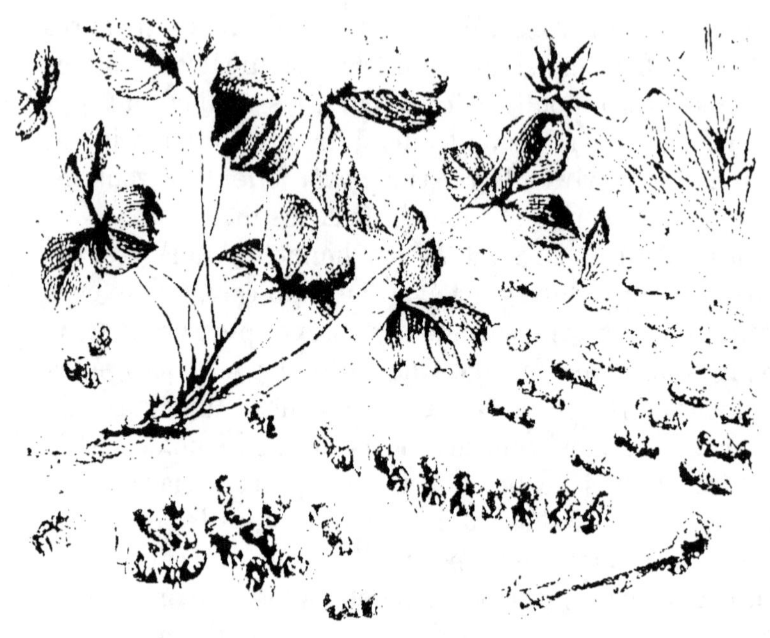

tions présenteraient un réel intérêt si l'auteur ne paraissait trop disposé à admettre comme certains des faits fort douteux, pour ne pas dire invraisemblables. Il me paraît difficile, par exemple, d'accepter sans restriction la conduite du *Lasius flavus* dans la circonstance suivante :

Une fourmilière artificielle de cette espèce avait été établie dans un vase de verre et, au bout de peu de temps, un grand nombre de fourmis étaient mortes et avaient été transportées par leurs compagnes à la surface du nid. Le sixième jour de leur installation, le Rév. White plaça près des cadavres trois petites auges de carte, contenant du miel qu'il destinait à la nourriture de ses pensionnaires. Après un jeûne aussi prolongé, on devait croire que les fourmis se seraient jetées sur le miel pour s'en gorger avec avidité. Point du tout, dit l'auteur de l'observation ; elles transformèrent immédiatement les petites auges en cimetières, y déposèrent leurs morts et ne touchèrent pas à l'aliment tentateur.

J'avoue que, malgré tout mon respect pour la personne du Rév. White et toute mon admiration pour les nobles sentiments de ses élèves, je ne puis croire de leur part à un pareil désintéressement des besoins matériels, et que mes études personnelles m'interdisent tout à fait d'accorder aux *Lasius flavus* ce brevet de tempérance inusitée.

Un peu plus loin l'auteur nous parle de l'émotion d'une fourmi inconsolable, que ses compagnes étaient obligées d'entraîner pour l'empêcher d'exhumer une défunte qu'on venait de mettre en terre, et dont elle voulait sans doute revoir une dernière fois les traits chéris.

Là encore la note me semble extrêmement forcée, et c'est par de semblables exagérations qu'on enlève tout crédit à des observations, dont les plus exactes deviennent suspectes, dès qu'on ne peut compter sur une sévère critique de la part de celui qui les a faites.

Voici un dernier récit qui met le comble à cet amour du merveilleux, si nuisible aux vrais intérêts scientifiques

L'histoire, il est vrai, n'émane pas de l'auteur du volume, mais, en l'admettant sans protestation, il en accepte la responsabilité et contribue à propager des erreurs manifestes, d'autant plus dangereuses qu'elles discréditent, comme je viens de le dire, les faits avérés, en ne permettant pas de distinguer l'ivraie du bon grain. Bien que je me sois fait une loi d'écarter impitoyablement tous ces romans fantaisistes qu'on s'est plu à accumuler sur les faits et gestes des fourmis, je ne puis résister au désir de donner, à titre de curiosité, cette prétendue observation, transmise par une dame de Sidney, Mistress Hatton, à la société linnéenne de Londres, et résumée dans l'ouvrage du Rév. White.

Un petit garçon de quatre ans s'étant couché, par mégarde, sur un tertre occupé par une fourmilière, fut bientôt attaqué par les habitantes du nid, furieuses de cette violation de domicile. Aux cris de l'enfant accourt la mère qui, pour délivrer son fils, tue une vingtaine de fourmis restées attachées à son corps. Une demi-heure après cette exécution vengeresse, les victimes étaient encore à la même place, entourées d'un grand nombre de leurs compagnes paraissant fort affairées. Un groupe se détache pour se diriger vers un monticule voisin, occupé par les mêmes fourmis. La députation entre dans l'intérieur du nid, rend compte de l'événement et ressort au bout de cinq minutes accompagnée par un certain nombre d'habitantes du monticule. L'assemblée se forme alors en cortège, sur deux rangs, et s'avance lentement, en ordre parfait, jusqu'à l'endroit où gisent les restes inanimés des pauvres défuntes. Deux porteuses se détachent, s'emparent d'un cadavre qu'elles chargent sur leur tête, puis deux fourmis sans fardeau viennent se placer derrière elles pour les relayer au besoin. Des groupes semblables de quatre fourmis, porteuses et relayeuses, s'alignent derrière le premier, et la colonne s'organise ainsi jusqu'à ce qu'il ne reste plus de cadavres sur le terrain. Le convoi funèbre s'ébranle alors, suivi d'un groupe irrégulier d'environ deux cents assistantes, et se dirige solennellement vers un endroit sablonneux, voisin de la mer. De temps en temps les porteuses s'arrêtent, déposent doucement à terre leur fardeau qui est repris par les deux fourmis auxiliaires, et la procession se remet en marche. On arrive bientôt à destination, et le groupe d'arrière se met à creuser des fosses dans chacune desquelles un cadavre est placé. Ce métier de fossoyeuses paraît déplaire à quelques fourmis qui essaient de s'en retourner avant d'avoir accompli leur tâche. Mais la discipline est sévère et l'on ne transige pas avec le devoir. Les récalcitrantes sont poursuivies et ramenées de force au cimetière. Là, elles sont jugées par le conseil des fourmis qui décide leur mort immédiate, et l'exécution a lieu sur place. Ce n'est toutefois pas assez de la mort pour un tel forfait et, au lieu de donner aux suppliciées, comme aux honorables défuntes, une sépulture soignée et individuelle, leurs corps sont entassés dans une fosse commune creusée à la hâte par les impitoyables justiciers.

Est-il besoin d'insister sur l'invraisemblance absolue de cette anecdote, que j'ai abrégée sans la travestir, et qui a peut-être pour origine l'observation d'un fait exact, mais complètement dénaturé par l'imagination trop vive de la narratrice? Ce qui m'étonne, c'est qu'un semblable récit ait pu être accueilli par la Société linnéenne de Londres, qui compte dans son sein tant d'hommes éminents, et dont les publications sont justement estimées. Mais laissons là ces fantaisies et revenons à l'étude sérieuse de la vie des fourmis.

J'ai déjà dit quelques mots des différences de conformation présentées assez fréquemment par les habitants d'un même nid, et correspondant sans doute à des attributions diverses, en rapport avec les aptitudes physiques des individus. On se rappelle aussi que chez beaucoup d'espèces, de grandes variations de taille se font remarquer entre les différents membres de la communauté, et que tantôt ces variations se fondent les unes dans les autres par degrés insensibles, ou tantôt s'accentuent et s'immobilisent pour constituer deux ou plusieurs castes bien tranchées et reconnaissables au premier coup d'œil par de notables modifications dans la structure de la tête et des mandibules. J'ai indiqué que les individus les plus gros et les plus puissamment armés avaient pour principale consigne de veiller à la sécurité de la famille et de garder les portes du nid, en opposant aux assaillants leur énorme tête comme fortification, et en les terrifiant par l'aspect des crocs redoutables dont elle est armée. Ces êtres singuliers cumulent donc la double fonction de portes et de sentinelles ; ils sont à la fois rempart et garnison, boucliers et soldats, et la nature, par une sage économie, a réuni en leur personne le bastion et ses défenseurs.

Ce n'est pas à dire que, chez les fourmis, ces fonctions actives et passives ne soient jamais dédoublées et que les barricades soient toujours vivantes. Loin de là, le cas des soldats-portes est au contraire une exception, et, la plupart du temps, les entrées du camp sont gardées par des sentinelles chargées seulement de donner l'éveil, mais impuissantes à résister seules à une attaque du dehors. Ces sentinelles attentives, dont l'existence paraît être générale chez les fourmis, sont le plus souvent des individus de taille ordinaire, sans particularités spéciales de conformation. Leur vigilance ne s'exerce pas toujours avec la même activité, et la raison en est facile à comprendre. Pendant les heures de travail extérieur, quand le va-et-vient des habitants est continuel, il ne paraît pas y avoir de postes de surveillance, qui gêneraient la circulation, sans aucune utilité, puisqu'une surprise n'est pas à craindre alors que les abords du nid sont semés d'ouvrières dont chacune peut donner l'éveil en cas de besoin. Mais, lorsque la population est rentrée dans ses retranchements et qu'elle n'a plus connaissance de ce qui se passe au dehors, les issues sont alors gardées par de fidèles plantons, se tenant dans le voisinage des portes, et prêts, à la moindre apparence de danger, à lancer un signal d'alarme dont la rapide transmission amène, en un clin d'œil, une armée de défenseurs vers l'endroit menacé.

Indépendamment de cette catégorie de neutres auxquels leur structure particulière et leur aspect imposant ont fait donner le nom de soldats, il existe aussi parfois, chez les ouvrières proprement dites, plusieurs castes, avec ou sans transition entre elles, dont les membres doivent, au moins dans certaines occasions, être chargés de tels ou tels travaux auxquels leur taille plus petite ou plus grande les rend plus particulièrement aptes.

Ainsi, l'*Atta fervens*, du Texas, dont les habitudes ont été étudiées par Mac Cook, est une fourmi qui présente de très grandes différences de taille entre les individus de ses populeuses communautés. Elle fait, comme nous le verrons plus tard en nous occupant de ses mœurs, des sorties périodiques, en dehors desquelles elle se renferme dans son habitation dont elle clôt hermétiquement les ouvertures. Cette fermeture est opérée par une accumulation successive de débris, de brindilles et de feuilles sèches. On voit d'abord les plus grandes ouvrières charrier et mettre en place les matériaux les plus pesants ou les plus volumineux, puis rentrer dans l'intérieur du nid, laissant la place à des travailleuses de taille moyenne, chargées de continuer la clôture avec de plus menus débris. Quand leur besogne est terminée, les très petits individus bouchent minutieusement les derniers interstices avec de petits grains de sable, et s'effacent eux-mêmes derrière quelque fragment de feuille. L'opération terminée, le tertre, sans ouvertures apparentes, présente alors aux regards de l'observateur l'aspect d'une fourmilière abandonnée. Pour la sortie, le procédé est inverse :

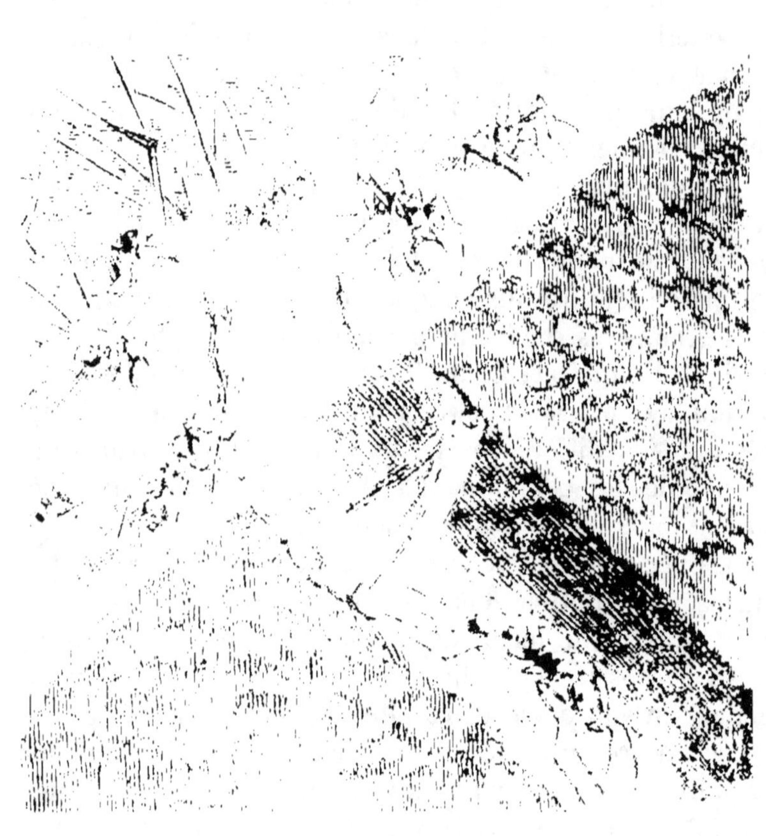

à des besoins variés, sur la nature desquels il y a encore beaucoup de recherches à effectuer.

Le principe de la division du travail n'est pas forcément lié, chez les fourmis, à des différences physiques ou anatomiques, et on le retrouve aussi chez les espèces dont tous les individus sont sensiblement construits sur le même modèle. Pour me borner à un seul exemple, je rappellerai l'intéressante observation de Lubbock sur une de nos fourmis les plus communes, la *Formica fusca*, dont les ouvrières ne se divisent pas en castes distinctes comme les précédentes.

En portant son attention sur un nid de cette espèce, il vit une ouvrière, reconnaissable à une mutilation qu'elle avait subie, aller seule, et plusieurs semaines de suite, à la recherche de sa nourriture, sans que jamais aucun autre individu quittât l'habitation. Intrigué par cette découverte, il s'empara de deux fourmilières de la même espèce et les installa chez lui, de façon à pouvoir les observer ou les faire observer facilement à toute heure du jour. Il put alors constater que deux ou trois individus, toujours les mêmes, allaient seuls aux provisions et que les autres habitants ne sortaient pas de leur nid. Voulant acquérir la certitude que ces individus n'étaient pas mus par quelque besoin ou désir personnel, il emprisonna un jour les commissionnaires, et le lendemain deux autres fourmis sortirent à leur place; il s'en empara de nouveau; elles furent remplacées par deux autres, et ce manège se répéta plusieurs jours avec le même résultat. Il faut ajouter que le sagace observateur avait soin de marquer d'une tache de couleur les fourmis sortant, pour s'assurer de leur identité, et l'on doit forcément conclure de cette expérience que les individus voyageurs étaient réellement les pourvoyeurs de la fourmilière et qu'ils n'agissaient pas simplement pour la satisfaction de leurs besoins particuliers. Comme l'observation avait lieu à une époque où le nid ne contenait pas de larves et où les

Quand une fourmi veut provoquer une de ses compagnes à une lutte corps à corps, elle l'en avertit amicalement, en lui flattant la tête de ses pattes et en exécutant
une mimique rapide avec ses antennes. Si l'amie sollicitée
ne répond pas à ces avances, la joûteuse s'adresse à une
autre jusqu'à ce qu'elle trouve une adversaire disposée
à accepter le combat. Il est rare d'ailleurs que ce duel
pacifique soit refusé et que plusieurs démarches soient
nécessaires. Quand deux fourmis sont d'accord à ce sujet,
elles s'élèvent sur leurs pattes de derrière, se saisissent
corps à corps avec celles de devant aidées des mandibules,
se relâchent pour s'attaquer encore, s'étreignent, se renversent, se relèvent et simulent complètement la scène
de deux lutteurs dans les arènes de nos foires villageoises. Pendant tout ce manège, elles évitent de se
blesser, ne font jamais usage de leur venin et, le combat
fini, elles retournent tranquillement à leurs occupations.

J'ignore si d'autres espèces, moins faciles à observer,
se livrent à de semblables exercices, mais j'ai cru voir
un jour une scène analogue se passer à la surface d'un
nid de *Formica sanguinea*. Je n'ose toutefois rien affirmer,
car ma présence ayant occasionné une panique parmi les
acteurs, je n'ai pu m'assurer, d'une façon assez sérieuse,
de la nature pacifique du combat qui se livrait, à mon
arrivée, entre un petit groupe d'ouvrières.

VII

GUERRES ET COMBATS SINGULIERS

Patriotisme intolérant des fourmis. — Duels ou combats singuliers.
— Leurs causes. — Prudence des combattants. — Le vaincu se
rend à merci. — Mort des deux adversaires. — Une lutte préparée
et conduite avec art. — Décapitation de l'ennemi. — Combats à
froid ou chroniques. — Leur caractère. — Bourreau et victime. —
Guerres de conquête ou de défense. — Propriétés territoriales
des fourmis. — Violation de frontières. — Déclaration de guerre. —
Lutte à outrance. — Ivresse du carnage. — Elle confine à la folie.
— Remontrances et usage de la force pour ramener les exaltées.
— Prisonniers. — Colonnes de renfort. — Durée de la guerre. —
Les travaux domestiques ne sont pas interrompus. — Anéantissement d'un des partis. — Pertes cruelles subies par les deux armées.·
— Trophées embarrassants. — Armistice. — Il est établi une zone
neutre. — Trêves successives. — Traité d'alliance. — Maraudeurs
et profanateurs de cadavres. — Fourmis-chacals. — Traitement
des prisonniers. — Cruauté raffinée des vainqueurs. — Toutes les
fourmis n'ont pas la même manière de combattre. — Tactique des
Camponotus. — Choc de boucliers. — Courage téméraire des petites ouvrières. — Sentiments chevaleresques de la *Formica sanguinea*. — Prudence des *Formica exsecta* et *pressilabris*. — Leur
mode d'attaque. — Alliances faciles. — Malheureuse situation d'une
reine de *Camponotus pennsylvanicus* immobilisée par des *Formica
exsectoides*. — Chez les *Lasius* le nombre supplée aux talents stratégiques. — Fuite souterraine. — Ils paralysent les mouvements
de leurs ennemis en s'accrochant à leurs membres. — *Tapinoma
erraticum*. — Puissance de son venin. — La *Myrmica rubida* est
la plus redoutable des fourmis indigènes. — Elle est peu agressive.
— Les autres *Myrmica* sont plus belliqueuses. — *Tetramorium
cæspitum*. — Longue durée de ses guerres. — Les *Aphænogaster*
sont pacifiques. — Courage inouï des *Pheidole*. — Le venin joue un

grand rôle chez les *Cremastogaster*. — Timidité des *Leptothorax*.
— La cuirasse des *Myrmecina* est leur seul moyen de défense.

Si les fourmis peuvent donner aux hommes d'utiles exemples de travail, de concorde, de dévouement et d'abnégation, si elles ont pu introduire dans leurs phalanstères les doctrines socialistes qui sont encore considérées, chez nous, et à juste titre, comme de dangereuses utopies, elles n'ont pas du moins réalisé plus que l'espèce humaine le principe de la fraternité universelle des peuples, et ce rêve des philanthropes ne paraît même pas être poursuivi jusqu'à ce jour par la gent formicine. Le patriotisme des fourmis est beaucoup plus exclusif et plus rigoureux que le nôtre, et tout être étranger à la société est considéré comme ennemi, qu'il appartienne à la même espèce ou à une espèce différente. De cette hostilité instinctive entre fourmis de nids divers, résultent naturellement de fréquentes collisions. Tantôt ces combats ont un caractère individuel, tantôt, au contraire, ils constituent de véritables guerres de peuplade à peuplade, où le nombre des combattants peut atteindre un chiffre considérable.

Les duels de fourmis sont provoqués par la seule rencontre fortuite de deux passantes étrangères l'une à l'autre, sans qu'il soit besoin d'aucun motif de querelle pour mettre les adversaires aux prises. Mais, le courage n'excluant pas la prudence, il est rare qu'un défi soit porté par un champion isolé et trop loin des siens pour en espérer du secours en cas de besoin. Si les deux ennemies sont éloignées de leur nid, elles cherchent à s'éviter réciproquement, à moins que l'une d'elles, ne se sentant beaucoup plus forte que sa rivale, pense pouvoir engager la lutte sans témérité. Dans cette circonstance, il arrive souvent que la fourmi la plus faible, après s'être défendue quelques instants, jugeant sans doute la résistance inutile, se rende à merci et se laisse emmener par le vainqueur dans sa tribu, où l'attend le sort réservé aux prisonniers

de guerre, c'est-à-dire une mort affreuse, comme je l'ex-
pliquerai tout à l'heure.

Les combats singuliers n'ont leur véritable caractère
d'animosité et d'énergie que si les deux adversaires en
présence se sentent l'un et l'autre soutenus par un certain nombre de leurs compatriotes. On les voit alors
s'étreindre avec furie, se mordre, se terrasser, se rouler
à terre et chercher réciproquement à se percer de leur
aiguillon ou à s'inonder de leur venin. Il n'est pas rare
de voir les athlètes se transpercer mutuellement de leur
arme mortelle et rester sur place, sans qu'on puisse décider
auquel des deux peut appartenir la victoire.

Dans le cas précédent, j'ai supposé le combat engagé
sans préliminaires et à l'improviste ; mais si les adversaires
ont eu le temps de se mettre en garde, il y a plus d'art
et moins de précipitation dans l'attaque. Les mandibules
ouvertes, les antennes retirées en arrière, les deux fourmis
se menacent, s'avancent l'une contre l'autre, se reculent
et s'élancent à plusieurs reprises, cherchant à se saisir
par le thorax. Le plus souvent la botte est parée de part
et d'autre, et les crocs se croisent sans arriver à un résultat. L'assaut reprend alors, et si l'un des champions,
plus adroit ou plus fougueux, réussit à serrer dans ses
mandibules le dos de son ennemi, la victoire lui est à peu
près acquise. Glissant alors ses tenailles jusqu'au cou de
sa victime, il arrive presque toujours sinon à la décapiter,
du moins à sectionner en partie la chaîne nerveuse et à
paralyser ainsi toute résistance.

Une curieuse modification de ces luttes individuelles a
été signalée par le D*r* Forel sous le nom de *combats à
froid* ou *combats chroniques*. Ils avaient lieu surtout pendant les premiers jours de l'alliance forcée, provoquée
par l'observateur en mélangeant des fourmis de deux espèces ou de deux nids différents. Presque toujours la lutte
commence alors par des tiraillements de pattes et d'antennes, sans violence, sans efforts, mais poursuivis avec

une étrange ténacité. Les deux adversaires se palpent continuellement avec leurs antennes, sans jamais faire usage du venin, mais l'un d'eux, jouant le rôle de bourreau, torture tranquillement sa victime qui se laisse faire sans se défendre, avec une résignation stoïque. Après de nombreuses et cruelles mutilations, cette dernière encore vivante, mais incapable de se mouvoir, est transportée dans un lieu écarté où son vainqueur impitoyable la laisse mourir misérablement et sans secours.

De même que chez les hommes, les guerres nationales sont le plus souvent provoquées par un désir de conquête ou par la nécessité de repousser une invasion. Les fourmilières ou les colonies importantes s'arrogent un droit de propriété exclusif sur une étendue de terrain souvent assez vaste autour de leur habitation, et ne permettent aucune incursion sur leurs domaines. Aussi, quand un voisin imprudent ou audacieux s'avise de violer ces frontières, en établissant son domicile trop près du nid étranger, ou en ne respectant pas son territoire de chasse, la guerre est bientôt déclarée et les armées entrent en campagne.

Si les partis sont puissants et les espèces belliqueuses, comme, par exemple, les *Formica rufa*, *pratensis* ou *sanguinea*, on peut alors assister aux péripéties d'une lutte à outrance où la fureur des combattants est portée à son comble. L'intérêt personnel, l'instinct de la conservation disparaissent; tous ces êtres sont pris d'une véritable ivresse de carnage, et bientôt les morts et les blessés jonchent le champ de bataille. Cette exaltation qui, dans nos guerres humaines, se produit aux éclats stridents du clairon, au bruit des tambours battants, au grondement du canon et à l'odeur de la poudre, ce courage factice que l'exemple et l'entraînement développent chez les plus timides, qui fait oublier le danger, transformant en héros passager l'humble conscrit arraché à ses paisibles occupations, en un mot cette fièvre céré-

brale du combat a son analogue chez les fourmis qui, d'abord craintives et hésitantes, deviennent bientôt audacieuses et braves jusqu'à la témérité. On les voit s'enivrer peu à peu de l'odeur du sang ou du venin et entrer dans une furie sans pareille. Elles en arrivent même à ne plus savoir se diriger, à méconnaître leurs compatriotes et à se jeter sans discernement sur tout ce qui passe, amis ou ennemis. Souvent de sages remontrances, de la part de voisines plus en possession d'elles-mêmes, les ramènent à la véritable notion de leurs devoirs, mais parfois aussi il faut le concours de deux ou de trois mentors pour calmer les nerfs de l'énergumène, et ses compagnes, tout en l'apostrophant avec vivacité par des mouvements d'antennes énergiques, doivent la retenir par les pattes jusqu'à ce qu'elle ait repris conscience de la réalité de la situation.

Pendant l'action, des colonnes de fourmis vont et viennent du corps d'armée à la fourmilière, entraînant les captifs ou venant apporter des renforts. Si l'armée est nombreuse de part et d'autre et de force à peu près égale, la lutte dure parfois plusieurs jours, cessant à l'approche de la nuit pour reprendre aux premiers rayons de l'aurore, et cela sans que les travaux ordinaires en soient interrompus, un certain nombre d'ouvrières restant toujours à la maison pour s'occuper des soins d'intérieur.

Il arrive souvent qu'après un ou plusieurs engagements, l'une des nations belligérantes soit complètement détruite et que l'autre reste maîtresse du terrain. Ce succès est toutefois acheté au prix de pertes cruelles; bien des guerriers ont perdu la vie, le nombre des blessés est considérable, et l'on peut voir pendant longtemps les vainqueurs porter les traces de glorieuses mutilations. Mais, ce qui les gêne plus encore que leurs blessures, ce sont les trophées involontaires qu'ils rapportent accrochés à leurs membres, et qui les font ressembler à ces Indiens du Nouveau Monde parés des chevelures arrachées aux ennemis vaincus. Chez les fourmis qui ignorent, et pour cause, l'usage du scalp, les chevelures sont remplacées par des têtes entières dont les mandibules, serrées dans une suprême convulsion, étreignent si bien la partie saisie que les héros de la guerre doivent, bon gré, mal gré, conserver cette parure fort désagréable et peu appréciée de ces animaux dépourvus de forfanterie.

Quand les rivaux sont d'égale force et de nombre à peu près équivalent, il peut se faire qu'après un combat sans résultat décisif, les belligérants jugent à propos de conclure un armistice, pour une période plus ou moins longue, et il est alors établi une zone neutre, scrupuleusement respectée par les deux partis. A l'expiration de la trêve, la lutte recommence, plus acharnée que jamais, et peut être suivie d'une nouvelle période d'apaisement ou se terminer, soit par l'anéantissement d'un des partis adverses, comme je l'ai indiqué précédemment, soit par un traité d'alliance avec fusion complète d'intérêts et de sentiments. Ce dernier cas est fort rare, mais il a été cependant observé quelquefois, lorsque les combattants appartenaient à la même espèce, que la population de chaque fourmilière rivale était peu nombreuse et que les conditions difficiles d'une existence séparée leur rendaient profitable l'oubli de leurs rancunes et de leurs causes de discorde.

Quand, sur le soir, à la suite d'un engagement partiel ou définitif, les armées se sont retirées dans leurs cantonnements, on voit arriver parfois, sur le champ de bataille, des fourmis plus petites, ayant assisté de loin à l'action, et qui, lorsque tout danger est passé, viennent relever les victimes de ces sanglantes hécatombes. Mais, qu'on n'aille pas les confondre avec les infirmiers de nos armées, car autant ces derniers remplissent une mission respectable entre toutes, autant les maraudeuses que nous signalons sont abjectes et méprisables. Ce sont des goules affamées, de vils chacals venus pour dépecer les morts et les faire servir à un lugubre festin. Le principal auteur de ces hideuses profanations est une fourmi rousse, la *Myrmica scabrinodis* dont la lâcheté n'a d'égale que la bassesse de ses instincts. Les *Tapinoma erraticum* et *Tetramorium cæspitum* se rendent aussi coupables des mêmes actes, mais ont cependant à l'ordinaire des mœurs moins dégradées.

Je voudrais n'avoir que des éloges à adresser au petit peuple dont j'écris l'histoire, mais, en narrateur consciencieux, je dois signaler ses faiblesses et ses défaillances avec autant de scrupule que ses nombreuses qualités, et, après avoir livré à la vindicte publique la conduite déshonorante des profanateurs de cadavres, je suis encore obligé de parler de la cruauté des fourmis en certaines circonstances. Il s'agit du sort qui attend les prisonniers de guerre une fois amenés au camp des vainqueurs. Qu'ils y aient été entraînés de vive force, sans cesser de se défendre, ou qu'ils se soient rendus à merci, ce qui arrive parfois, ils n'ont pas à espérer de leurs maîtres un meilleur traitement. Non seulement ils sont impitoyablement mis à mort, mais leur supplice est accompagné de tortures inimaginables, que réprouve ma conscience d'homme, mais qui paraissent trouver grâce devant la conscience des fourmis, car elles agissent à peu près toutes avec la même barbarie. Les sauvages les plus inhumains n'ont pas inventé de supplices plus révoltants que ceux que les fourmis font subir à leurs malheureuses victimes. Pendant que l'un des tortionnaires scie lentement, avec ses mandibules, une antenne de la pauvre bête, un autre exécuteur coupe, avec une tranquillité calculée, une patte ou la seconde antenne, et ces mutilations partielles continuent jusqu'à ce que la suppliciée soit privée, un à un, de tous ses membres. Alors seulement les bourreaux l'achèvent, souvent à demi, et l'abandonnent morte ou vivante, mais en tous cas incapable de se mouvoir.

J'ai exposé plus haut la physionomie ordinaire d'une guerre entre deux nations importantes et rivales ; mais l'aspect de ces engagements doit naturellement varier avec l'espèce et la force des combattants, et, pour avoir une idée exacte de leurs mœurs guerrières, il faudrait passer en revue la tactique particulière à chaque fourmi, et tenir compte encore de la vigueur et du caractère de son adversaire. Ne pouvant entrer dans de semblables détails, je me bornerai à dire quelques mots des traits les plus saillants que présente, sous ce rapport, la conduite de plusieurs espèces les mieux étudiées.

Les *Camponotus* de grande taille, connus sous le nom de Fourmi Hercule, Fourmi rouge-bois, etc. (*C. Herculeanus, ligniperdus*), ont, lorsqu'ils sont inquiétés, une façon de manifester leur colère qui semble leur être spéciale. Ils frappent violemment leur abdomen contre le tronc d'arbre où est creusé leur nid, et ces coups répétés produisent un bruit très appréciable. Comme dans ces danses martiales où le choc des boucliers animait l'ardeur des soldats, ils s'excitent mutuellement en choquant avec force leurs grosses têtes l'une contre l'autre, et le cliquetis produit par cette manœuvre s'entend très bien avec un peu d'attention.

Contrairement à ce qui se passe chez les *Formica* et les *Lasius*, le venin joue un rôle secondaire dans l'attaque ou la défense, et c'est surtout en intimidant leur ennemi que les *Camponotus* le tiennent en respect. Pour se donner l'air formidable, ils se postent, le corps en avant, les mandibules ouvertes, les antennes rabattues en arrière, et cherchent à saisir l'adversaire avec leurs crocs puissants. S'ils arrivent à leurs fins, les terribles pinces se referment, et l'ennemi coupé en deux tronçons reste sur le champ de bataille. Dans le cas où l'adversaire, plus souple ou plus adroit, sait déjouer cette manœuvre, ils se contentent de lui sectionner les antennes pour le mettre ainsi hors de combat. C'est seulement quand ils ont réussi à faire à leur ennemi une blessure grave, mais non mortelle, qu'ils se servent du venin, en l'injectant dans la plaie, du bout de leur abdomen recourbé en dessous, à la manière des *Formica* et des *Lasius*.

Indépendamment des grands individus à tête dure et robuste, qui forment la majeure partie de la population, les sociétés de *Camponotus* comprennent aussi, avec des formes transitoires, de petites ouvrières à corps délié et mou, à tête allongée et peu résistante. Ces dernières ne prennent généralement pas part aux combats et restent dans la fourmilière pour s'occuper plus spécialement des soins domestiques. Toutefois leur ardeur les entraîne de temps en temps à se mêler à l'action avec une témérité étonnante, mais elles sont presque toujours victimes de leur courage, et leur faiblesse les voue à une mort à peu près certaine.

C'est parmi les *Formica* qu'on rencontre les espèces les plus intelligentes et les plus belliqueuses. Les *Formica rufa* et *pratensis* m'ont servi de types pour donner une idée d'ensemble d'une grande guerre de fourmis, et je ne reviendrai pas sur ce qui les concerne. Ajoutons seulement qu'elles ne font pas de quartier, tandis que la *Formica sanguinea*, plus chevaleresque, épargne ordinairement l'ennemi vaincu et sans défense.

Les *Formica exsecta* et *pressilabris*, plus faibles et moins bien cuirassées que la *F. rufa*, sont plus ménagères de leur personne, et la prudence est une de leurs qualités. Leur tactique particulière nous a été révélée par M. le docteur Forel, dont j'ai pu contrôler les observations sur la *F. pressilabris*, assez abondante aux environs de Gray. Ces fourmis s'avancent en troupe serrée et ne s'aventurent jamais à des escarmouches isolées. Elles sautent à droite et à gauche, cherchant à mordre leur ennemi, mais évitant avec soin d'être saisies par lui ou d'en arriver à une lutte

corps à corps. C'est surtout aux jambes ou aux antennes
de leur adversaire qu'elles cherchent à s'accrocher, et
quand elles ont réussi à se réunir trois ou quatre pour
saisir chacune un membre de la fourmi attaquée, elles
s'arc-boutent sur leurs pattes et tirent fortement en sens
inverse pour immobiliser leur victime, pendant qu'une
autre guerrière lui monte sur le dos, et cherche à
lui scier le cou avec ses mandibules. Il arrive parfois
qu'un brusque mouvement de l'ennemi le dégage de ses
entraves, et qu'il réussisse à s'éloigner en emportant son
exécuteur qui continue son œuvre sans lâcher prise. Si
la victime n'est pas de trop grande taille, elle succombe
généralement à cette tentative de décapitation, dès que
les dents de l'assaillante ont entamé la chaine nerveuse ;
dans le cas contraire c'est l'*exsecta* qui est fort en danger
de représailles, à moins qu'elle n'obtienne le concours
de quelques amies pour achever son robuste adversaire.

Une autre particularité que présentent les *Formica
exsecta* et *pressilabris*, c'est la facilité avec laquelle on
peut provoquer une alliance entre les habitants de deux
nids étrangers. A l'état de simple voisinage, deux fourmilières se battent souvent et ne fraternisent jamais ; mais
si l'on force leur réunion, en les mélangeant l'une avec
l'autre, il arrive toujours que, le premier moment de stupeur passé, et après quelques démonstrations agressives
de peu de durée, les deux familles s'allient, pour vivre
ensuite en parfaite harmonie. Le même résultat peut être
obtenu avec d'autres fourmis, mais il est moins rapide et
surtout moins constant.

La *Formica exsectoides*, de l'Amérique du Nord, a les
mêmes habitudes que les précédentes dont elle est
d'ailleurs très voisine, et je n'insisterai pas sur ses procédés d'attaque ou de défense qui ne nous offriraient
rien de particulier. Je veux seulement rappeler un épi-
sode curieux d'un combat engagé entre des ouvrières de
cette espèce et une grande femelle de *Camponotus*. Cette

des chambres souterraines. Cette fois, la partie semble gagnée, et Mac Cook, persuadé que la malheureuse victime va bientôt succomber sous les coups de ses ennemis, ne juge pas à propos d'assister à la scène finale. Le lendemain, en prenant pour le nettoyer le vase renfermant le nid en question, quel n'est pas son étonnement de trouver la femelle de *Camponotus* au même endroit que la veille, et toujours maintenue par deux fourmis suspendues à ses antennes! Le surlendemain la situation était encore la même et se fût probablement prolongée jusqu'à la mort de la malheureuse reine, si l'observateur, ayant eu pitié de sa cruelle position, ne l'eût délivrée des dents de ses implacables geôliers.

Les *Lasius* suppléent par le nombre des combattants au talent d'organisation et à l'ensemble des mouvements qui font défaut dans leurs armées. Quand ils sont attaqués sur leurs domaines, la population travailleuse ne cherche pas son salut dans une fuite précipitée, en emportant à la hâte larves et nymphes, pendant que les guerriers arrêtent l'ennemi et cherchent à le repousser. C'est ainsi qu'agissent les *Camponotus*, les *Formica* et beaucoup d'autres espèces; mais les *Lasius* ont une tactique toute différente. Ils s'enferment, au contraire, dans leurs souterrains, en barricadent les entrées qu'ils bouchent avec des mottes de terre, et, cantonnés dans leurs retranchements, se disposent à soutenir un siège en règle. Pendant ce temps des mineurs creusent à la hâte, dans une direction opposée au point d'attaque, de longs tunnels où s'engage la famille pour aller s'établir dans un nid improvisé qu'elle installe assez loin du précédent. Si l'ennemi arrive à forcer les retranchements et à pénétrer dans la forteresse, il trouve la maison vide et ne peut poursuivre les fuyards dans leur nouvelle demeure, car les mineurs, après l'évacuation du nid, ont eu le soin de combler les canaux de communication et d'isoler leur retraite de la maison envahie. Cette tactique est tellement dans les habitudes des *Lasius* que les galeries de sauvetage sont souvent préparées à l'avance et offrent, en cas d'alerte, une facile issue à la tribu menacée.

Leur manière de combattre consiste à peu près exclusivement, surtout chez le *Lasius flavus*, à s'accrocher aux pattes de leurs ennemis et à paralyser ainsi leurs mouvements. Des fourmis même puissantes ont grand' peur de ce garrottage et se défient des *Lasius* plus que ne sembleraient le leur commander la faible taille et le peu de vigueur de ces petits adversaires.

Une fourmi faible et sans aiguillon, le *Tapinoma erraticum*, si commun partout, sait se rendre redoutable par la facilité que lui procure la grande mobilité de son abdomen pour couvrir un ennemi de venin. Aussi, des espèces, bien plus fortes en apparence, sont-elles souvent vaincues par les *Tapinoma*. Les seules menaces de cette fourmi, quand elle dirige contre ses adversaires son réservoir de liqueur empoisonnée, suffisent pour les écarter et les terrifier. Par son abondance, son odeur forte et sa causticité, le venin des *Tapinoma* paraît agir plus énergiquement que celui d'autres espèces, mais l'insecte ne peut l'éjaculer à distance et est obligé de toucher son ennemi du bout de son abdomen pour déverser sur lui le poison qui doit le mettre hors de combat.

La plus redoutée des fourmis d'Europe, non pour sa taille ou sa force, mais à cause de la puissance de son aiguillon, est certainement la *Myrmica rubida*, qui habite les régions alpines de la France centrale et méridionale. Cette arme terrible, dont l'atteinte est pour nous aussi sensible que la piqûre d'une guêpe, assure toujours à cette fourmi une victoire facile et peu disputée. Mais, par la conscience de sa supériorité, elle a acquis la vertu des forts, c'est-à-dire le calme et la patience; aussi est-elle peu agressive et la voit-on rarement attaquer ou molester ses voisins.

Les autres *Myrmica*, plus faibles, mais armées cependant d'un aiguillon relativement dangereux pour leurs ennemis, sont plus guerrières que la précédente et d'un caractère moins facile. Les *Myrmica lœvinodis* et *ruginodis* se distinguent particulièrement par leurs instincts belliqueux; la *Myrmica scabrinodis*, moins courageuse, recourt plus souvent à la ruse qu'à la force ouverte, et ses habitudes pillardes ont été déjà dévoilées à propos des déprédations commises sur les champs de bataille, après le départ des armées belligérantes.

Les fourmis des gazons (*Tetramorium cœspitum*) se livrent de fréquents combats, mais elles n'apportent pas dans l'action l'ardeur développée par la plupart des autres espèces. Aussi leurs guerres sont-elles de longue durée et souvent peu meurtrières, grâce à la cuirasse résistante des combattants. Parfois cependant le nombre des morts est assez considérable, et au cours d'une bataille qui dura plus d'un mois, Forel put compter, chaque jour, une assez grande quantité de cadavres abandonnés sur le théâtre de la lutte. Les *Tetramorium* se servent volontiers de leur aiguillon, mais, quand ils ont affaire à un ennemi de forte taille et qu'ils jugent la résistance inutile, ils se laissent tomber en repliant leurs membres et en simulant l'immobilité d'un corps sans vie. Ce subterfuge, joint à la résistance de leurs téguments, les sauve parfois là où la continuation de la lutte eût occasionné leur perte certaine.

Les *Aphœnogaster* à grosse tête (*barbara* et *structor*), malgré l'apparence formidable de leurs grandes ouvrières, sont très pacifiques et peu courageux, la nature les ayant pourvus d'un aiguillon trop faible pour être utilisé avec succès, et leurs mandibules étant plutôt disposées pour broyer le grain que pour servir d'arme offensive ou défensive.

Les *Pheidole*, dont les ouvrières minuscules sont accompagnées de soldats pourvus d'une tête monstrueuse, habitent les régions méridionales de notre pays et se font remarquer par leur audace et leur témérité. Elles ne calculent pas la force ou le nombre des ennemis, mais se jettent sur eux avec furie, en cherchant à couper en deux leur adversaire au moyen de leurs puissantes mandibules.

Les *Cremastogaster*, autres fourmis méridionales, sont aussi très courageuses et font un grand usage du venin pour l'attaque ou la défense. Leur abdomen, articulé d'une façon toute particulière et extrêmement mobile, leur facilite beaucoup l'usage de cette arme liquide, et la victoire couronne souvent leurs efforts.

Les fourmis de petite taille et à sociétés peu populeuses, comme les *Leptothorax* qui habitent le bois ou l'écorce, ne combattent presque jamais, et, en cas d'alerte, se retirent simplement dans leur nid, inaccessible aux assaillants par suite de son exiguïté et de l'étroitesse de ses ouvertures.

Les *Myrmecina*, dont le corps est revêtu d'une cuirasse extrêmement résistante, se contentent, lorsqu'elles sont attaquées, de se laisser tomber en se roulant en boule, et, dans cet état, elles sont à peu près à l'abri de la dent ou de l'aiguillon, qui ne peuvent entamer leur peau coriace et dure comme la corne.

VIII

Après avoir mis en relief les instincts guerriers des
fourmis et examiné leurs talents stratégiques, nous allons
envisager leurs mœurs belliqueuses à un autre point de
vue et assister à des scènes d'une nature différente. Les
combats dont il vient d'être question avaient pour mobile
la haine ou l'irritation, le patriotisme exalté, la conquête

ou la défense du territoire, la sauvegarde de la maison
ou de la famille. Il nous reste à parler maintenant des
expéditions qui ont pour but la chasse ou le pillage, soit
qu'elles aient lieu au préjudice d'autres communautés
de fourmis, soit qu'elles s'exercent à la façon d'une
battue générale, dans laquelle tout gibier est poursuivi,
tout ce qui marche, rampe ou saute a à compter avec la
dent meurtrière et les appétits insatiables de ces féroces
chasseurs, dont le nombre multiplie la puissance jusqu'à
la rendre irrésistible même à l'égard de l'homme.

Les principales expéditions dirigées contre une fourmilière sont surtout l'œuvre des fourmis esclavagistes, et
je n'en parlerai pas ici, me réservant de traiter cette
question avec détails dans le chapitre suivant. Je ne
considérerai pour le moment que les véritables fourmis
chasseresses, et, bien que plusieurs de nos espèces européennes puissent me fournir quelques exemples affaiblis
de ces razzias compliquées de maraudage, je préfère
mettre en scène les fourmis exotiques, dont les battues
s'opèrent sur une bien plus vaste échelle et nous offri-
ront plus d'intérêt. En voyant à l'œuvre ces terribles
détrousseurs de grand chemin, nous pourrons nous
représenter l'importance exceptionnelle qu'acquièrent,
dans les pays chauds, leurs légions puissantes et innombrables.

Les plus connues et les plus redoutables des fourmis
de proie sont les *Eciton*, répandus au Brésil, à la Guyane
et dans toute l'Amérique centrale. Leur histoire, encore
fort obscure, a besoin d'être complétée par de nouvelles
et nombreuses observations, puisqu'on ne connaît même
pas leurs mâles et leurs femelles ; mais leur renommée
a devancé les études des naturalistes, et il n'est pas un
Américain, du Mexique au Brésil, à qui ces fourmis ne
soient familières. La preuve de leur célébrité peut être
tirée du nombre considérable de sobriquets populaires dont
elles sont en possession. Au Brésil et à la Guyane ce sont

les *Padicours* ou les *Tuocas;* au Mexique on les nomme
Tepeguas, Hormigas soldados, etc., etc.

Tous les voyageurs qui ont traversé les forêts du
Nouveau Monde ont rencontré les bandes dévastatrices
des *Eciton*, et plusieurs naturalistes, tels que Bates et
Lund au Brésil, Bar à la Guyane, Sumichrast au Mexique,
nous ont donné un récit plus ou moins détaillé de leurs
mœurs. Bien que ces relations présentent beaucoup de
lacunes et offrent quelques contradictions, il est possible
aujourd'hui de se former une idée générale de leur vie
extérieure et de leurs habitudes aventurières. Quant à
leur existence intime et à leur vie de famille, les *Eciton*
en ont encore gardé le secret et nous ignorons de quelle
façon s'opère la reproduction, où pondent les femelles
et comment sont élevés les jeunes.

Leurs espèces sont nombreuses et leur conformation
variable. Parmi les plus grandes et les plus répandues,
on peut citer l'Eciton à crochet (*E. hamatum*) et sa
proche voisine, l'Eciton porte-faucille (*E. drepanophorum*),
qui tirent leurs noms de la singulière structure des mandibules chez les grandes ouvrières. Les individus de cette
caste ont en effet des pinces très longues, étroites, écartées à leur base et brusquement recourbées en crochet
à l'extrémité. Ces soldats ne forment qu'une minime partie
de la population totale, et le gros de l'armée, qu'on peut
encore diviser en plusieurs groupes d'après les variations
de taille et la grandeur relative de la tête, présente des
mandibules beaucoup plus courtes et de forme triangulaire normale.

Le rôle des soldats à glaives crochus, des « officiers »,
comme les appelle le peuple, n'a pas encore été bien déterminé, et il existe à cet égard certaines divergences
dans les différents récits des naturalistes. Les uns, se
rapprochant de l'opinion populaire, leur attribuent les
fonctions de guides, de surveillants ou de défenseurs;
d'autres, au contraire, comme Sumichrast, sans leur re-

hâte, d'une façon très sommaire. Tantôt quelques galeries grossièrement creusées au pied ou entre les racines
d'un arbre leur servent de retraite, tantôt les feuilles
sèches, les débris végétaux, le creux d'un rocher, le dessous d'un pont leur fournissent un campement momentané, que la tribu abandonne bientôt pour poursuivre sa
course à travers les sentiers giboyeux de la forêt vierge.

En dehors de ces demeures temporaires que n'habitent
jamais les mâles et les femelles, les *Eciton* possèdent-ils
un véritable domicile, caché à tous les regards, où s'opère
le grand acte de la reproduction, où s'élèvent les petits,
et où reviennent de temps en temps les hordes voyageuses,
pour se retremper aux douceurs de la vie de la famille?
c'est ce que nous ignorons encore. Belt prétend que les
nourrices emportent larves et nymphes dans leurs péré-
grinations, et que pendant les haltes de la colonne, elles
s'accrochent les unes aux autres, comme un essaim
d'abeilles, et ménagent au milieu de leur masse compacte, en même temps que des galeries de communication avec le dehors, une cavité interne suffisante pour
recevoir la couvée qui serait ainsi nourrie et soignée,
dans ce nid animé, par une partie des ouvrières prépo-
sées à ce service.

Une confirmation de ce fait, tout étonnant qu'il puisse
paraître, nous est fournie par Sumichrast, qui a surpris
un jour, au Mexique, un amas considérable d'*Eciton* ag-
glomérés en essaim et gardant la plus parfaite immobilité. Les ayant dispersés de vive force, il aperçut, à la
place qu'ils occupaient, un grand nombre de petites larves
blanches qu'il considéra comme le produit du pillage de
quelque fourmilière voisine, amassé pour servir de nourriture aux déprédateurs. Cette explication me paraît moins
rationnelle que celle de Belt, et, puisque la formation des
essaims est confirmée par le naturaliste mexicain, j'aime
mieux les considérer comme un nid vivant que comme
un simple magasin de vivres.

A propos d'essaims, il convient de dire que cette faculté de s'accrocher les unes aux autres en masses compactes parait appartenir à toutes les fourmis et ne constitue pas une habitude spéciale aux *Eciton*. L'intérêt que peut présenter cette manœuvre dans le cas particulier réside dans sa constance et sa singulière destination, mais non dans le fait lui-même qui n'a rien d'anormal. Qu'on me permette, à cette occasion, de signaler un cas d'essaimage qui m'a été rapporté, il y a quelques années, et que je n'ai vu mentionné dans aucun ouvrage, si ce n'est toutefois dans une notice de Savage relative aux mœurs des *Anomma* de l'Afrique équatoriale.

Une forte crue de la Saône ayant amené l'inondation des prairies riveraines, habitées par un grand nombre de fourmilières, on vit pendant plusieurs jours flotter à la surface de l'eau une quantité considérable de boules noirâtres, dont l'œil ne pouvait de loin distinguer la nature. Dès qu'elles venaient à toucher la terre ferme, où les hasards de la flottaison les faisaient parfois aborder, ces sphères se résolvaient immédiatement en une famille plus ou moins nombreuse de fourmis qui s'enfuyaient précipitamment, en se hâtant de gagner les endroits non submergés. Il eût été très intéressant de s'emparer de quelques-unes de ces boules flottantes, pour constater si l'essaim contenait dans son intérieur les larves, les nymphes et les mères fécondes, espoir de la communauté. Je n'aurais certes pas manqué de faire cet examen, si une absence de quelques jours ne m'avait empêché d'être témoin oculaire de ce curieux mode de sauvetage, employé par nos fourmis indigènes à l'instar des *Anomma* d'Afrique. Quant au fait en lui-même, je puis en certifier l'exactitude, car il m'a été affirmé par de nombreux témoins dont la bonne foi et les explications concordantes ne laissent prise à aucun doute.

Mais revenons à nos *Eciton*, dont cette courte digression nous a un peu éloignés.

Ces ardents chasseurs, qu'on supposerait doués d'une vue perçante, pour poursuivre et attaquer un gibier agile et défiant, sont, au contraire, privés des yeux à réseau que possèdent la plupart des fourmis. A la place occupée ordinairement par ces organes, on voit seulement deux petites ocelles ou yeux lisses qui font même complètement défaut chez deux ou trois espèces. Cette circonstance confirme ce que nous savons déjà de l'importance secondaire de la vue chez les fourmis en général, et de son remplacement par l'odorat, compliqué peut-être de ce sens particulier dont la nature nous échappe, bien que ses manifestations soient évidentes, si l'on n'a pas oublié la merveilleuse faculté de reconnaissance possédée par ces petits êtres et que toute autre hypothèse est impuissante à expliquer.

Si nous voulons assister au spectacle d'une expédition de chasse, transportons-nous par la pensée dans une forêt de la Guyane ou du Brésil, à l'heure où le soleil sur son déclin permet au voyageur de se mettre en route, sans avoir à redouter les ardeurs mortelles de ses rayons perpendiculaires. Un bruit insolite vient d'attirer notre attention : c'est le cri d'un oiseau insectivore, de la *grive des fourmis*, comme disent les naturels. Son vol inquiet, ses allées et venues nous avertissent de nous tenir sur nos gardes. Ne négligeons pas cet avis salutaire et écartons-nous de quelques pas, car c'est une colonne de *chasseresses* qui s'avance, et malheur à l'imprudent qui se trouverait sur son passage et se laisserait envahir par cette armée aux tenailles vigoureuses et au dard acéré! Imitons la sage prudence du monde des articulés, qui fuient de tous côtés, animant de leur agitation la place qui tout à l'heure paraissait déserte. C'est, de la part de tout être vivant, un sauve-qui-peut général. Les araignées, les blattes, les larves pesantes et jusqu'aux petits serpents, quittent à la hâte les fissures du sol qui les recelaient ou les feuilles sèches qui les abritaient, pour se

livrer à une fuite désordonnée. Mais, leur effroi même paralysant leurs efforts, ils tombent en grand nombre sous la dent de leurs ennemies et sont immédiatement mis en pièces. Les sauterelles elles-mêmes, malgré leurs bonds prodigieux, n'arrivent pas toujours à s'échapper ; elles sont souvent saisies par les *Eciton* qui leur arrachent aussitôt les pattes postérieures, afin de rendre leur résistance inutile, puis les découpent en quartiers et s'en distribuent les morceaux pour être transportés à l'entrepôt général.

Tout en nous mettant hors d'atteinte, nous pouvons voir la marche de l'armée et observer ses manœuvres. L'espace libre qui est devant nous, bien que d'une longueur de plus de soixante mètres, ne suffit pas au développement de la colonne dont nous n'apercevons pas encore l'arrière-garde quand déjà la tête de ligne a disparu dans le fourré. Il n'y a pas plus de quatre à six fourmis de front, mais les rangs sont pressés et c'est une bande compacte, un ruban sombre qui se déroule en ondulant par suite des inégalités de la route, et qui semble un long serpent dont la tête et la queue seraient invisibles.

De distance en distance, sur les flancs de la colonne, on distingue, reconnaissables à leur grande taille et à leur tête blanche, les « officiers » qui vont et viennent, surveillent la marche et paraissent donner ou transmettre des indications au gros de l'armée. Au-dessus de cette masse grouillante voltigent des mouches parasites qui la suivent partout et dont les mauvaises intentions peuvent être facilement soupçonnées.

De temps en temps un détachement se sépare du corps principal et va faire une reconnaissance dans le voisinage. Chaque crevasse est fouillée, chaque feuille morte est visitée, chaque brin d'herbe est exploré et la razzia est générale. Les fourmilières paisibles sont saccagées et les larrons, s'introduisant dans les galeries de terre ou de bois de la malheureuse famille, volent les larves et les nymphes qu'ils emportent en s'en promettant un délicieux régal. Il n'est pas jusqu'aux guêpes dont, méprisant le dard empoisonné, ils ne pillent les nids pour s'emparer du précieux couvain, malgré la colère et la résistance des nourrices désespérées.

Indépendamment de ces expéditions ayant pour but la chasse et le pillage, on peut observer aussi, à certaines époques indéterminées, mais plus fréquemment aux renouvellements de saisons, de simples déménagements ou migrations qui s'exécutent dans le même ordre que les battues auxquelles nous venons d'assister. Seulement chaque ouvrière tient dans ses mandibules une larve, une nymphe ou un paquet d'œufs, et chargée de ce précieux dépôt, elle laisse fuir en paix le menu gibier que nous l'avons vue tout à l'heure si ardente à poursuivre. Seuls les individus à grosse tête ne portent jamais rien, et, toujours au même poste sur les flancs de la colonne, paraissent remplir une mission spéciale sur l'importance de laquelle nous ne pouvons faire que des conjectures.

Tous les *Eciton* semblent avoir des mœurs analogues, mais ne dirigent pas leurs opérations de la même manière. Ainsi Bates nous a appris que l'*E. prœdator*, au lieu de marcher en files étroites, masse ses bataillons en carré compact, composé de myriades d'individus. Ce flot envahisseur, dans sa course rapide, dépeuple en un clin d'œil le terrain parcouru, et rien ne résiste à sa rapacité.

Mais ce n'est pas seulement la forêt qui est le théâtre des ravages de nos *Eciton*. Les habitations humaines sont souvent envahies par une armée de ces fourmis que nul obstacle ne peut arrêter, et les habitants n'ont d'autre ressource que la fuite devant ces hordes puissantes et indestructibles. Toutefois, d'après le récit des voyageurs qui ont été témoins de ces prises d'assaut, les inconvénients qui en résultent sont largement compensés par la destruction rapide et radicale de toute la vermine dont on est assiégé dans les pays chauds. Les blattes, les scorpions, les mille-pieds, les punaises, les araignées, les moustiques détalent à l'envi ou tombent sous la dent des fourrageuses. Les serpents eux-mêmes et les petits mammifères, comme les rats ou les souris, désertent l'habitation, qui se trouve ainsi purgée de tous ses hôtes dangereux ou incommodes. Aussi prétend-on que dans certains pays les invasions des *Eciton* sont attendues avec impatience et acceptées comme un véritable bienfait. Ces fourmis essentiellement carnassières ne s'attaquant jamais aux réserves alimentaires, ni même aux conserves sucrées dont tant d'insectes sont si friands, on comprend que le dommage causé par leur visite est de peu d'importance et disparaît devant l'étendue du service rendu.

Quelques voyageurs ont cité de curieux exemples de la sagacité des *Eciton* et des singuliers moyens qu'ils emploient pour tourner une difficulté ou pour faire face à un événement imprévu. Je sais combien il faut se défier des interprétations plus ou moins fantaisistes données à certains faits mal observés ou vus avec des yeux trop enthousiastes pour être clairvoyants ; aussi je laisse de côté ces traits d'intelligence trop peu avérés, et je me contente de rappeler ici, sous toutes réserves, une seule observation due à Bar, qui l'a publiée à la suite d'une intéressante notice sur le sens de l'ouïe et l'organe de la voix chez les insectes.

Dans une de ses promenades aux environs de Cayenne, sur les bords du petit fleuve Sinnamary, il fit la rencontre de deux colonnes de fourmis qui se croisaient. L'une était formée de myriades d'individus de l'*Eciton curvidentatum*, l'autre se composait d'une légion d'*Atta cephalotes*, la fourmi coupeuse de feuilles dont nous nous occuperons plus tard. Un morceau de bois, formant une espèce de pont, servait de passage aux *Eciton* ; les *Atta* passaient en dessous, et les deux armées pouvaient ainsi se croiser sans se rencontrer. J'abandonne maintenant la parole à l'auteur du récit, voulant aussi lui en laisser toute la responsabilité.

« Une idée pleine de malice, dit-il, nous traverse le cerveau; nous retirons le morceau de bois sur lequel passaient les *Eciton*. Grande confusion! les individus à longues mandibules, qui paraissent avoir une sorte d'autorité, tournant de bord et d'autre, vont, viennent; les autres s'arrêtent devant l'obstacle que leur présentent les *Atta*. Mais, ô bonne fortune! un petit morceau de bois gros comme un tuyau de plume est aperçu à quelques centimètres de là; on en profite. Il est trop mince, le passage est trop étroit, mais cet obstacle n'en est pas longtemps un. Dix, vingt, cinquante individus se cramponnent de chaque côté, sur deux rangs, et, la voie devenue plus large, la colonne passe sur ce pont vivant.

« Mais l'entomologiste qui observe est insatiable; nous détruisons ce nouveau pont pour voir jusqu'où irait le courage et l'intelligence des unes, aussi bien que la persévérance et la ténacité des autres. Nouvelle confusion! malheureusement il n'y avait pas d'autre morceau de bois dans le voisinage pour le remplacer. La confusion augmente; une foule compacte d'*Eciton* se trouve arrêtée devant la colonne des *Atta*, qu'il faut cependant traverser sous peine de voir sa ligne coupée. On le fait résolument; le désordre est à son comble. Les plus grosses *Atta* continuent à passer, mais les plus petites sont culbutées, et leurs corps renversés forment encore un obstacle. Enfin, une résolution suprême est prise par nos *Eciton*. Subitement, comme à un signal donné, une multitude d'individus, sur une longueur de vingt à trente centimètres, se précipitent, se cramponnent au sol avec leurs longues pattes, en se disposant sur plusieurs rangs; d'autres montent sur leur dos, forment un deuxième, puis un troisième étage, et simultanément deux murailles sont ainsi formées à cinq ou six centimètres l'une de l'autre; puis

grands, sans en excepter l'homme qui se hâte de déserter momentanément la maison qu'elles ont envahie. Les grands pythons eux-mêmes, au dire des naturels du pays, redoutent leurs attaques et peuvent même succomber sous les morsures multipliées de ces milliers d'ennemis contre lesquels la force doit céder et avouer son impuissance. Les *Anomma* sont, comme les *Eciton*, des fourmis nomades, sans domicile fixe, mais campant provisoirement sous quelque abri ou dans quelques terriers creusés à la hâte pendant les haltes de leur vie errante. Savage rapporte que si, dans leurs excursions, elles rencontrent sur leur passage un cours d'eau qu'elles ne puissent contourner, elles établissent, en travers du ruisseau, un pont vivant, formé d'une chaîne d'ouvrières accrochées les unes aux autres, et sur le dos desquelles l'armée passe à pied sec. La traversée faite, les pontonnières se séparent et cherchent à gagner la rive au prix d'efforts souvent infructueux.

IX

ESCLAVAGE — FOURMILIÈRES MIXTES

Perfection de l'esclavage chez les fourmis. — Composition des fourmilières mixtes. — Elles ne renferment pas les individus sexués
de l'espèce auxiliaire. — Raisons de cette absence. — Moyens
d'exclusion. — Erreur réparée par la nature. — Degrés divers
des instincts esclavagistes. — Développement de l'esclavage chez
l'homme et chez la fourmi. — Premiers essais tentés par les
Formica pratensis, truncicola et *exsecta*. — Le *Tapinoma erraticum* asservit parfois les *Bothriomyrmex*. — Analogies naturelles
entre les maîtres et les serviteurs. — Nègres des fourmis. —
La *Formica sanguinea* peut se passer d'esclaves. — Souvent aussi
elle s'adjoint les *Formica fusca* et *rufibarbis*. — Ses expéditions
ont lieu le matin. — Physionomie d'une chasse à esclaves d'après
Huber. — Premiers engagements. — Mesures de prudence employées par les noir-cendrées. — Défaite et fuite de ces dernières.
— Pillage de la fourmilière abandonnée. — Les sanguines s'installent dans le nid déserté. — Diverses races d'esclaves. — La
fourmi amazone (*Polyergus rufescens*). — Son manque d'industrie.
— Transformation de ses mandibules. — Ses instincts sont exclusivement guerriers. — Elle est sous la dépendance absolue de ses
esclaves. — Elle mourrait de faim dans l'abondance. — Preuve
expérimentale. — Multiplicité des expéditions des *Polyergus*. —
Leurs sorties ont lieu le soir. — Leur tactique spéciale. — Pillage
d'une fourmilière de noir-cendrées. — Réception du butin par les
esclaves. — Seconde et troisième invasions. — Résistance des
assiégées. — La victoire reste aux amazones. — Nouvelle expédition. — Siège soutenu par les *rufibarbis* contre les amazones. —
Terreur inspirée par les crocs des légionnaires. — Toute l'armée
ne donne pas à la fois. — Reconnaissances. — Éclaireurs. —
Hésitations et conciliabules. — Les amazones s'orientent mal quand
elles sont chargée. — Vitesse d'une armée en marche. — Comment les *Polyergus* saisissent les objets. — Influence des esclaves
sur le caractère des maîtres. — Dégradation intellectuelle des

amazones. — Les *Polyergus* américains. — Le *Strongylognathus Huberi*. — Sa tactique d'après Forel. — Le *Strongylognathus testaceus*. — Sa faiblesse corporelle et numérique. — L'*Anergates atratulus*. — Absence des ouvrières. — Mâles infirmes. — Problème de leur alliance avec les *Tetramorium*. — Les régions tropicales doivent nourrir des fourmis esclavagistes. — Récit de Lund.

Quand André Chénier écrivait ce vers connu :

Dieu fit la liberté, l'homme fit l'esclavage.

il ne se doutait pas que, bien avant que les sociétés humaines fussent assez organisées pour donner naissance à cette institution, les fourmis la pratiquaient déjà sur une large échelle. Elles l'avaient même perfectionnée au point de détruire complètement, chez leurs esclaves, le souvenir de l'indépendance, de leur faire aimer leurs chaînes et de leur enlever jusqu'à la moindre idée de révolte ou d'affranchissement. Bien que conquis par la violence et toujours renouvelés de vive force, ces serviteurs fidèles ne cherchent pas à s'échapper, ne sentent même pas le poids de la servitude et soignent leurs ravisseurs avec une sollicitude et un dévouement inconnus à notre espèce. Pour obtenir un si beau résultat, les fourmis ont un secret bien simple en même temps qu'infaillible : elles s'emparent tout bonnement des enfants au berceau, avant qu'ils aient acquis aucune idée de leur nationalité, avant qu'ils aient fait aucun usage de leur indépendance. Comme, d'un autre côté, le rôle qu'ils remplissent chez les étrangers est exactement le même que celui qui leur aurait été dévolu dans leur propre famille, ils ne s'aperçoivent pas du rapt dont ils ont été victimes et acceptent très inconsciemment une situation ni meilleure ni pire que celle qu'ils auraient eue au milieu de parents dont ils ignorent même l'existence.

C'est un des traits les plus curieux de l'histoire des fourmis que cet instinct qui a porté certaines espèces à s'adjoindre des serviteurs et à se décharger sur eux de tout ou partie des soins réclamés par la construction des demeures ou l'éducation des enfants. L'enlèvement brutal est, je le répète, le moyen ordinaire employé par les fourmis esclavagistes pour ravir à d'autres espèces les nymphes destinées à accroître ou à renouveler leur personnel domestique. Nous les verrons tout à l'heure à l'œuvre et nous assisterons à leurs expéditions; mais disons de suite, pour n'avoir plus à y revenir, que dans toute fourmilière mixte, c'est-à-dire dans toute société composée de deux ou plusieurs espèces vivant en commun et en bonne intelligence, il existe toujours une espèce principale ou *maîtresse*, avec ses mâles et ses femelles destinés à la reproduction, et une espèce auxiliaire ou *esclave*, ne comprenant que des individus neutres, dont toute l'activité se déploie au profit de la première, sans qu'ils aient aucun intérêt dans la communauté, puisqu'ils sont impuissants à s'y reproduire.

J'ai dit que c'est en pillant les nymphes et les cocons d'espèces industrieuses que les fourmis véritablement esclavagistes se procurent leur personnel d'auxiliaires; mais il est encore une condition essentielle pour assurer l'avenir des communautés mixtes, c'est que les nymphes volées donnent naissance à des ouvrières et non à des mâles ou à des femelles, dont l'éclosion sèmerait un élément de discorde dans la société, sans être aucunement profitable aux maîtres de la maison. On sait en effet que les individus sexués ne s'occupent pas des soins du ménage, non plus que de la construction des nids, d'où il suit qu'étant incapables de rendre d'utiles services, ils seraient tout à fait impropres au rôle actif que les ravisseurs leur destinent. Un autre inconvénient plus grave peut-être, c'est que leur présence, au milieu d'ouvrières de leur espèce, pourrait amener ces dernières à négliger les maîtres étrangers au profit de ces représentants de leur propre race, qui doivent naturellement leur inspirer plus de sympathie. Le mal s'accentuerait encore quand, les femelles fécondes ayant pondu des œufs, les soins nécessités par l'élevage des jeunes absorberaient les instants des nourrices, en les obligeant à délaisser de plus en plus les enfants étrangers confiés à leur sollicitude. Une pareille situation entraînerait infailliblement ou un massacre général des nouveau-nés de la famille ou esclave, l'affaiblissement progressif et l'anéantissement prochain des maîtres du logis.

Mais un tel état de choses ne se présente jamais dans les sociétés mixtes, où les individus reproducteurs aussi bien que les jeunes larves de l'espèce auxiliaire font constamment défaut. Nous devons donc admettre que les fourmis expéditionnaires savent distinguer, entre les cocons, ceux des individus neutres ou sexués, pour rapporter exclusivement les premiers et ne pas toucher aux autres, sinon peut-être pour les déchirer et se repaître de leur contenu. Cette distinction leur est sans doute facilitée par la différence de grosseur assez notable entre les nymphes ou les coques de ces deux catégories, le volume de celles des mâles ou des femelles dépassant beaucoup celui des neutres.

Il arrive parfois que les *Polyergus*, dont la perspicacité n'est pas très développée, commettent à ce sujet de grossières erreurs, et s'acharnent à vouloir transporter des cocons de grande dimension. Mais la difficulté qu'ils éprouvent à les enserrer dans leurs mandibules arquées, les leur fait abandonner après quelques efforts, et c'est ainsi qu'une circonstance toute matérielle vient s'opposer à l'accomplissement d'une faute grave et remplacer l'instinct mis en défaut.

Parmi les fourmis esclavagistes il en est qui savent à l'occasion se passer de serviteurs, ou, si elles en ont, ne refusent pas de prendre part avec eux aux travaux domestiques. D'autres, au contraire, sont de farouches seigneurs, des coureurs de grands chemins, ne sachant que guerroyer et dédaignant toute œuvre servile, au point d'avoir perdu l'habitude de manger seuls et d'être obligés de recourir aux services de leurs officiers de table qui leur portent la nourriture à la bouche. On en connaît de plus dégénérées encore, qui, à force de mollesse et d'oisiveté, ont perdu toute initiative et toute énergie, et sont à la merci de leurs esclaves, dont heureusement la fidélité est absolue.

Avant de passer successivement en revue les diverses phases de l'esclavage chez les fourmis, qu'on me permette un rapprochement à livrer aux méditations des philosophes.

Chez l'homme, l'esclavage date de l'enfance des sociétés; il s'organise et s'adoucit avec les progrès de la civilisation, puis il disparaît au fur et à mesure que les nations s'élèvent et que les grandes idées de morale et de justice deviennent plus puissantes et plus répandues. Chez la fourmi, au contraire, l'établissement de l'esclavage débute dans les sociétés les mieux organisées, arrivées, pour ainsi dire, à l'apogée du progrès intellectuel, et son introduction marque le premier pas d'une décadence qui ira toujours en s'accentuant, pour arriver à l'avilissement complet, et se terminer probablement par la disparition de l'espèce esclavagiste.

C'est en suivant le développement de cette institution chez différentes espèces, dont les unes commencent à peine à se livrer à la chasse aux nègres, et dont les autres ont depuis longtemps subi les effets démoralisateurs de l'esclavage, qu'on arrive à toucher du doigt la conclusion que je viens d'énoncer.

Mais les faits sont plus éloquents que les paroles; laissons-les donc nous fournir leurs enseignements.

Formica pratensis, truncicola et exsecta. — Les premiers et les plus timides essais d'asservissement sont tentés, de nos jours, par une des fourmis les plus intelligentes et les plus industrieuses, la *Formica pratensis*, proche voisine de la fourmi fauve des bois, et qui élève comme elle des tertres de brindilles, en les plaçant le long des haies et sur le bord des chemins. Ses congénères, les *Formica truncicola* et *exsecta*, moins répandues et partant moins connues, semblent aussi suivre ses traces. Enfin, une petite fourmi noire, très commune dans les prairies, le *Tapinoma erraticum*, a fait également ses premières tentatives de capture sur le minuscule *Bothriomyrmex meridionalis*.

Une règle invariable qu'il convient d'énoncer, c'est que, dans toute fourmilière mixte, maîtres et serviteurs appartiennent toujours à la même division systématique et que jamais, par exemple, une fourmi dont le pétiole est composé d'un seul article, ne prendra ses esclaves chez celles qui ont le pétiole de deux articles, et réciproquement.

Chez les fourmis à pétiole uniarticulé, ou *Formicides*, deux espèces paraissent plus spécialement destinées à l'esclavage et jouent vis-à-vis des autres le rôle de la race nègre dans l'humanité. Ces fourmis prédestinées à la servitude sont les *Formica fusca* et *rufibarbis*, toutes deux abondamment répandues en Europe et même dans l'Amérique du Nord.

Ce sont ces deux espèces qui sont parfois asservies par es *Formica pratensis, truncicola* ou *exsecta*. Le cas est fort rare, car, je le répète, les mœurs esclavagistes commencent à peine à poindre dans ces dernières sociétés qui sont encore, en majeure partie, sans mélange d'éléments étrangers, et ont conservé pures les saines habitudes d'activité et de travail personnel transmises par leurs ancêtres.

Formica sanguinea. — Voici une fourmi appartenant au même genre, la fourmi sanguine (*F. sanguinea*), chez laquelle l'instinct esclavagiste s'est notablement accentué, sans influer encore cependant sur son intelligence restée brillante entre toutes, non plus que sur son industrie qu'elle a su conserver dans sa perfec-

tion première. L'asservissement des noirs n'est pas chez
elle une habitude constante, et fort souvent elle se passe
de serviteurs en s'acquittant elle-même de tous ses devoirs domestiques. Il n'est pas rare cependant de trouver
dans ses nids des travailleurs étrangers, et ses chasses à
l'esclave sont célèbres depuis qu'Huber les a signalées à
l'attention, dans son inimitable livre sur les mœurs des
fourmis de la Suisse. Jamais toutefois elle n'abandonne à
ses subordonnés la direction absolue de l'intérieur, mais,
comme une ménagère habile et laborieuse, elle met
elle-même la main à l'œuvre et ne dédaigne pas de seconder ses gens en prenant part à leurs travaux.

Les auxiliaires les plus fréquents de la fourmi sanguine sont les mêmes *Formica fusca* et *rufibarbis* dont
j'ai déjà parlé, et sa domesticité se compose soit d'une
seule de ces espèces, soit de toutes deux simultanément.
Les expéditions qu'elle entreprend pour se procurer des
esclaves ont ordinairement lieu dans la matinée et ne se
renouvellent guère plus de deux ou trois fois par an.
Laissons Huber nous raconter une de ces sorties qu'il
put observer dans les environs de Genève :

« Le 15 juillet, à dix heures du matin, la fourmilière
sanguine envoie en avant une poignée de ses guerriers.
Cette petite troupe marche à la hâte jusqu'à l'entrée d'un
nid de fourmis cendrées (*Formica fusca*), situé à vingt pas
de la fourmilière mixte; elle se disperse tout autour du
nid. Les habitants aperçoivent ces étrangères, sortent en
foule pour les attaquer, et en emmènent plusieurs en
captivité; mais les sanguines ne s'avancent plus, elles
paraissent attendre du secours; de moment en moment
je vois arriver de petites bandes de ces insectes qui
partent de la fourmilière sanguine et viennent renforcer la première brigade. Elles s'avancent alors un
peu davantage, et semble risquer plus volontiers d'en
venir aux prises; mais plus elles approchent des assiégées, plus elles paraissent empressées à envoyer à

leur nid des espèces de courriers. Ces fourmis arrivant
en hâte jettent l'alarme dans la fourmilière mixte, et
aussitôt un nouvel essaim part et marche à l'armée. Les
sanguines ne se pressent point encore de chercher le
combat; elles n'alarment les noir-cendrées que par leur
seule présence; celles-ci occupent un espace de deux
pieds carrés au devant de la fourmilière; la plus grande
partie de la nation est sortie pour attendre l'ennemi.

« Tout autour du camp on commence à voir de fréquentes escarmouches, et ce sont toujours les assiégées
qui attaquent les assiégeantes. Le nombre des noir-cendrées, assez considérable, annonce une vigoureuse résistance; mais elles se défient de leurs forces, songent
d'avance au salut des petits qui leur sont confiés, et nous
montrent en cela un des plus singuliers traits de prudence dont l'histoire des insectes nous fournisse l'exemple.

« Longtemps avant que le succès puisse être douteux,
elles apportent leurs nymphes au dehors de leurs souterrains, et les amoncellent à l'entrée du nid, du côté
opposé à celui d'où viennent les fourmis sanguines, afin
de pouvoir les emporter plus aisément si le sort des
armes leur est contraire. Leurs jeunes femelles prennent
la fuite du même côté; le danger approche; les sanguines se trouvant en force se jettent au milieu des noir-
cendrées, les attaquent sur tous les points, et parviennent
jusque sur le dôme de leur cité. Les noir-cendrées, après
une vive résistance, renoncent à la défendre, s'emparent
des nymphes qu'elles avaient rassemblées hors de la
fourmilière, et les emportent au loin. Les sanguines les
poursuivent et cherchent à leur ravir leur trésor. Toutes
les noires sont en fuite; cependant on en voit quelques-
unes se jeter avec un véritable dévouement au milieu des
ennemis, et pénétrer dans les souterrains dont elles sous-
traient encore au pillage quelques larves qu'elles emportent à la hâte.

« Les fourmis sanguines pénètrent dans l'intérieur,

porté tout le butin; un bon nombre de sanguines reste
dans la cité prise d'assaut, et le lendemain, à l'aube du
jour, elles recommencent à transférer leur proie. Quand
elles ont enlevé toutes les nymphes, elles se portent les
unes les autres dans la fourmilière mixte, jusqu'à ce qu'il
n'en reste qu'un petit nombre.

« Mais j'aperçois quelques couples aller dans un sens
contraire; leur nombre augmente. Une nouvelle résolution
a sans doute été prise chez ces insectes vraiment belliqueux; un recrutement nombreux s'établit sur la fourmilière mixte, en faveur de la ville pillée, et celle-ci
devient la cité sanguine. Tout y est transporté avec promptitude; nymphes, larves, mâles et femelles, auxiliaires et
amazones, tout ce que renfermait la fourmilière mixte est
déposé dans l'habitation conquise, et les fourmis sanguines
renoncent pour jamais à leur ancienne patrie. Elles s'établissent en lieu et place des noir-cendrées et de là entreprennent de nouvelles invasions. »

Ce déménagement final est assez fréquent, car les
changements de domicile rentrent dans les habitudes
de la fourmi sanguine, qui s'empare souvent des nids
d'autres espèces dont elle a chassé ou exterminé les
habitants. Parfois même elle possède ainsi plusieurs do-
miciles qu'elle habite alternativement, selon son caprice
ou ses convenances, ayant ainsi maison de ville et
maison de campagne, comme il convient à une fourmi
de qualité qui veut se procurer les douceurs de la villé-
giature.

Pour achever l'histoire de la fourmi sanguine, j'ajouterai qu'indépendamment des *Formica fusca* et *rufibarbis*,
parmi lesquelles elle recrute son personnel ordinaire de
serviteurs, on l'a vue aussi, mais beaucoup plus rarement,
diriger ses expéditions contre les *Formica gagates, ci-
nerea, rufa* et *pratensis*. Cette dernière nous donne en
conséquence le curieux exemple d'une espèce qui, vivant
le plus souvent seule et libre, connaît cependant l'escla-

Polyergus rufescens

Qu'on ne croie pas ici à une expression figurée ou à une exagération de ma part. Le fait est bien réel et a été prouvé par des expériences décisives et faciles à répéter. Prenons une vingtaine de *Polyergus*, mettons à leur portée la nourriture la plus à leur convenance, et tout ce qu'ils sauront faire, c'est de se salir au contact du miel ou des autres aliments liquides, sans parvenir à en absorber la moindre goutte. Abandonnés à eux-mêmes, nous les verrons bientôt mourir misérablement au sein de l'abondance. Si, répétant l'expérience avec d'autres individus, nous introduisons auprès d'eux, après quelques heures d'attente, une seule de leurs esclaves, le spectacle changera complètement. Cette unique travailleuse, multipliant ses efforts, parviendra à les nettoyer, à les nourrir et à leur rendre la santé ébranlée par la sordidité et l'abstinence.

C'est encore les *Formica fusca* et *rufibarbis* qui fournissent à la fourmi amazone son personnel domestique, et comme elle a besoin de nombreux auxiliaires, on peut presque chaque jour, du milieu de juin au commencement de septembre, rencontrer ses colonnes envahisseuses en quête d'une tribu à attaquer, pour s'emparer des jeunes négrillons encore renfermés dans leur berceau de soie.

A l'inverse de la fourmi sanguine, les amazones ne sortent jamais le matin, mais leurs expéditions ont toujours lieu dans l'après-midi, entre deux et cinq heures. Leur tactique est aussi fort différente, comme on en jugera par le récit d'une attaque dirigée contre une fourmilière de *Formica fusca*, récit que j'emprunte à Huber.

« A cinq heures de l'après-midi, je vois les amazones sortir de leur retraite; elles s'agitent, s'avancent au dehors de la fourmilière; aucune ne s'en écarte qu'en ligne courbe, de manière qu'elles reviennent bientôt au bord de leur nid; leur nombre augmente de moments en mo-

droite, se dirige dans le gazon ; toute l'armée s'éloigne et traverse la prairie ; on ne voit plus aucune fourmi amazone sur la fourmilière.

« La tête de la légion semble quelquefois attendre que l'arrière-garde l'ait rejointe ; elle se répand à droite et à gauche sans avancer ; l'armée se rassemble de nouveau en un seul corps, et repart avec rapidité. On n'y remarque aucun chef ; toutes les fourmis se trouvent tour à tour les premières ; elles semblent chercher à se devancer ; cependant, quelques-unes d'entre elles vont dans un sens opposé ; elles redescendent de la tête à la queue, puis reviennent sur leurs pas et suivent le mouvement général ; il y en a toujours un petit nombre qui retournent en arrière, et c'est probablement par ce moyen qu'elles se dirigent.

« Arrivées à plus de trente pieds de leur habitation, elles s'arrêtent, se dispersent et tâtent le terrain avec leurs antennes, comme les chiens flairent les traces du gibier ; elles découvrent bientôt une fourmilière souterraine. Les noir-cendrées sont retirées au fond de leur demeure ; les fourmis légionnaires ne trouvant aucune opposition, pénètrent dans une galerie ouverte. Toute l'armée entre successivement dans le nid, s'empare des nymphes, et ressort par plusieurs issues ; je la vois aussitôt reprendre la route de la fourmilière mixte. Ce n'est plus une armée disposée en colonne, c'est une horde indisciplinée. Ces fourmis courent à la file avec rapidité ; les dernières qui sortent de la fourmilière assiégée sont poursuivies par quelques-uns de ses habitants, qui cherchent à leur dérober leur proie ; mais il est rare qu'ils y parviennent.

« Je retourne vers la fourmilière mixte pour être encore témoin de l'accueil fait à ces spoliatrices par les noir-cendrées avec lesquelles elles habitent, et je vois une quantité considérable de nymphes amoncelées devant la porte ; chaque amazone y dépose son fardeau en arrivant, et reprend la route de la fourmilière envahie. Les noir-cendrées, quittant leurs travaux de maçonnerie, viennent relever ces nymphes les unes après les autres, et les descendent dans leurs souterrains; je les vois même souvent décharger les fourmis roussâtres après les avoir touchées amicalement avec leurs antennes, et celles-ci leur céder sans opposition les nymphes qu'elles ont dérobées.

« Suivons encore la troupe pillarde. Elle retourne à l'assaut de la fourmilière qu'elle a déjà dévastée; mais ses habitants ont eu le temps de se rassurer et de placer de fortes gardes à chaque porte. Les légionnaires, en trop petit nombre d'abord, fuient lorsqu'elles voient les noir-cendrées en défense; elles retournent vers leur troupe, s'avancent et reculent à plusieurs reprises, jusqu'à ce qu'elles se sentent en force; alors elles se jettent en masse sur une des galeries, chassent, mettent en déroute les noir-cendrées; toute l'armée s'introduit dans la cité souterraine et enlève une grande quantité de larves qu'elle emporte à la hâte; mais on ne voit jamais les amazones emmener de prisonnières; ce n'est point aux fourmis qu'elles en veulent, c'est à leurs élèves.

« A leur retour dans la fourmilière mixte, les amazones reçoivent encore le meilleur accueil. Leurs noir-cendrées ont serré la première récolte; chaque fourmi pose derechef sa nymphe à l'entrée de l'habitation, ou la remet immédiatement à quelques noir-cendrées, et celles-ci s'empressent de les emporter dans l'intérieur du nid.

« Croirait-on que ces intrépides guerrières retournèrent une troisième fois au pillage! Mais elles eurent à entreprendre un siège dans les formes; car les fourmis auxquelles elles avaient enlevé à deux reprises leurs larves et leurs nymphes s'étaient hâtées de se retrancher, de barricader leurs portes, et de renforcer la garde intérieure, comme si elles eussent prévu une troisième attaque de la part des mêmes ennemies. Elles avaient rassemblé tous les morceaux de bois et de terre qui s'étaient trouvés à leur portée, et les avaient accumulés à l'entrée de leurs souterrains, dans lesquels elles étaient en force. Mes légionnaires n'osent d'abord en approcher; elles rôdent alentour ou retournent en arrière, jusqu'à ce qu'elles soient suffisamment escortées. Le signal se communique dans la troupe; elles avancent en masse avec une impétuosité extraordinaire, et lorsqu'elles sont parvenues sur la fourmilière ennemie, elles écartent avec leurs dents et leurs pattes les obstacles qui se présentent, se précipitent dans l'ouverture, malgré la résistance des noir-cendrées, et pénètrent par centaines dans la fourmilière. Elles en ressortent, emportant fièrement leur butin, et arrivent en corps à leur habitation; mais cette fois, au lieu de remettre à leurs associés le fruit de leurs rapines, elles l'introduisent elles-mêmes dans leurs souterrains, et n'en ressortent plus de tout le jour.

« Le 23, à trois heures et demie, le soleil était très ardent; quelques fourmis amazones sortirent de leur retraite, se promenèrent aux environs, et rentrèrent aussitôt; un moment après, d'autres en petit nombre vinrent encore respirer à l'entrée d'une galerie; elles se tenaient le plus souvent à la porte intérieure de la fourmilière, et paraissaient attendre le moment favorable, pour commencer leur expédition. A cinq heures moins un quart elles sortirent en foule du nid et s'agitèrent en tous sens; une partie d'entre elles s'avançaient déjà dans la prairie, laissant les autres sur la fourmilière, mais quelques-unes revenant en arrière par l'effet de cette tactique que nous avons déjà remarquée, arrivèrent sur le nid, donnèrent le signal du départ en s'approchant tour à tour de toutes les fourmis qui s'y trouvaient encore, et aussitôt celles-ci se mirent en route et rejoignirent le corps d'armée.

« La troupe belliqueuse prit une direction diffé-

rente de celle qu'elle avait suivie la veille, mais elle
s'arrêta bientôt ; les amazones se répandirent de tous
côtés, et parurent chercher une fourmilière ; n'en ayant
pas trouvé, elles continuèrent leur route, et ce ne fut
qu'à plus de cinquante pas de leur habitation qu'elles
en découvrirent une, cachée sous le gazon. Les noir-
cendrées, effrayées par l'arrivée imprévue et par le
nombre des amazones, prirent la fuite, et celles-ci, après
avoir fait un ample butin de larves et de nymphes, retournèrent dans la fourmilière natale ; mais elles en
ressortirent bientôt et repartirent d'un côté opposé, en
troupe plus nombreuse que la première fois. Elles
firent encore une longue route, passèrent sans s'arrêter
sur plusieurs fourmilières d'espèces différentes des noir-
cendrées, trouvèrent enfin une de ces dernières, y pé-
nétrèrent en force, et, comme à l'ordinaire, revinrent
chargées de nymphes et de larves. »

Comme on vient de le voir, les amazones, dans leurs
fréquentes expéditions, n'ont pour objectif que de piller
les nymphes de l'espèce attaquée, et non de détruire les
habitants du nid envahi. Aussi, lorsque les Polyergues
rencontrent peu de résistance, ils s'abstiennent d'un carnage inutile, et c'est pourquoi les assauts livrés aux
noir-cendrées (*F. fusca*) sont peu meurtriers, cette
fourmi étant essentiellement timide et pacifique, et
n'opposant qu'une résistance modérée aux entreprises
des envahisseurs. Il en est tout autrement quand l'amazone a affaire à la *Formica rufibarbis* ou fourmi mineuse
d'Huber, dont le courage est très développé, qui défend
pied à pied sa jeune famille, et tient tête avec une
grande énergie aux larrons venus pour s'en emparer.
Ces nourrices héroïques payent souvent de leur vie leur
noble résistance, et les légionnaires en font un grand
massacre, comme le témoignent les nombreux cadavres
qui, après la lutte, encombrent les avenues de la fourmilière dévastée

Pour nous rendre compte d'un de ces chauds engagements, écoutons encore Huber :

« Les amazones étaient déjà rassemblées sur le nid
et prêtes à partir. Elles se mirent en route et se répandirent comme un torrent le long d'un fossé profond.
Elles marchaient plus serrées qu'à l'ordinaire et avec
une rapidité étonnante. Elles arrivèrent bientôt à l'entrée
du nid qu'elles se proposaient d'attaquer; c'était une
fourmilière mineuse. Dès que les légionnaires commencèrent à s'introduire dans la cité souterraine, il en
sortit une foule de mineuses, dont les unes les assail-
lirent avec furie, tandis que les autres passèrent au
milieu d'elles, emportant à leur bouche leurs larves et
leurs nymphes. La surface du nid fut quelque temps le
théâtre de la mêlée; les légionnaires étaient souvent
dépouillées des nymphes qu'elles emportaient, les mineuses les leur arrachaient, s'élançaient sur elles, les
combattaient corps à corps, et leur disputaient le terrain
avec un acharnement dont je n'avais pas encore vu
d'exemple.

« Néanmoins, l'armée amazone, qui avait pénétré
avec tant d'impétuosité dans la fourmilière, se remit en
marche en bon ordre, toute chargée des nymphes et des
larves qu'elle avait enlevées; mais au lieu d'aller à
la file, elle se tenait serrée, et ne formait qu'une
seule légion : précaution d'autant plus nécessaire que les
insectes courageux chez lesquels elle avait fait cette
excursion se mirent à sa poursuite et la harcelèrent jusqu'à dix pas de la fourmilière mixte.

« Pendant ces combats, la fourmilière pillée offrait en
petit le spectacle d'une ville assiégée; des centaines de
mineuses s'éloignaient de leur patrie, emportant çà et là
les nymphes, les larves et les jeunes femelles qu'elles
voulaient soustraire au pillage ou à la fureur de leurs
ennemies. La plupart grimpaient sur les plantes environnantes, avec leurs larves entre leurs dents ; d'autres les

réunissaient sous des buissons épais; mais quand le danger fut entièrement passé, elles les ramenèrent dans leur cité, dont elles barricadèrent les portes, et près de laquelle elles demeurèrent en grand nombre, pour en garder l'entrée.

« Cependant tout était calme sur la fourmilière mixte; les amazones étaient rentrées paisiblement dans leur demeure, et avaient été reçues des fourmis auxiliaires comme les maîtresses du logis. Je les vois repartir aussitôt en colonne serrée; elles se dirigent sur une fourmilière mineuse des plus considérables, et sont en état de se mesurer avec les gardiennes de cette habitation; elles se jettent en foule dans une des galeries, qu'elles trouvent mal gardée; mais leur nombre ne leur permettant pas d'entrer toutes à la fois, les mineuses, qui étaient au-dessus de la fourmilière, se précipitent sur les étrangères; et tandis qu'elles combattent en désespérées, une foule innombrable de leurs concitoyennes, perdant peut-être l'espoir de défendre leurs foyers et les petits dont la garde leur est confiée, sortent du nid, emportant avec elles les nymphes, les larves et les plus jeunes fourmis. On les voit fuir de toutes parts, et leur multitude couvre toute la surface du sol à plusieurs toises de la fourmilière.

« A chaque instant, la mêlée devient plus chaude. Ici les amazones tâchent de saisir les nymphes que les mineuses veulent dérober à leurs déprédations; là ce sont les assiégées qui dépouillent les vainqueurs du fruit de leur rapine. Tout est confusion; légionnaires et mineuses s'attaquent avec impétuosité, et souvent, dans leur fureur, se trompent d'objet et tombent sur leurs compagnes, qu'elles relâchent aussitôt. Tout cela se passe à l'arrière-garde des légionnaires; cependant une grande partie de leur armée, chargée de butin, sort des souterrains qu'elle a dévastés, et retourne en bataillon carré dans la ville natale, toujours assaillie par les mineuses, qui la suivent encore fort loin de leur habitation. Ce n'est que par leur adresse, la rapidité de leurs mouvements et l'usage de leur venin que les amazones parviennent à se dégager de leur poursuite. J'ai souvent remarqué, pendant ces combats, des femelles mineuses s'enfuir, emportant des nymphes à leur bouche, comme de simples ouvrières; mais elles ne se mêlent point de la défense du nid. »

Ce qui assure toujours aux amazones la victoire sur les tribus qu'elles envahissent, c'est non seulement leur taille plus grande et leur force supérieure, mais encore et surtout les terribles crocs qui arment leur bouche. Quand les *Polyergus* ont pu saisir la tête de leur adversaire entre ces deux poignards, ils lui transpercent le crâne, et la victime meurt bientôt après quelques convulsions. Ce mode d'exécution sommaire est tout à fait dans les habitudes des amazones, et les fourmis attaquées par elles ont tellement conscience de l'effet redoutable de leurs tenailles acérées, que la menace seule d'en faire usage suffit souvent pour les terrifier et leur faire lâcher prise.

Les expéditions multipliées auxquelles se livre la fourmi légionnaire et qui, d'après Forel, aboutissent au pillage de vingt à quarante mille cocons par an, doivent nécessairement lui procurer un personnel nombreux de serviteurs. On compte en effet, dans ses fourmilières mixtes, six à sept fois plus d'esclaves que de maîtres, tandis que, chez la fourmi sanguine, la domesticité est beaucoup moins importante. La disproportion s'accentuera encore à mesure que nous descendrons chez des espèces plus dégénérées, de sorte qu'on pourrait mesurer l'état de dégradation des fourmis esclavagistes au nombre de plus en plus grand de serviteurs étrangers employés dans leurs habitations.

Les sorties sont toujours exclusivement faites par la population amazone, et leurs auxiliaires n'y prennent aucune part. Il n'arrive même jamais que l'armée tout entière des *Polyergus* soit engagée à la fois dans une expédition, et il en reste toujours un certain nombre pour garder la maison et éviter une surprise que leurs esclaves, moins bien armés, pourraient être impuissants à repousser.

Quelquefois un petit nombre de légionnaires sortent seules pour opérer des reconnaissances et explorer le terrain, puis, sur leurs indications, l'armée se met en marche et s'évite ainsi des hésitations ou des recherches inutiles. Il arrive cependant aussi qu'une sortie générale ait lieu sans attendre le rapport des éclaireurs, et de là ces tâtonnements et ces changements de route remarqués par Huber, et qui démontrent qu'alors l'expédition n'a d'autre guide que l'initiative personnelle et l'instinct particulier de chacun de ses membres. Quand une résolution est prise, c'est toujours, d'après Forel, à la suite de l'impulsion donnée par un petit noyau d'ouvrières qu'on voit tout à coup s'agiter, précipiter leur allure, se frapper du front, et s'élancer dans une direction en fendant la foule des indécises. Si l'armée ne suit pas immédiatement leurs traces, quelques-unes reviennent en arrière, parlementent avec leurs compagnes, les entraînent à leur suite, et toute la troupe finit par adopter la direction voulue. Il arrive aussi que deux groupes d'éclaireurs, ayant chacun son plan, cherchent à conduire l'armée à deux endroits différents, ce qui produit une débandade momentanée ; mais ordinairement le parti le plus faible se rallie au plus important, dont la base d'opérations est alors acceptée à l'unanimité.

Un exemple curieux de ces hésitations et de ces conciliabules nous est donné par Forel : « Un jour, dit-il, des amazones se mirent en marche, et arrivées à quinze pas de leur nid, elles se trouvèrent au bord d'un champ de blé Là, la tête de l'armée s'arrêta ; la queue l'ayant rejointe, les fourmis se mirent à se croiser dans tous les sens en se parlant avec leurs antennes, puis elles s'éparpillèrent dans toutes les directions. Bientôt elles se réunirent à nouveau et s'engagèrent, non sans hésiter, dans le champ de blé. Mais elles ne s'y étaient pas avancées de six décimètres qu'elles s'arrêtèrent encore, revinrent jusqu'au bord du champ, à la place de leur premier arrêt, et y firent halte de nouveau. Cette fois, ce ne fut plus seulement l'armée dans son ensemble qui n'avança pas pendant un moment, mais toutes les fourmis, qui restèrent, chacune pendant une ou deux minutes, dans une immobilité si complète qu'on les eût dit paralysées. Cet aspect était singulier. Cependant un cinquième environ de l'armée se remit en mouvement, et entra de nouveau en colonne dans le champ de blé, tandis que le reste des amazones conservaient leur immobilité. Cette colonne s'avança de quatre mètres environ, en hésitant et en cherchant à droite et à gauche, sans rien trouver. Puis elle revint sur ses pas et trouva le gros de l'armée toujours dans une immobilité à peu près complète. Ce fut le signal du retour général. Toute l'armée s'ébranla et rentra au nid sans rien rapporter. »

Cette entente remarquable entre amazones allant en expédition cesse d'avoir lieu quand ces fourmis reviennent chargées de cocons, et elles paraissent alors ne plus savoir se consulter et devenir incapables de remettre dans la bonne voie celles de leurs compagnes qui s'en écartent. Forel rapporte à ce sujet que des amazones étant entrées dans un nid souterrain de *Formica fusca*, une partie d'entre elles s'engagea dans une galerie assez longue qui débouchait dans l'herbe à trente ou quarante centimètres de l'entrée. A leur sortie, les fourmis, après avoir fait quelques pas dans la bonne voie, se trouvèrent dépaysées et ne surent de quel côté se diriger. Elles erraient, prenaient un chemin comme au hasard, puis revenaient et cherchaient de nouveau à s'orienter, mais sans y parvenir. De temps en temps, après quelques allées et venues, l'une d'elles tombait fortuitement sur la bonne route, qu'elle reconnaissait aussitôt et se mettait à suivre sans se tromper jusqu'à la fourmilière. Mais elle n'en avertissait pas ses compagnes, qui parfois trouvaient aussi leur chemin par hasard, ou continuaient à errer en tous sens. Quelques-unes de ces dernières s'égarèrent complétement, en suivant une fausse direction à une grande distance de leur nid, et ne purent rentrer chez elles.

La mise en défaut de la faculté d'orientation chez les fourmis chargées n'est pas particulière aux *Polyergus;* d'autres espèces ont aussi plus ou moins de peine à se diriger, quand elles portent un objet dans leurs mandibules; mais dès qu'elles hésitent sur le chemin à prendre, on les voit alors déposer leur fardeau, aller reconnaître les lieux, puis le reprendre pour continuer leur route. Jamais, d'après Forel, les amazones n'agissent ainsi, et il paraît en être de même des *Tapinoma* et d'autres fourmis douées d'un odorat très développé.

Il est intéressant de calculer la vitesse d'une armée en marche, mais il faut tenir compte de plusieurs éléments susceptibles de la modifier dans une notable proportion. La chaleur, en donnant plus d'activité aux amazones, augmente la rapidité de leur allure; le froid, au contraire, la diminue. La nature du terrain uni ou accidenté, nu ou gazonné, a naturellement une grande influence, en permettant une marche régulière et sans temps d'arrêt, ou en retardant considérablement les guerrières par suite des obstacles qu'il faut franchir ou contourner. Comme nous, les fourmis avancent plus vite dans les descentes que dans les montées, et si l'on veut avoir la mesure de leur allure normale, c'est sur un sol plat qu'il faut l'observer. Si elles ne portent rien, elles hâtent le pas; si elles sont chargées, elles le ralentissent.

En ne négligeant aucune de ces données, et en faisant aussi la part de certaines circonstances spéciales pouvant influencer les résultats, le Dr Forel admet qu'une armée, marchant à toute vitesse sur un terrain plat et décou-

vert, parcourt environ quatre centimètres par seconde,
ce qui, étant donnée la taille de l'animal, correspond à
plus de trente-cinq kilomètres à l'heure pour un homme
de force ordinaire, soit à peu près la vitesse d'un train
omnibus sur un chemin de fer. En tenant compte des
arrêts et du temps employé au siège et au pillage, on
peut évaluer à un mètre par minute la vitesse moyenne
d'une expédition de *Polyergus*, depuis sa sortie jusqu'à sa
rentrée. C'est, toutes proportions gardées, une remarquable célérité si on la compare à la durée de nos opérations militaires. Il est vrai que les fourmis n'ont ni
bagages ni matériel encombrant; mais elles reviennent
chargées de cocons volumineux, et bien que ce butin
constitue pou elles un fardeau lourd et gênant, nous
avons vu qu'elles ne s'en séparent jamais, quelque longue
que soit la course à fournir.

Les fourmis ordinaires, dont les mandibules sont dentées, portent leurs nymphes ou leurs coques en les pinçant légèrement sur un point de leur surface; les amazones, avec leurs crocs en faucille, ne sauraient user de
ce procédé, sous peine de transpercer l'endroit saisi avec
l'extrémité de ces tenailles aiguës. Pour éviter cet accident, elles embrassent le cocon dans l'arc concave de
leurs mandibules, dont les pointes ne risquent plus de
blesser la nymphe transportée, puisqu'il suffit alors
d'une très faible pression répartie sur une grande
surface pour soutenir solidement leur fardeau. Pour
plus de commodité, elles saisissent de cette façon l'extrémité antérieure du cocon, dont la majeure partie
repose alors sous leur tête et leur thorax, en devenant
ainsi moins encombrant. Quand, par distraction, un *Polyergus* s'empare d'une nymphe sans prendre les précautions voulues, il lui enfonce presque toujours ses
deux poignards dans le corps, et ce meurtre involontaire
procure à la communauté une pièce de gibier au lieu de
l'esclave attendu.

On a remarqué, non sans une certaine surprise, que le caractère particulier des serviteurs peuplant un nid de Polyergues déteint d'une façon marquée sur celui de leurs farouches seigneurs, et que des amazones, servies par la timide *Formica fusca*, acquièrent plus de douceur, de réserve, de lenteur dans leurs mouvements, que celles alliées à la *Formica rufibarbis*, dont l'allure vive et décidée communique à ses maîtres une plus grande activité.

Cette influence des esclaves sur les amazones dénote chez ces dernières un certain état de dégradation intellectuelle, et d'autres constatations viennent encore à l'appui de cette infériorité relative. Forel a observé que si l'on place devant des *Polyergus* un monceau de terre retirée d'un nid de *Formica fusca*, par exemple, avec les fourmis et les cocons qu'elle renferme, les légionnaires, au lieu de s'emparer des nymphes gisant devant elles, cherchent de tous côtés une ouverture pour pénétrer dans l'amas de matériaux qu'elles prennent pour le dôme d'une fourmilière. Elles mettent à cette recherche une grande persévérance, fouillant la terre, explorant chaque brin d'herbe, et quand elles reconnaissent l'inutilité de leurs efforts, elles rentrent le plus souvent découragées dans leur demeure, sans profiter des cocons à leur portée, bien que le nombre en soit suffisant pour que toutes les amazones puissent recueillir leur part de butin. C'est là véritablement lâcher la proie pour l'ombre, et bien peu de fourmis tiendraient une conduite aussi sotte en pareille circonstance.

Polyergus lucidus. — Une autre espèce de Polyergue qui vit dans l'Amérique du Nord, le *P. lucidus*, a absolument la même conformation et les mêmes mœurs que notre amazone indigène; seulement elle prend pour esclave sa compatriote, la *Formica Schaufussi*, bien que la *F. fusca*, qui est la servante ordinaire des légionnaires d'Europe, habite aussi le Nouveau Monde.

16

fourmi amazone, pour connaître la manière d'agir de cette nouvelle légionnaire. Comme l'amazone, les *Strongylognathus* saisissent leur ennemi à la tête, et, bien que leurs mandibules plus faibles n'arrivent pas à transpercer le crâne résistant des *Tetramorium*, cette démonstration suffit pour faire lâcher à ces derniers la nymphe qu'ils cherchaient à soustraire aux pinces des ravisseurs. La lutte est parfois vive, et un certain nombre de combattants des deux partis restent sur le champ de bataille, mais, dans l'action qui s'engagea sous les yeux du Dr Forel, les pillards réussirent à emporter chez eux un grand nombre des nymphes de la fourmilière assiégée.

Strongylognathus testaceus. — Une autre espèce du même genre, le *S. testaceus*, marque un nouveau degré d'abaissement chez les fourmis à esclaves. C'est encore le *Tetramorium cæspitum* qui représente dans ses nids la population auxiliaire, mais elle est si nombreuse relativement aux quelques individus composant l'espèce principale, et la faiblesse de cette dernière est si grande, qu'on hésiterait à la regarder comme la maîtresse du logis, si la présence de ses mâles et de ses femelles, jointe à l'absence d'individus sexués de *Tetramorium*, ne venaient nous édifier à cet égard. L'impuissance corporelle et l'infériorité numérique des *Strongylognathus* leur interdisent absolument tout essai de pillage à force ouverte, et jamais en effet on ne les a vus faire aucune sortie pour se procurer des serviteurs. Pourtant leurs nids renferment toujours, indépendamment des auxiliaires adultes, un grand nombre de larves et de nymphes de ces derniers, et comme les *Tetramorium* ne se reproduisent pas dans la fourmilière mixte, on ignore encore de quelle manière ces larves et ces nymphes ont pu y être introduites. Seraient-ce les auxiliaires qui iraient piller les colonies de leur propre espèce au profit de leurs maîtres impuissants? Le fait est possible sinon probable, mais n'a pas été constaté par des observations décisives, et le problème reste encore à résoudre.

Les *Strongylognathus*, étudiés en captivité, se sont toujours montrés inactifs et ne prenant aucune part à un travail quelconque. Parfois, cependant, Forel les a vus manger seuls, ce qui leur donnerait sous ce rapport une supériorité sur les *Polyergus*, mais le plus souvent ce sont les auxiliaires qui les nourrissent. On ne peut leur refuser une certaine énergie dans le combat, quand ils y sont provoqués par l'attaque d'un ennemi, mais leur faiblesse réduit à néant leurs efforts, que la victoire ne saurait jamais couronner.

Anergates atratulus. — Pour terminer l'histoire des sociétés mixtes, il me reste à parler de l'*Anergates atratulus*, cette singulière fourmi qui, seule de toutes celles connues, n'a pas de neutres et dont le mâle est aptère. L'espèce principale est ici réduite à sa plus simple expression, car, en dehors de l'époque où éclosent les individus reproducteurs, elle ne se compose que d'une femelle unique, à abdomen énormément distendu, tout à fait incapable de marcher, et ressemblant à un pois rond sur lequel un appendice à peine visible figurerait la tête et le thorax de l'insecte. Des *Tetramorium cæspitum* en grand nombre forment la cour de cette reine obèse et infirme, qu'ils soignent avec sollicitude, qu'ils nourrissent comme une larve, et qu'ils transportent de temps en temps d'un endroit de l'habitation dans un autre. Des larves et des nymphes d'*Anergates*, souvent en assez grande quantité, occupent les nourriceries, mais on n'y a jamais rencontré celles des *Tetramorium*. A certaines époques, a lieu comme d'ordinaire l'éclosion des mâles et des femelles. Ces dernières, au moment de leur naissance, ne présentent rien de particulier; elles sont ailées comme toutes les femelles vierges, et leur abdomen, de grosseur normale, ne laisse pas soupçonner le développement insolite qu'il acquerra après la fécondation. Quant

toutefois, en l'absence de preuves, de rejeter ou d'accueillir telle ou telle hypothèse, car les moyens que la nature emploie pour arriver à ses fins sont innombrables et déjouent souvent toutes nos idées préconçues. Attendons plutôt patiemment que la lumière se fasse, et peut-être la solution du problème, une fois connue, nous semblera-t-elle plus simple que nous ne l'aurions supposé.

Bien que les fourmis esclavagistes observées jusqu'à ce jour soient des habitantes des climats tempérés, il paraît au moins très probable que certaines espèces tropicales doivent avoir des mœurs analogues, que l'avenir révélera quand la faune myrmécologique de la zone torride aura été étudiée avec autant de soin que celle de l'Europe ou de l'Amérique du Nord. Une remarque de Lund, quoique très incomplète, consignée dans sa « lettre à M. Audouin sur les habitudes de quelques fourmis du Brésil », semble venir à l'appui de cette opinion, si toutefois le naturaliste dont je viens de citer le nom ne s'est pas mépris sur la nature des faits qu'il rapporte. Voici d'ailleurs la transcription textuelle du passage auquel je fais allusion :

« Ayant démoli un jour le nid d'une espèce de Termites, je vis, à ma grande surprise, qu'une partie était occupée par une colonie nombreuse d'une espèce de fourmi du genre Myrmique, et que j'ai nommée Myrmique à paillettes (*Myrmica paleata*), à cause des petites lames qu'elle porte sur ses pattes. Aussitôt la brèche faite dans l'habitation des fourmis, elles en sortirent furieuses et se répandirent sur les morceaux démolis de la portion du monticule habité par les Termites, où plusieurs des larves de ces derniers animaux étaient mises à découvert. Les fourmis attaquèrent celles-ci avec acharnement et, ce qui m'étonnait beaucoup, après les avoir percées à plusieurs reprises de leur dard, elles les laissèrent là, sans les emporter à leur nid. Cela me parut d'abord confirmer l'opinion des habitants au sujet de l'antipathie naturelle existant entre les fourmis et les Termites, mais je m'aperçus bientôt d'une circonstance qui me donna en même temps la vraie explication des manœuvres dont je venais d'être témoin. Plusieurs individus d'une autre espèce de Myrmique (que j'ai nommée *M. erythrothorax*) arrivèrent, et, au milieu des massacres exercés par les Myrmiques à paillettes, elles enlevèrent tranquillement et sans aucun signe de passion les Termites blessés et les transportèrent à leur nid. Ces Myrmiques erythrothorax étaient les auxiliaires des individus de la première espèce, auxquels seuls était imposé le soin d'approvisionner la république commune, tandis que les autres, soldats de métier, n'avaient en vue que sa défense, et avaient attaqué sans doute les Termites comme elles auraient attaqué tout autre animal qui se serait présenté. »

Indépendamment des véritables fourmilières mixtes que nous venons de passer en revue, on pourrait citer d'autres exemples de cohabitation et de bonne intelligence entre fourmis d'espèces différentes; mais il n'y a pas entre elles communauté d'intérêts, chaque société a sa vie distincte et indépendante, et aucune d'elles ne se consacre au service de l'autre comme dans les cas précédents. Leur réunion n'est que l'effet d'un commensalisme ou d'un parasitisme que nous examinerons à un autre moment.

X

MOEURS PASTORALES — PUCERONS ET GALLINSECTES

dées fausses sur l'infériorité de l'insecte. — Bétail des fourmis. — Pucerons. — Leurs dégâts. — Leur genre de vie. — Déjections sucrées. — Elles constituent le lait des fourmis. — Gallinsectes. — Nombreuses variétés de vaches laitières. — Opération de la traite. — Les pucerons s'y prêtent avec complaisance. — Plaisir que cette opération semble leur procurer. — Insuccès des tentatives de Darwin pour imiter la manœuvre des fourmis. — Étables souterraines. — Leurs inconvénients. — Pavillons aériens. — Leur destination multiple. — Tunnels et chemins couverts. — Cases suspendues. — Industrie spéciale du *Cremastogaster lineolata*. — Le *Lasius brunneus* et ses pucerons d'écorce. — Trop de sollicitude nuit. — Les *Lasius* jaunes sont des éleveurs par excellence. — Leurs pucerons de racines. — Soins dont ils les entourent. — Ces soins s'étendent aux œufs et aux pupes. — Observation de Lubbock. — Services intelligents rendus aux pucerons par les fourmis. — Confirmation de ce fait par Lichtenstein. — Prévoyance remarquable des fourmis. — Importation du bétail. — Un horticulteur désappointé. — Les larves d'Homoptères remplacent les pucerons dans certains cas. — Rôle des Cercopides et des Membracides en Amérique. — Chenilles de Lépidoptères.

En étudiant le monde si varié que ce livre a pour objet de faire connaitre au lecteur, on doit s'attendre à toutes les surprises et au renversement de toutes les idées reçues sur l'infériorité de l'insecte dans la série animale. Il faut faire table rase des épithètes plus ou moins méprisantes dont on se plait chaque jour à qualifier ces petits êtres, et qu'ils appliqueraient souvent avec plus de raison, s'ils savaient parler, à leurs orgueilleux contem-

pleurs. Écraser la fourmi sous le pied est chose facile,
l'étudier et la comprendre est plus difficile ; et voilà pourquoi tant de gens encore, dans ce siècle de lumières, se
croyant de bonne foi les seuls produits intéressants de la
création, préfèrent se confiner dans leur ignorance nar-
quoise, plutôt que d'ouvrir les yeux et de laisser leur
mépris se changer en admiration, à la vue de merveilles
qui les étonneraient d'autant plus qu'ils n'en soupçonnent
même pas l'existence.

Un spectacle bien fait pour détruire l'idée mesquine
qu'on se forme en général de la fourmi, c'est celui de
ses mœurs pastorales, décrites avec plus ou moins de détails par tous les auteurs qui se sont occupés, de près ou
de loin, de son genre de vie. Si étrange que cela puisse
paraître, beaucoup de fourmis ont en effet leurs vaches
à lait qu'elles soignent et qu'elles traient, leurs troupeaux
qu'elles renferment dans des étables spéciales, qu'elles
considèrent comme leur propriété, qu'elles défendent
contre leurs ennemis et dont elles attendent en retour le
breuvage sucré qui fait partie de leur alimentation, quand
il ne la compose pas d'une façon exclusive.

Ce bétail précieux, approprié à leur taille et à leurs
besoins, consiste principalement en pucerons et en gallinsectes.

Tout le monde connaît les pucerons, et certaines espèces, qui s'attaquent à nos plantes d'ornement, à nos
arbres fruitiers ou à nos vignobles, ont même acquis une
trop grande notoriété par les dégâts qu'ils occasionnent.
On sait aussi que leur nourriture est empruntée à la sève
des plantes, qu'ils sucent avec leur trompe acérée, et que
ce sont ces piqûres, multipliées par le nombre des buveurs insatiables, qui épuisent le végétal, et arrivent parfois à le faire périr. De temps en temps, le liquide ingéré
et transformé par la digestion, sous l'influence des glandes
intestinales, en un sirop clair et sucré, est expulsé par
l'ouverture anale de l'insecte, sous forme de gouttelette

que le puceron lance au dehors par un mouvement ressemblant, selon l'expression d'Huber, à une espèce de
ruade. C'est cette goutte sucrée qui constitue le lait des
fourmis, et nous verrons tout à l'heure les manœuvres
qu'elles emploient pour se la faire octroyer. La plupart
des pucerons portent aussi, à l'extrémité de l'abdomen,
deux espèces de cornes d'où sort, à certains intervalles,
une gouttelette d'une liqueur particulière et visqueuse.
La plupart des observateurs avaient cru voir dans cette
matière le principal, sinon l'unique nectar recherché par
les fourmis, mais les études plus précises du Dr Forel
ont démontré que leur véritable aliment consiste dans les
déjections anales des Aphidiens, et que si elles lèchent
parfois le liquide qui s'échappe des appendices abdominaux, c'est à titre accessoire et accidentel.

Les gallinsectes, qui appartiennent, ainsi que les pucerons, à l'ordre des hémiptères, offrent, comme leur nom
l'indique, l'apparence de petites galles ou d'excroissances
végétales, due à la forme de leur carapace et à la manière dont elle est appliquée et, pour ainsi dire, soudée
à la surface du tronc ou de la feuille qui les nourrit. Ces
gallinsectes ou Coccides sucent également la sève des
plantes, et rejettent aussi par l'anus un résidu sucré que
les fourmis recueillent avec délices.

Voilà donc deux catégories d'animaux domestiques utilisés par les fourmis dans une large mesure, et qui représentent chez elles les chèvres et les vaches de nos
métairies. Mais, de même qu'il y a vache et vache, il y
a puceron et puceron, et la variété en est encore plus
grande que chez la race bovine, de sorte que les fourmis
n'ont, à cet égard, que l'embarras du choix. Il est vrai
que tous ne leur présenteraient pas les mêmes conditions
d'utilité, et que nos petits pasteurs savent discerner les
espèces les plus appropriées à leur taille, à leurs habitudes et à leur genre de vie. Le gros bétail est préféré
par les fourmis d'une certaine stature; les races naines

1

cupe, c'est le puceron qui offre lui-même son lait, sur le désir manifesté par les solliciteuses.

Quand une fourmi éprouve le besoin de boire, elle choisit son puceron et lui fait comprendre, en lui touchant délicatement l'abdomen par des mouvements très vifs et alternatifs de ses deux antennes, qu'il ait à lui servir son repas. Le puceron aussitôt fait sortir la gouttelette désirée, et la fourmi, après l'avoir absorbée, va recommencer le même manège auprès d'une autre vache laitière, puis d'une troisième et ainsi de suite, jusqu'à ce qu'elle soit rassasiée. Il est rare que les pucerons refusent le nectar réclamé, et ce cas n'arrive guère que lorsqu'ils sont épuisés par des sollicitations trop fréquentes ; il leur faut alors un certain temps de repos pour pouvoir se prêter à une nouvelle traite. On a remarqué que la sortie du liquide sucré ne se fait pas de la même manière quand il est offert aux fourmis ou quand il est rejeté naturellement. Dans le premier cas, la goutte est présentée délicatement, tandis que, dans le second, elle est expulsée par un mouvement brusque et projetée assez loin sur les feuilles environnantes.

Il est probable que la visite des fourmis doit être agréable aux pucerons, et que ce n'est pas seulement par soumission et par obéissance qu'ils se prêtent ainsi aux désirs de ces dernières. Cependant il est bien difficile de se prononcer à cet égard, et surtout de se rendre compte de la nature de la satisfaction qu'ils peuvent retirer de leurs rapports avec elles. Darwin, ayant essayé d'imiter les caresses antennales, en chatouillant très légèrement des pucerons de l'oseille avec un cheveu fin, n'obtint aucun résultat, tandis qu'une fourmi, qui vint immédiatement après, fut au contraire pleinement satisfaite. Le grand naturaliste n'avait probablement pas su faire vibrer la corde sensible, et le puceron était resté sourd à ses sollicitations.

Si toutes les fourmis se bornaient à aller traire leur

bétail sur place, sans faire à son égard acte de propriétaires et de maîtres attentifs, elles ne mériteraient pas le nom de peuple pasteur que leur a donné Huber. Aussi, là ne se bornent pas leurs relations avec leurs vaches laitières, et beaucoup d'entre elles construisent, comme je l'ai déjà dit, des étables pour renfermer ces animaux précieux et s'en réserver complètement les produits. Mais l'internement des pucerons n'est pas aussi aisé à réaliser qu'on pourrait se le figurer tout d'abord. S'il ne se fût agi que de les prendre un à un pour les transporter dans l'une des cases de la fourmilière convertie en étable, la chose eût été facile; mais comment nourrir celles de ces bestioles qui sucent la sève des plantes vivantes, en se fixant aux feuilles ou aux jeunes rameaux plus ou moins élevés. Il semblait y avoir, sous ce rapport, incompatibilité absolue entre le logis souterrain des fourmis et la demeure aérienne nécessaire aux pucerons. Le problème a été cependant résolu par nos intelligents pasteurs, experts à tourner les difficultés. Si un arbuste à pucerons existe à côté de la fourmilière, les architectes construisent le long de sa tige des galeries maçonnées, enfermant complètement les pucerons et communiquant par la base avec l'habitation souterraine. C'est ainsi qu'agissent souvent certains *Lasius* et la plupart des *Myrmica*. Le couloir de maçonnerie est-il insuffisant? on élargit son extrémité supérieure en forme de case ou de pavillon, et voilà une maison suspendue, pouvant contenir une nombreuse famille, et se trouvant tout à fait à l'abri des dangers du dehors. Ce logement aérien sera même utilisé pour procurer aux larves, à certaines heures du jour, une température plus chaude que celle de l'intérieur du nid, et ainsi les peines des travailleurs recevront un double salaire. Dans le cas où aucune plante à pucerons n'existerait dans le voisinage immédiat de la fourmilière, un tunnel ou un chemin couvert va rejoindre l'arbre le plus voisin et se continue par une galerie verticale, surmontée ou non d'un pavillon, comme dans l'exemple précédent. Parfois même les fourmis se contentent d'entourer leurs animaux préférés d'une case aérienne, sans galerie de communication avec le sol, et munie à sa base d'une petite ouverture pour l'entrée et la sortie des propriétaires. Ces pavillons, isolés ou non, placés souvent à vingt ou trente centimètres au-dessus du sol, sont ordinairement traversés par la tige de la plante qui les supporte, et les feuilles voisines sont utilisées pour en constituer la charpente.

Les pavillons ne sont pas l'œuvre exclusive des fourmis maçonnes, et d'autres espèces en construisent aussi par des procédés différents. Ainsi le *Cremastogaster lineolata*, des États-Unis d'Amérique, qui sait, comme beaucoup de ses congénères, fabriquer une sorte de carton végétal, établit également des gîtes aériens pour ses pucerons. L'un de ces pavillons, observé par M. W. Trelease, renfermait un nombreux troupeau et se composait de petits fragments de bois, de feuilles, de mousses et d'autres débris, le tout agglutiné au moyen d'une sécrétion spéciale. L'extérieur de l'édifice présentait une surface rugueuse et irrégulière, l'intérieur au contraire était lisse et doux au toucher. Ce pavillon était construit à un mètre du sol, autour d'une tige d'*Andromeda ligustrina*, et une petite ouverture ronde avait été ménagée à chaque extrémité pour en permettre l'accès aux fourmis.

Le *Lasius brunneus*, qui creuse ses galeries dans les troncs d'arbres, a adopté pour son usage de gros pucerons vivant sur l'écorce de sa demeure, et qu'il lui suffit d'enfermer sur place dans des loges formées de débris végétaux, pour les avoir constamment à sa disposition. Il a le plus grand soin de ses troupeaux et, dès que leur sécurité est menacée, on le voit se hâter de les transporter ou de les conduire à l'abri du danger. Mais ces pucerons ont une énorme trompe, souvent enfoncée pro-

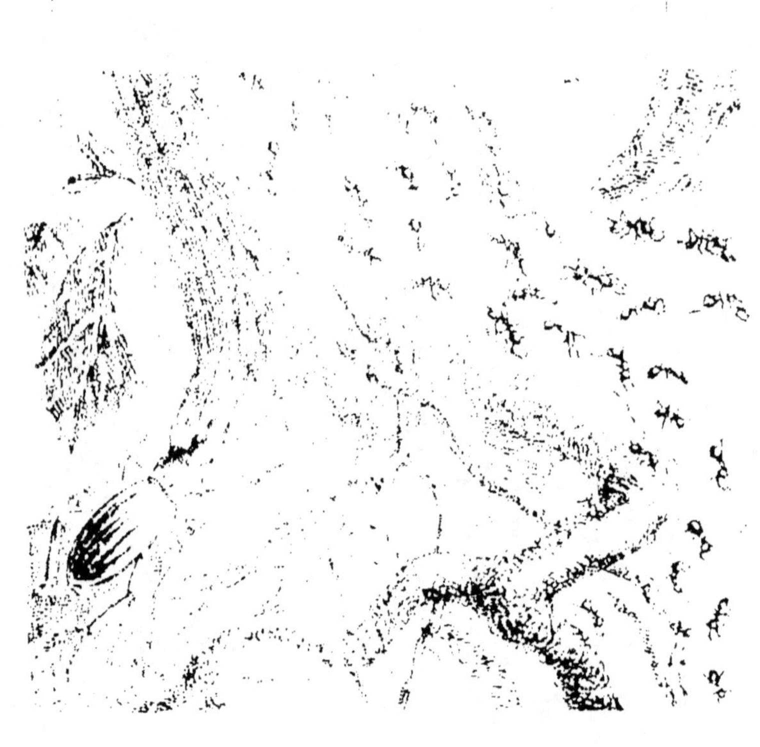

car leurs instincts casaniers se seraient mal accommodés
d'une vacherie éloignée de leur demeure. Heureusement
il existe des pucerons qui, pendant toute une partie de
leur vie, s'attachent aux racines, à l'intérieur du sol, et
c'est parmi cette population radicicole qu'ils choisissent
leur bétail ordinaire. Creusant des canaux à droite et à
gauche, les mineurs ont bientôt rencontré quelques-uns
de ces habitants des ténèbres. Ils s'en emparent et, si
la racine qui les nourrit est trop éloignée du centre de
la fourmilière, ils les transportent délicatement sur celles
qui traversent directement leurs galeries. Là, les pucerons trouvant à la fois la table et le logement, prospèrent
et assurent ainsi à leurs propriétaires le liquide alimentaire qui leur est indispensable.

Les étables construites par les *Lasius* jaunes sont donc
en général fort simples et beaucoup moins élégantes que
les pavillons aériens dont nous avons parlé tout à l'heure.
Mais si, comme architectes, ces fourmis sont inférieures
à leurs congénères, elles paraissent les dépasser beaucoup
sous le rapport de la conduite intelligente et de la prévoyance vraiment merveilleuse dont elles font preuve à
l'égard de leur petit bétail.

« Elles avaient, dit Huber, grand soin des pucerons,
et ne leur faisaient jamais de mal : ceux-ci ne paraissaient point les craindre ; ils se laissaient transporter
d'une place à une autre, et lorsqu'ils étaient déposés, ils
demeuraient dans l'endroit choisi par leurs gardiennes.
Lorsque les fourmis voulaient les déplacer, elles commençaient par les caresser avec leurs antennes, comme
pour les engager à abandonner leurs racines ou à retirer
leur trompe de la cavité dans laquelle elle était insé-
rée ; ensuite elles les prenaient doucement par-dessus ou
par-dessous le ventre avec leurs dents, et les emportaient
avec le même soin qu'elles auraient donné aux larves
de leur espèce. J'ai vu la même fourmi prendre successivement trois pucerons plus gros qu'elle, et les trans-

baient aux véritables possesseurs, et souvent ceux-ci
s'en emparaient tour à tour ; car les fourmis connaissent
tout le prix de ces petits animaux, qui semblent leur être
destinés, c'est leur trésor ; une fourmilière est plus ou
moins riche selon qu'elle a plus ou moins de pucerons. »

Mais ce n'est pas seulement aux pucerons eux-mêmes,
pouvant leur procurer un bénéfice immédiat, que les
Lasius flavus prodiguent leurs soins ; les œufs et les
pupes de ces êtres aimés sont aussi l'objet de leur sollicitude, et ils les lèchent, les nettoient et les transportent
d'un lieu dans un autre, comme s'il s'agissait de leurs
propres enfants.

Lubbock cite à ce sujet un fait extrêmement remarquable, qui démontre jusqu'à quel point peut aller l'instinct de prévoyance chez certaines fourmis.

Il plaça un jour à proximité de l'un des nids de *Lasius
flavus* qu'il conservait chez lui pour servir à ses expériences, quelques-uns de ces petits œufs noirs qu'il savait être l'objet des soins attentifs des fourmis. Ces dernières, en effet, se hâtèrent de les transporter dans
l'intérieur de leur habitation, où ils passèrent l'hiver.
En mars de l'année suivante les petits pucerons éclorent
et « je pensai naturellement, dit Lubbock, qu'ils de-
vaient appartenir à l'une des espèces de pucerons que
l'on trouve habituellement sur les racines, dans les
fourmilières de *Lasius flavus*. Aussi fus-je très surpris
que ces petits êtres n'aspirassent qu'à être hors du nid,
et ils furent parfois portés dehors par les fourmis elles-
mêmes. En vain je les mis sur des racines de grami·
nées, etc. ; ils errèrent autour d'une façon inusitée, et
finalement moururent. D'ailleurs, ils ne ressemblaient en
rien aux espèces souterraines. En 1878, j'essayai de nouveau d'élever ces jeunes pucerons, mais bien que j'eusse
fait éclore un grand nombre d'œufs, je ne réussis point.
En 1879 je fus plus heureux. Les œufs commencèrent à
éclore la première semaine de mars. Près d'un de mes

nids de *Lasius flavus*, où j'avais placé quelques-uns des œufs en question, était un verre contenant des pieds vivants de diverses espèces de plantes que l'on trouve d'ordinaire autour de leurs fourmilières. Quelques-uns des jeunes pucerons y furent transportés par les fourmis. Peu après, sur des pieds de pâquerette, je vis, dans l'aisselle des feuilles, quelques petits pucerons ressemblant tout à fait à ceux de ma fourmilière, quoique je ne les eusse point suivis d'une façon régulière. Ils semblaient bien portants, et restaient fixés sur cette pâquerette. Au surplus, qu'ils fussent ou non issus des œufs noirs, les fourmis en faisaient grand cas, car elles construisirent un mur de terre autour d'eux et au-dessus. Les choses restèrent en cet état tout l'été; mais le 9 octobre, je vis que les pucerons avaient pondu quelques œufs tout à fait pareils à ceux que j'avais trouvés dans mes fourmilières; en cherchant sur les pieds de pâquerette des environs, je trouvai des pucerons semblables, et les mêmes œufs en nombre plus ou moins considérable. »

Cette observation, des plus intéressantes au point de vue de l'étendue des conceptions qu'elle laisse supposer chez un chétif insecte, nous démontre en outre que si les *Lasius flavus* demandent surtout leur subsistance aux pucerons radicicoles, ils savent aussi à l'occasion employer les services de ceux qui vivent à l'air libre, et les abriter par des cloisons maçonnées, bien que ce genre de construction ne rentre pas dans leurs habitudes ordinaires.

M. Jules Lichtenstein, naturaliste bien connu par ses remarquables études sur la vie évolutive des pucerons, rapporte un nouveau fait qui concorde en certains points avec celui révélé par Sir John Lubbock :

« Quand, vers les premiers jours de juillet, dit-il, on arrache quelques touffes de graminées (*Setaria viridis*, *Set. verticillata*), on trouve à peu près une plante sur dix aux racines de laquelle s'est fixé un gros puceron ailé, à abdomen vert, avec une grande tache discoïdale et des points sur les côtés de couleur noire. C'est le *Schizo-neura venusta*, Passerini. Ce puceron est un *pseudogyne émigrant* qui arrive je ne sais d'où et se pose au collet de la plante; là, faible, incapable de se frayer une route souterraine, il attend quelque ami pour l'aider à atteindre les racines où il doit déposer sa progéniture. Il n'attend pas longtemps : la première fourmi qui passe, s'arrête, l'examine et court avertir ses compagnes. Bientôt une demi douzaine de fourmis arrivent et commencent par lacérer les ailes de l'aphidien pour qu'il ne s'échappe pas; en même temps elles creusent, avec une rapidité inouïe, une descente facile, un petit tuyau, dans lequel s'engage le *Schizoneura*, et qui le conduit droit à une radicelle sur laquelle il se fixe. Autour de lui un petit réduit est aussitôt pratiqué par ses intelligentes protectrices, qui l'entourent de soins et en sont récompensées par les sucs que le puceron et sa progéniture vont leur fournir. Tous les pucerons de cette phase ont les ailes arrachées. J'ai déjà fait anciennement la remarque qu'un autre Homoptère vivant avec les fourmis (*Tettigometra parviceps*) est traité de même et se voit privé de ses ailes dans les fourmilières.

« Mais, si les pucerons émigrants et arrivant aux racines sont aidés puissamment par les fourmis, au détriment de leurs ailes, la phase pupifère, c'est-à-dire celle qui abandonne les racines pour rapporter aux arbres les sexués, leur doit encore bien plus de reconnaissance. Ce sont les fourmis encore qui, quand les pucerons souterrains prennent des ailes, leur ouvrent une voie pour arriver à l'extérieur.

« C'est le hasard qui m'en a fourni la preuve. Quand je trouve la racine d'une plante garnie de pucerons, je la mets dans un vase avec de la terre pour attendre le développement des ailés. Comme la majeure partie des insectes est ensevelie sous la terre, j'ai ordinairement trois ou quatre éclosions provenant des nymphes qui se

sont trouvées à la surface. Or, récemment, dans un vase
où j'avais mis des racines de marguerite, toutes garnies
de pucerons, je fus étonné de voir, un beau matin,
une trentaine d'ailés. Avec les pucerons j'avais introduit
dans le vase une cinquantaine de fourmis, et ces travailleuses s'étaient mises à l'œuvre et avaient criblé la
terre de nombreuses ouvertures. Ces ouvertures com-
muniquaient toutes aux points des racines où se trouvaient les pucerons, et chaque fois qu'une nymphe
prenait des ailes, elle trouvait une issue toute prête
pour s'échapper et s'envoler dans les airs. Ici les fourmis n'arrachaient plus les ailes. Ces fourmis protectrices me paraissent appartenir au genre *Lasius* et à l'espèce *fuliginosus.* »

En faisant la part de l'intérêt personnel que peuvent
avoir les fourmis dans le percement des galeries souterraines dont profitent les pucerons, le fait ci-dessus signalé
n'en est pas moins très remarquable, si l'on porte son
attention sur la différence de traitement subi par les
aphidiens dans les deux cas. Pour ceux capables de
fournir à leurs protectrices la liqueur sucrée qu'elles
recherchent, on les constitue prisonniers, en leur arrachant les ailes afin de prévenir toute tentative d'évasion
et de s'assurer leurs services. Mais, quand il s'agit des
individus reproducteurs, destinés à fonder de nouvelles
colonies, et qui ont besoin, pour remplir leur mission
propagatrice, de revenir à l'air libre et de déposer sur
les arbres le germe de futures générations, les fourmis
se gardent bien de les retenir, mais leur facilitent, au
contraire, les moyens d'accomplir leur tâche, afin de se
ménager pour l'avenir une facile recrue d'animaux domestiques.

D'après une communication de M. Nottebohm, de Carls-
ruhe, rapportée par Büchner, et dont la sincérité paraît
incontestable, l'importation du bétail ne serait pas étrangère aux fourmis, et elles sauraient fort bien, à l'occa-

sion, repeupler les arbres voisins de leurs colonies de pucerons, pour les avoir toujours à leur portée. De deux jeunes frênes plantés dans le jardin de l'observateur, l'un prospérait admirablement, tandis que l'autre, envahi par une armée de pucerons, depérissait à vue d'œil. Pour remédier à cet état de choses, le propriétaire se mit, au mois de mars suivant, à débarrasser consciencieusement les feuilles et les jeunes pousses de la légion malfaisante, et l'arbre revint à la santé, en donnant une végétation plus vigoureuse. Mais cette hécatombe ne faisait pas l'affaire des fourmis, obligées maintenant à faire de longs trajets pour se procurer le breuvage nourricier, et elles résolurent de faire cesser cette déplorable situation. Un beau matin, tandis que M. Nottebohm admirait avec satisfaction la belle venue de ses arbres, il aperçut une colonne de fourmis allant et venant sur le tronc du frêne récemment nettoyé. S'étant approché, il surprit les envahisseuses occupées à repeupler leur arbre d'une nouvelle colonie de pucerons, qu'elles apportaient un à un avec une si infatigable activité que déjà les feuilles et les bourgeons en étaient presque aussi garnis qu'auparavant. Quelques semaines plus tard les parasites couvraient de nouveau toutes les parties tendres, et les fourmis jouissaient de leur triomphe, au grand désappointement du propriétaire qui n'eut d'autre consolation que celle de livrer à la publicité une nouvelle preuve de l'industrie de ces sagaces mais parfois désagréables bestioles.

En dehors des pucerons et des coccides, il est encore d'autres insectes qui paraissent procurer aux fourmis un liquide alimentaire. De ce nombre sont certaines larves d'homoptères qu'on rencontre souvent dans les fourmilières ou qui sont recherchées par leurs habitants sur les végétaux voisins. Dans nos climats tempérés, où les pucerons abondent, ces larves n'ont qu'une importance secondaire pour les fourmis, mais, dans l'Amérique du Nord,

où les pucerons sont beaucoup plus rares, ces animaux
paraissent être remplacés complètement par les larves de
Cercopides et surtout de Membracides, qui, au contraire,
y sont fort abondantes. Beske, Swainson et d'autres ont
parlé des relations des fourmis avec ces homoptères, et
Lund affirme qu'au Brésil leurs rapports avec ces insectes sont tout à fait analogues à ceux des fourmis
d'Europe avec les pucerons. On les voit de même caresser
de leurs antennes les jeunes cicadelles, qui répondent à
ces avances en faisant sortir de leur abdomen une gouttelette sucrée, aussitôt avalée par la solliciteuse. En retour les fourmis rendraient à leurs pourvoyeuses certains services, et l'auteur que je viens de citer prétend
qu'elles les aident, dans leurs mues, à se débarrasser de
leur ancienne peau.

La chenille d'un papillon appartenant au genre *Lycæna*,
et vivant aux États-Unis sur la *Cimifuga racemosa*, porte,
sur les derniers segments abdominaux, deux ou trois
paires de petits boutons saillants, munis d'une ouverture
centrale et laissant exsuder de temps à autre une gouttelette d'un liquide particulier. Guenée avait déjà reconnu,
chez la larve d'une autre espèce de *Lycæna*, l'existence
de ces curieux organes excréteurs, mais il n'avait pu en
déterminer l'usage. Le Rév. Mac Cook a surpris, à différentes reprises, la *Formica fusca* occupée à lécher ces
petites excroissances, et, bien qu'il n'ait pu assister à la
sortie de la goutte alimentaire, il était impossible de se
méprendre sur le but intéressé des caresses de la fourmi.
Celle-ci frappait rapidement la chenille de ses antennes,
de la même manière que s'il se fût agi d'un puceron, et
ces sollicitations multipliées avaient évidemment pour
motif de demander à la larve une ration de nectar. Il
est probable que ces chenilles de lépidoptères peuvent
émettre leur sécrétion à volonté, mais comme il ne
s'agit pas ici d'un liquide excrémentiel, on se demande
de quelle utilité peut être pour l'animal l'existence de

ces organes glandulaires et de leur produit si apprécié des fourmis.

Dans le chapitre suivant, qui se relie intimement à celui-ci, nous verrons encore d'autres exemples d'insectes paraissant émettre une liqueur particulière recherchée par les fourmis.

XI

COMMENSAUX ET PARASITES

Beaucoup d'insectes appartenant à divers ordres, mais surtout à celui des coléoptères, se rencontrent fréquemment dans les fourmilières. Les uns y vivent constamment, ne se montrent jamais ailleurs, et paraissent être, de la part de leurs hôtes, l'objet de certaines attentions. D'autres, au contraire, ne s'y voient qu'accidentellement, et leur genre de vie n'est pas intimement lié à leur séjour chez les fourmis. En ce qui concerne les premiers, on est bien

obligé d'admettre que leur présence procure à leurs hôtes
un certain avantage, car autrement on ne s'expliquerait
pas la tendresse des fourmis à leur égard. Mais quelle est
la nature des services rendus par ces animaux domestiques? C'est ce qu'il est fort difficile de définir, d'autant
plus que tous n'ont certainement pas la même destination. Plusieurs naturalistes, et notamment Müller et Lespès,
ont remarqué que de petits coléoptères aveugles, bien
connus, les *Claviger*, et des staphylins d'aspect particulier, les *Lomechusa*, sont traités avec beaucoup d'égards
par les fourmis, qui les caressent et les nourrissent
comme leurs propres enfants. Or, ces insectes portent, à
l'extrémité des élytres ou de l'abdomen, de petites touffes
de poils paraissant enduits d'une liqueur sucrée que les
fourmis lèchent avec délices, et c'est probablement là le
secret de leur tendresse pour ces petits compagnons.
D'autres myrmécophiles, en se nourrissant des détritus
de toutes sortes qui s'accumulent dans les fourmilières,
peuvent avoir une mission d'assainissement ou de nettoyage, et constituer une corporation de balayeurs, dont
le rôle obscur mais utile leur vaut les bons égards de
leurs hôtes. A défaut de documents précis, les hypothèses
les plus diverses peuvent être émises sur les fonctions
de ces nombreux locataires, et il est même possible de
considérer, avec Lubbock, certains d'entre eux comme de
simples animaux d'agrément, tels que nos petits chiens
ou nos perroquets; mais il est prudent de ne pas laisser
trop libre carrière à ces suppositions un peu hasardées.

Un fait beaucoup moins contestable c'est que le plus
grand nombre de ces habitants des fourmilières appartient
au monde des commensaux ou des parasites, gens oisifs,
vivant aux dépens d'autrui et abusant de l'hospitalité qui
leur est offerte, pour s'attaquer aux biens sinon à la personne des maîtres du logis. Les uns, plus réservés, se contentent de partager le repas de leurs hôtes ou de ronger
les débris végétaux qui entrent dans la composition des

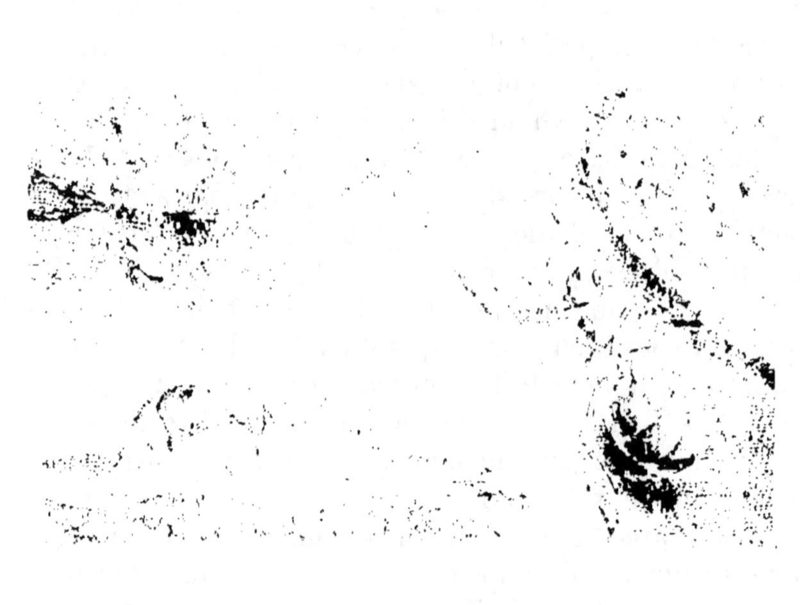

hôtes, la perspicacité des fourmis se trouverait mise en
défaut d'une façon bien grossière et, pour des êtres aussi
intelligents, une pareille supposition parait inadmissible.
Ces carnassiers joueraient-ils, au contraire, chez elles, le
rôle de nos chats, en débarrassant la maison de certains
parasites désagréables, sans s'attaquer jamais à la famille
de leurs maitres? Cette hypothèse, plus conciliable avec
la mansuétude des fourmis à leur égard, a l'inconvénient
d'attribuer à ces *chats* modèles un discernement et une
réserve auxquels les nôtres ne nous ont pas habitués. On
comprend difficilement, en effet, comment ces amateurs
de chair fraîche s'en tiendraient à un gibier de second
ordre, quand ils ont sous la main de jeunes larves dodues
et succulentes qu'ils ne ménageraient certainement pas
en toute autre occasion. Aussi, au risque de blesser
l'amour-propre des fourmis, je crois plutôt qu'en cette
circonstance leur instinct est en défaut, et qu'elles abritent
des traîtres qui payent leurs bienfaits par la plus noire
ingratitude et arrivent à tromper leur surveillance en
s'emparant de leurs petits pour les égorger.

Si, comme je l'ai dit, les Coléoptères représentent la
majeure partie des hôtes des fourmilières, ils n'en
forment pas le personnel exclusif, et la plupart des
autres ordres d'insectes s'y trouvent aussi représentés.
Quelques Hémiptères (*Myrmedobia*, *Microphysa*, etc.) sont
les commensaux assidus des fourmis; il en est de même
d'un Orthoptère (*Myrmecophila acervorum*), de plusieurs
Hyménoptères et Diptères parasites, et d'un Thysanoure
(*Atelura formicaria*). En dehors même des insectes proprement dits, on rencontre encore, dans les fourmilières,
des Arachnides et un petit crustacé blanc voisin des Cloportes, le *Platyarthrus Hoffmanseggi*, qui est assez commun dans les nids de plusieurs espèces de fourmis.

Une Myrmicide du Brésil, nommée par Lund *Myrmica
typhlops*, aurait aussi avec les cloportes des rapports particuliers, mais qui n'ont pu être définis. « Un jour, dit

Lund, je rencontrai plusieurs colonnes de ces fourmis, composées d'individus dont la plupart marchaient dans une même direction et les autres en sens contraire. Comme celles-ci me parurent avoir un port singulier et une démarche beaucoup plus lourde que les autres, je me mis à les regarder de plus près pour m'éclairer sur la cause de ce phénomène. Je vis alors, à ma grande surprise, que la largeur apparente de ces individus venait de ce que chacun d'eux portait suspendu à son ventre un cloporte qui, de son côté, s'y soutenait en se tenant accroché à la fourmi, ventre contre ventre. Le cloporte étant plus large que la fourmi, cette dernière était obligée, en marchant, d'écarter ses pattes du corps, ce qui gênait beaucoup ses mouvements et lui donnait un aspect fort singulier. »

Enfin, sans rappeler ces alliances particulières, constituant les fourmilières mixtes dont l'histoire a fait l'objet d'un précédent chapitre, je dois signaler certains cas de commensalisme ou de parasitisme entre fourmis de différentes espèces.

Le plus connu de ces commensaux est le *Formicoxenus nitidulus*, petite fourmi rougeâtre qui habite exclusivement les nids des *Formica rufa* et *pratensis*. On ne sait absolument rien de la nature des rapports qu'elle peut avoir avec ses hôtes, sinon qu'elle vit avec eux en très bonne intelligence. A-t-elle même dans la fourmilière des appartements séparés, ou cohabite-t-elle tout à fait avec les fourmis fauves ; c'est un point qui n'a pas encore été éclairci. Son existence paraît toutefois être indépendante, et on n'a jamais constaté que les propriétaires du nid lui fournissent autre chose que le logement.

Une espèce fort rare, habitant la Finlande et le Danemark, le *Tomognathus sublævis*, dont les mœurs sont tout à fait inconnues, vit en parasite dans les nids de *Leptothorax acervorum* et *muscorum*.

Le *Solenopsis fugax*, très petite fourmi jaune, assez

abondante dans toute l'Europe, creuse souvent ses galeries dans l'épaisseur des cloisons du nid d'autres espèces
plus grandes, et ce genre d'habitation l'assimile, en
quelque sorte, aux souris qui peuplent les crevasses de
nos murailles. Moins innoffensifs que ces dernières, dont
les attaques s'adressent à nos provisions sans menacer
nos personnes, les *Solenopsis* paraissent en vouloir surtout aux enfants de leurs voisins, qu'ils enlèvent sans
pitié pour en faire leur nourriture. Ils réalisent ainsi
ces monstres fantastiques dont certaines mères impru-
dentes menacent leurs bébés, et qui seraient, à leur dire,
toujours cachés dans quelque coin et prêts à dévorer les
petits désobéissants. Prompte à se retirer dans son re-
paire, la petite fourmi-ogre échapperait à la vengeance
des nourrices, grâce à l'étroitesse de ses galeries, inaccessibles aux fourmis de plus forte taille. Ce serait assurément là le cas de recourir aux services des staphylins-
chats dont j'ai parlé tout à l'heure, et peut-être obtiennent-
ils le pardon de quelques méfaits en se rendant utiles
de cette manière.

La fourmi agricole d'Amérique (*Pogonomyrmex barbatus*) dont il sera question dans le chapitre suivant, vit
aussi familièrement avec quelques locataires qui s'installent souvent dans un coin de son domaine, sans opposition de sa part.

L'un deux est une petite fourmi rouge (*Iridomyrmex
Mac Cooki*) signalée par Mac Cook comme vivant en bonne
intelligence avec les propriétaires du nid dont elle emprunte une partie pour y établir son habitation personnelle. On la voit se promener en longues files sur les
feuilles et les tiges d'*Aristida* garnissant la surface de la
fourmilière; mais son genre de vie est ignoré et on ne
sait pas non plus pourquoi elle se met ainsi sous la
protection des *Pogonomyrmex* qui la regardent avec indifférence, sans paraître d'ailleurs avoir à souffrir de sa
présence.

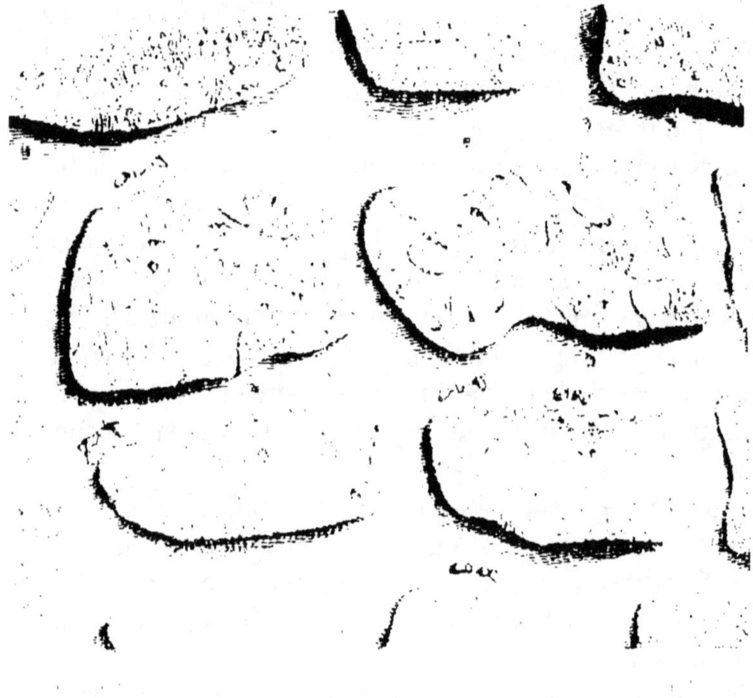

coup à ce que leur terrain soit parfaitement nivelé, souffrent de cet état de choses, mais, au lieu de se fâcher et de déclarer la guerre aux indiscrets, voici le singulier moyen qu'elles emploient pour se débarrasser de ces colonies importunes. Le fait est rapporté par Mac Cook, d'après les observations de Lincecum, et c'est un curieux exemple de procédés vexatoires substitués à la violence.

Lors donc que les empiètements des petites fourmis noires ont dépassé toute mesure et lassé la patience du *barbatus*, il tient conseil, et leur expulsion est décidée à l'unanimité. Alors, sans démonstrations hostiles, sans colère, une forte escouade d'ouvrières se répand dans la campagne et y recueille une quantité de ces petits grains noirs rejetés par les vers de terre et qui sont très abondants à la surface du sol. Chargées de ces singuliers matériaux, les travailleuses viennent les déposer dans la cour envahie, puis retournent à la recherche d'une nouvelle provision de boulettes. Bientôt cet amoncellement de granules forme une épaisse couche noire sur l'espace occupé par les erratiques, et les ouvrières ont soin d'en entasser une plus grande quantité sur les ouvertures de leurs nids. Ainsi ensevelis sous cette avalanche de grains noirs, les *Dorymyrmex* essayent de se frayer un passage et de s'opposer au blocus de leurs demeures, mais la grêle de boulettes tombe toujours et bientôt la situation n'est plus tenable. Les petits envahisseurs se décident alors à déménager avec armes et bagages, et les *Pogonomyrmex* rentrent ainsi, sans coup férir, en possession de leur domaine usurpé. Si, ajoute Mac Cook, les fourmis pouvaient, comme nous, exprimer leur joie ironique par des contractions musculaires, on les verrait sans doute rire aux éclats de la réussite de leur stratagème et de la déconvenue des indiscrets, obligés de quitter la place pour avoir abusé de l'hospitalité gratuite qui leur était accordée.

de leurs voisins, les attaquèrent audacieusement. Dès qu'une occidentale essayait de passer, une erratique s'élançait sur elle à l'improviste, sans se préocuper de la disproportion de ses forces comparées à celles de son adversaire. Devant cet assaut imprévu l'occidentale s'arrêtait, se dressait sur ses pattes, la tête haute et les antennes en avant, comme pour se mettre en garde ; elle ouvrait ses formidables crocs et prenait une pose tout à fait menaçante. Mais, sans se déconcerter, l'erratique s'accrochait à l'une des pattes du géant, qui, par une vigoureuse secousse, faisait rouler à terre son imprudente ennemie et continuait sa route. Bientôt une nouvelle guerrière se mettait de la partie, puis une seconde et une troisième, de sorte qu'en un clin d'œil le corps de l'occidentale était couvert d'assaillantes, s'attachant à ses pattes, grimpant sur son dos, ou saisissant ses antennes. L'assiégée essayait bien de mordre ou de piquer ses agresseurs, et parvenait quelquefois à en mettre un ou deux hors de combat ; mais le flot se renouvelait et bientôt les deux partis ne formaient plus qu'une boule rouge et noire de corps entrelacés et de membres agités. La victoire restait cependant au *Pogono-myrmex* qui se retirait à distance respectueuse, peignant ses poils échevelés, et finalement cherchait un autre passage pour éviter une nouvelle lutte avec ses trop irascibles voisines.

. Le lendemain matin, Mac Cook vit les occidentales occupées à se frayer un nouveau chemin à quelques pouces du terrain disputé. Ce qui démontre hautement leur indulgence envers les *Dorymyrmex,* c'est que le tracé de cette nouvelle route leur occasionna certainement dix fois plus de peines que n'en aurait demandé la destruction complète de la petite famille d'erratiques installée sur leurs terres. Toutefois la magnanimité dont firent preuve en cette occasion. les occidentales, ne les empêcha pas plus tard d'user de représailles envers

leurs désagréables locataires, et d'employer à leur égard
le procédé d'ensevelissement signalé plus haut à propos
du *barbatus*, mais avec une variante dans l'exécution.
N'ayant probablement pas à sa disposition les boulettes
noires dont fait usage la fourmi du Texas, celle du
Colorado se servit des déblais retirés d'un souterrain
nouvellement creusé, mais le résultat fut le même, et
les erratiques, enterrées sous les décombres, durent abandonner la place.

Je terminerai ce chapitre par quelques mots sur les
parasites personnels des fourmis, c'est-à-dire sur les
animaux qui vivent à l'intérieur ou à la surface de leur
corps. La première catégorie comprend les vers intes-
tinaux, dont je ne ferai que signaler l'existence, pour
démontrer qu'il n'est pas si petite créature dont les voies
digestives ne soient parfois envahies par ces habitants
des ténèbres. En ce qui concerne les parasites externes,
je me bornerai à de sommaires explications sur les puces
ou plutôt les poux des fourmis.

En examinant l'intérieur d'un nid, on peut voir fréquemment des acariens de différentes sortes circuler
librement au milieu des fourmis, qui ne leur font aucun
mal, ou se tenir attachés à diverses parties de leur corps.
Ces buveurs de sang vivent aux dépens de leurs hôtes, de
la même façon que cette vermine qui envahit la personne auguste du roi de la création, quand il se désin-
téresse par trop de certains soins hygiéniques.

Si les parasites ne sont pas trop nombreux, ce qui
arrive en général dans l'état de nature, les fourmis ne
paraissent pas souffrir sensiblement de leurs attaques,
et leur santé n'en semble pas altérée. Il n'en est plus de
même quand, sous l'influence de conditions particulières
ou anormales, et notamment chez les fourmis conservées
en captivité, les acariens arrivent à se multiplier outre
mesure. Ils deviennent alors un véritable fléau, qui dé-
cime la population, et contre l'invasion duquel les mal-

heureuses bêtes paraissent être impuissantes à réagir. Leur bouche et leurs antennes surtout peuvent être littéralement couvertes de ces mites, et, comme si elles avaient conscience de l'inutilité de leurs efforts, elles n'essayent même pas de faire lâcher prise à ces suceurs impitoyables, qui les épuisent et échappent par leur petitesse à la juste vengeance de leurs victimes.

Que les fourmis soient incapables de se débarrasser elles-mêmes de cette engeance meurtrière, on ne peut s'en étonner ; mais on comprend moins comment ces insectes, habitués à se rendre des services réciproques, à se lécher et à se nettoyer l'un l'autre, ne cherchent pas à s'entr'aider mutuellement et à se liguer contre ces parasites qu'ils auraient bientôt exterminés, s'ils voulaient s'en donner la peine. La résignation dont les fourmis font preuve individuellement s'accompagne, dans cette circonstance, d'une grande indifférence à l'égard de leurs amies, qu'elles laissent mourir sans secours, quand il leur serait si facile de les tirer d'embarras. Il est probable que la raison de cette incurie vient de l'innocuité ordinaire des acariens à l'état normal, d'où il suit que les fourmis, habituées à les supporter sans inconvénient, ne savent pas modifier leur conduite quand, dans un cas fortuit, la multiplication de ces suceurs les expose à un danger qu'elles n'ont pas prévu.

Mac Cook raconte que les nids artificiels de fourmis à miel (*Myrmecocystus melliger*) qu'il avait établi chez lui pour compléter leur étude ont été envahis par une véritable épidémie de parasites. Ses pensionnaires tombaient une à une, sans que les survivantes eussent la force ou la volonté d'emporter au cimetière les cadavres de leurs compagnes, et en peu de jours l'impitoyable fléau détruisit, à son grand regret, le peuple laborieux dont il suivait la conduite avec un si grand intérêt.

Il est probable que les acariens des fourmilières sont de différentes sortes, et que la même espèce ne s'attaque

pas indifféremment à toutes les fourmis. La même chose
se passe pour les vertébrés, et, en ce qui nous concerne
personnellement, nous avons la satisfaction, peu enviable
peut-être, de posséder des parasites spéciaux qui s'égarent
rarement sur le corps d'autres mammifères. Il est toutefois difficile de croire que chaque fourmi ait son acarus
particulier, et on peut supposer à ces derniers une certaine latitude dans le choix de leurs hôtes, chez lesquels
ils s'installent selon le hasard des circonstances. Gardons-nous cependant de rien affirmer, et attendons que
des observations précises nous aient renseignés sur ce
point comme sur tant d'autres encore obscurs.

XII

Bien avant qu'aucun naturaliste se soit avisé d'étudier
sérieusement les mœurs des fourmis, elles étaient déjà
célèbres dans les traditions populaires par leur économie,
leur prévoyance et le soin qu'elles apportaient, disait-
on, à recueillir des graines pour la saison d'hiver. Ces

croyances ont trouvé leur écho chez tous les anciens
auteurs, et le nombre est grand de ceux qui ont célébré
ou mentionné les greniers d'abondance de la fourmi. En
se reportant au court exposé historique par où débute
ce livre, on verra que les anciens étaient unanimes sous
ce rapport, et que la célébrité des fourmis comme ac-
capareuses de graines était proverbiale.

Un des plus anciens livres de législation juive, la
Mischna, a même traité la question au point de vue pratique, et a essayé de résoudre un chef de contestation
soulevé fréquemment, paraît-il, entre deux propriétaires
voisins, dont l'un était pillé par les fourmis qui transportaient son grain dans leurs greniers établis sur
l'autre héritage. Le propriétaire du champ ainsi mois-
sonné avait-il le droit de revendiquer son bien, ou
devait-il s'incliner devant le fait accompli? Cette dernière solution, conforme au principe encore écrit
dans nos codes, fut adopté après de longues hésitations,
et peut-être la considérerions-nous comme équitable, si
l'on n'avait omis de mettre en cause une tierce personne
ayant cependant quelque intérêt à présenter ses récla-
mations. Je veux parler de la fourmi, qu'on dépouillait
ainsi de son trésor sans aucune forme de procès. On
m'objectera sans doute que c'était là du bien volé, ne
devant pas profiter au spoliateur. Mais, à ce compte,
nos lois égoïstes ne permettant pas à la fourmi de devenir propriétaire d'une portion de terrain si faible
qu'elle soit, de quelle façon honnête pourrait-elle se
procurer le grain qui lui est nécessaire? Je soumets à
la sagacité de nos jurisconsultes cette question de droit
animal.

La vieille réputation de prévoyance des fourmis ne
s'est pas affaiblie chez les modernes jusqu'au jour où
Swammerdam, Buffon, Gould, Latreille, Huber et autres
entreprirent de renverser cet échafaudage séculaire, en
affirmant tout à coup que les fourmis n'amassaient pas

de provisions, et qu'il fallait faire table rase de toutes les
anciennes croyances à cet égard. Émanant de savants
autorisés, cette nouvelle doctrine fit école et la fourmi
fut déchue de son antique réputation de sagesse et
d'économie. Elle n'en continua pas moins son travail
obscur et persévérant, sans se plaindre et sans interjeter
appel de la décision des maîtres, espérant bien que
l'avenir lui rendrait justice. La lumière se fit en effet,
éclatante, irrécusable, et les écrits de Sykes, Lespès,
Moggridge, Buckley, Lincecum, Mac Cook, Treat, etc.,
vengèrent la fourmi des injustices de ses détracteurs,
en entourant son nom d'une auréole plus brillante que
jamais.

Hâtons-nous toutefois d'ajouter, à la décharge des
vaincus, que l'erreur où étaient tombés ces grands naturalistes avait pour origine une généralisation trop
absolue des faits observés par eux. Ils avaient eu le tort
d'assimiler les mœurs des espèces habitant les pays
chauds aux habitudes reconnues par eux chez les fourmis
des régions froides ou tempérées, seul théâtre de leurs
observations. En effet, dans les contrées où les hivers
sont rigoureux, les fourmis, s'engourdissant pendant la
saison froide, ne font pas de provisions, qui leur seraient
inutiles, mais, dans les climats où le soleil est moins
avare de ses rayons, il existe un grand nombre d'espèces
moissonneuses ou agricoles, et c'est à l'étude des mœurs
de quelques-unes d'entre elles que nous consacrerons ce
chapitre.

Les *Aphænogaster barbara* et *structor* sont les plus
importantes parmi les fourmis moissonneuses d'Europe.
Elles habitent toutes deux notre pays ; seulement, tandis
que la *structor* remonte jusqu'à Paris, la *barbara* ne se
rencontre guère que dans nos départements méridionaux, bien qu'on l'ait observée exceptionnellement en
Bretagne, dont le climat, comme on le sait, est plus
doux que celui de la France moyenne. Ces deux espèces,

d'ailleurs très voisines, présentent de notables différences
entre la taille des divers individus d'une même fourmilière. Les plus grandes ouvrières (surtout chez la
barbara) atteignent jusqu'à 12 millimètres, et sont
pourvues d'une énorme tête carrée; les autres descendent à un minimum de trois ou quatre millimètres, et
leur tête plus ovale n'offre pas la même disproportion
avec le reste de leur corps. Toutes les transitions existent
entre ces extrêmes, et on ne peut reconnaître dans leurs
sociétés des castes nettement tranchées comme on
en constate chez d'autres fourmis.

Le régime de ces insectes est assez varié et ils s'ac-
commodent indifféremment de substances végétales ou
animales. Toutefois leur nourriture principale paraît
consister en graines de différentes sortes, qu'ils concas-
sent entre leurs fortes mandibules et dont ils lèchent
ensuite les sucs intérieurs. C'est la récolte de ces graines
qui constitue leur industrie particulière. Nous en devons
la connaissance sommaire à Lespès, et Moggridge l'a étudiée avec plus de détails pendant le séjour qu'il fit à
Menton, où le retenait la cruelle maladie qui devait
l'emporter.

Quand l'été sur son déclin a flétri la fleur et mûri le
fruit qu'elle abritait, il a donné, en même temps, le signal de l'activité à l'armée des moissonneuses, qui s'occupent alors à remplir leurs greniers. Depuis l'entrée du
nid jusqu'à une distance de plusieurs mètres, on peut
voir une double colonne de travailleuses, les unes rentrant à leur demeure chargées de provisions, les autres
se dirigeant du côté de la campagne. Suivons-les à la
piste et assistons d'abord à la récolte des graines. Si la
moisson est mûre et si les grains jonchent le sol, les
fourmis se livrent à un simple glanage, et tout leur travail se réduit au transport des provisions recueillies. Le
grain est-il encore attenant à son enveloppe, mais prêt
à s'échapper, la cueillette en est facile et n'exige pas

grand effort. Mais ce n'est pas toujours cette besogne aisée qui séduit la fourmi, et on la voit souvent négliger le grain plus mûr dont la récolte ménageait ses peines, pour diriger ses vues sur une capsule ou une silique encore vertes, dont il lui faut couper le pédoncule pour s'emparer du fruit tout entier. C'est alors que se révèle son véritable talent de moissonneuse. Elle saisit, dit Moggridge, avec ses fortes mandibules, l'épi ou la capsule convoitée, puis, tournant autour du pédoncule, en s'arcboutant sur ses pattes postérieures, elle le tord violemment, jusqu'à ce que sa rupture amène le détachement de la sommité, qu'elle descend alors, non sans peine, jusqu'au bas de la tige, et qu'elle transporte ensuite à la fourmilière. Parfois deux fourmis allient leurs efforts, et, tandis que l'une ronge le pédoncule, l'autre l'arrache, par un mouvement de torsion, comme précédemment. Si la capsule est trop lourde ou trop volumineuse, l'ouvrière, au lieu de la descendre, la laisse tomber du haut de la tige, et vient ensuite la reprendre pour l'emporter jusqu'au nid. Il arrive aussi que les moissonneuses se partagent la besogne. Pendant que les unes grimpent sur les plantes et en détachent les graines, qu'elles laissent tomber à terre, d'autres ramassent la moisson et se chargent de son transport. Si le trajet est long, la première escouade de porteuses n'en effectue qu'une partie et dépose son fardeau dans quelque coin abrité, sous une pierre ou au pied d'une plante à larges feuilles, par exemple. Une seconde escouade opère le transport jusqu'à un nouveau relai, puis une troisième ou même une quatrième arrive à l'entrée de la fourmilière, où de nouvelles travailleuses reçoivent la récolte et la descendent dans les souterrains.

Là, tout n'est pas encore fini. Il faut maintenant trier, éplucher, classer ces matériaux divers, débarrasser les grains de leurs enveloppes, et les emmagasiner définitivement. Un nouveau groupe d'ouvrières est occupé

ficilement, sans doute à cause de leur volume et du
peu de prise qu'offrait à leurs mandibules la surface
polie de ces sphères. Après quelques essais, la méprise
fut reconnue, et les perles fallacieuses restèrent sur le
terrain, en n'inspirant plus aux fourmis qu'une indifférence visible.

La nature des récoltes est très variée, et un grand
nombre de semences végétales paraissent convenir aux
moissonneuses. Toutefois, c'est surtout à nos céréales
qu'elles s'adressent, quand il s'en trouve à leur portée,
et la raison de ce choix paraît résider dans la plus grande
quantité de matières alimentaires qu'elles renferment.
Aussi, le voisinage des *Aphœnogaster* est parfois redouté
du cultivateur, et on a vu plus haut que leurs déprédations pouvaient acquérir assez d'importance, au moins
dans certains pays, pour engendrer des procès entre propriétaires voisins.

Les cases destinées à recevoir les récoltes de grains
diffèrent de celles servant à l'habitation des fourmis, par
leur surface intérieure plus unie et plus cimentée, sans
doute pour éviter l'accès de l'humidité préjudiciable à
la conservation des vivres. Ces greniers souterrains varient de forme et de grandeur, et leur nombre est en
raison directe de l'étendue de la fourmilière. Dans les
pays plus méridionaux, et notamment en Palestine, où
abondent les *Aphœnogaster*, leurs nids paraissent atteindre des proportions beaucoup plus considérables que
chez nous, et l'importance de leurs récoltes devient un
véritable fléau pour le laboureur.

Privées par nos lois barbares de toute espèce de préro-
gatives, j'excuse volontiers les fourmis quand elles se
persuadent que leur droit à l'existence, qu'elles tiennent
du Créateur, implique celui de se procurer les moyens
de la soutenir. En bonne conscience, je ne saurais leur
en vouloir lorsque, au prix de mille efforts, elles ont
rempli leurs greniers de la précieuse semence empruntée

à nos cultures. Le dur travail de la moisson leur constitue, en quelque sorte, un droit de propriété légitime, et je n'aurais pas le courage de leur faire restituer ce grain si péniblement amassé.

Mais où cesse mon indulgence, c'est quand, remplaçant le travail honnête par le vol ou le maraudage, elles vont dévaliser leurs voisins ou piller nos propres réserves. Il arrive fréquemment qu'une tribu, en quête de provisions, attaque une famille laborieuse qui a déjà rentré sa moisson, pour lui voler le fruit de ses efforts et s'éviter ainsi la peine d'une récolte difficile. La lutte est alors sanglante et peut se prolonger de longs jours, car la fourmilière envahie ne se laisse pas dépouiller sans résistance et défend grain à grain ses précieuses réserves. Moggridge a vu des fourmis, privées de l'abdomen et d'une partie du thorax, serrer énergiquement, dans leurs mandibules crispées, le grain qu'un agresseur voulait leur ravir, et essayer encore, avec les deux ou trois pattes qui leur restaient, de fuir en le dérobant aux atteintes du vainqueur. Parfois les graines, enlevées et transportées dans le nid des pillards, étaient reprises par leurs propriétaires, puis reconquises à nouveau par les assiégeants, jusqu'à ce que la victoire restât définitivement à l'un des partis, qui alors vidait complètement à son profit les greniers de l'adversaire. Une semblable lutte entre deux fourmilières d'*Aph. barbara* dura pendant un mois et demi, pour se terminer à l'avantage des premiers envahisseurs.

Nos magasins de graines ne sont pas mieux respectés par les bandes fourrageuses; seulement, vis-à-vis de nous la tactique des fourmis est différente. Se rendant bien compte qu'elles n'arriveraient pas à leurs fins en employant la force ouverte, elles ont recours à la ruse, et creusent des souterrains pour faire communiquer leurs repaires avec le sol de nos greniers à blé. De la sorte les voleuses peuvent impunément, et sans crainte d'être surprises, opérer le déménagement d'une portion plus ou moins considérable de nos réserves alimentaires. D'autres fois, leurs rapines sont plus discrètes et ne s'exercent qu'aux dépens des graines perdues, ou tombées de quelque sac d'avoine ou de froment. C'est ainsi que Moggridge découvrit à Menton une fourmilière d'*Aph. structor* commodément installée à la porte d'un grènetier, et s'occupant à ramasser les graines éparpillées sur le sol. Une autre avait pour objectif les grains de millet que des oiseaux en cage laissaient tomber dans la rue.

De quelque façon qu'elle ait été obtenue, la récolte est rentrée, nettoyée et emmagasinée dans les caves. Mais comment ces semences ainsi enterrées seront-elles soustraites à l'action germinatrice du sol humide, qui les détruirait, en les transformant en tiges et en racines, et en réduisant à néant tout l'espoir des fourmis? C'est un problème que ces petits êtres ont évidemment résolu, mais nous ne connaissons pas bien encore le moyen qu'ils emploient pour y arriver. Une chose certaine c'est que les graines n'ont pas perdu la faculté de germer, car si on les retire des cases qui les renferment pour les semer dans un endroit propice, elles se développent rapidement. D'autre part, les observations de Mac Cook sur les graines récoltées par la fourmi agricole, dont je parlerai tout à l'heure, lui ont démontré l'intégrité absolue des semences emmagasinées. Je crois donc, avec ce dernier, que le secret des fourmis consiste simplement à maintenir la sécheresse dans les greniers, et peut-être ce résultat est-il obtenu par un tassage et un cimentage fréquemment renouvelés des parois internes de ces cases. Ainsi s'expliquerait ce fait observé par Moggridge, que si on interdit aux fourmis l'entrée de leurs greniers, les semences germent très rapidement, tandis qu'elles se maintiennent en bon état quand elles sont fréquemment visitées par leurs propriétaires.

D'après le même auteur, lorsque les fourmis veulent employer les graines à leur nourriture, elles cessent d'en empêcher la germination; mais, dès que celle-ci a commencé et que la radicule s'est développée, elles en coupent l'extrémité pour éviter une trop prompte altération des substances alimentaires, font ensuite sécher le grain au soleil, puis l'emmagasinent à nouveau dans les cases souterraines. Le même procédé de séchage est employé s'il arrive que les semences soient mouillées par la pluie.

Le résultat de la germination étant, comme on le sait, de transformer en sucre les matières amylacées, on comprend la gourmandise des *Aphœnogaster* pour les graines germées, et le soin qu'ils prennent de laisser l'humidité accomplir son œuvre, quand le moment est venu de se servir des provisions accumulées. Pourtant, les fourmis agricoles d'Amérique n'agissent pas ainsi, et s'opposent constamment au ramollissement de leurs graines, qu'elles consomment à l'état sec et avant toute transformation des matières féculentes.

Il ne faudrait pas croire cependant que, dans ce cas comme dans l'autre, les fourmis fussent capables de se nourrir d'aliments solides, dont l'usage leur est, au contraire, tout à fait interdit par la structure de leur bouche. Mais leurs mandibules, courtes et actionnées par des muscles puissants, leur permettent de concasser les graines, puis ensuite de gratter, avec le bord tranchant ou légèrement denté de ces mêmes organes, la substance féculente mise à nu. Les parcelles ainsi détachées, et plus ou moins mélangées aux sucs végétaux naturels ou transformés, forment une sorte de mucilage qui est happé et léché par la langue, et introduit dans les voies digestives avec l'aide des palpes et des lèvres.

Le repas achevé, il reste une certaine quantité de résidus dont les fourmis ont soin de débarrasser leur habitation, en les transportant au dehors, où ils viennent

grossir les amas extérieurs de détritus dont j'ai déjà
parlé.

Büchner rapporte, d'après Horne, que la *Pseudomyrma
rufonigra*, assez abondante dans l'Inde, fait aussi des provisions de grains. « Dans les environs de Mainpuri, une
très longue file de ces animaux, dit-il, traînant des semences, indiqua à M. Horne la route d'un nid souterrain
à cinq ou six issues, et placé au milieu d'un terrain de
dix-huit pouces de diamètre, terrain solide, nivelé, tenu
dans un grand état de propreté comme celui d'une aire.
Plus de treize routes, parfaitement aplanies et sarclées,
rayonnaient de ce point dans diverses directions; et tout
autour, à la distance de trente à quarante aunes, on pouvait suivre de l'œil les sinuosités du terrain jusqu'à ce
qu'elles allassent se perdre dans l'herbe. De gros tas
de déchets, consistant principalement en glumes, cap-
sules, etc., de grain, étaient accumulés dans le voisinage
du nid, mais on avait eu soin de les reléguer de côté.
Dans les temps de disette, au dire des indigènes, ces nids
sont mis au pillage, et les tas de déchets eux-mêmes,
mélangés d'un peu de grain, servent d'aliments. »

Le *Pogonomyrmex crudelis* de la Floride, dont les nids
souterrains sont surmontés d'un cône tronqué et évasé
en forme de cratère, est aussi une fourmi moissonneuse,
étudiée par Mss Treat, qui a consigné la relation de
ses mœurs dans un petit recueil fort intéressant. Les
habitudes de ce *Pogonomyrmex* sont tout à fait celles
des *Aphænogaster*. Comme eux, il moissonne sa récolte,
en détachant l'épi de sa tige et en l'emportant à la
maison pour en extraire les graines. Ces dernières sont
aussi conservées, préparées et employées de la même
façon, de sorte que je me dispenserai de décrire ses procédés, qui diffèrent trop peu de ceux de nos *Aphænogaster* pour qu'il soit nécessaire d'y insister.

Une autre espèce de *Pogonomyrmex*, le *P. occidentalis*,
du Colorado et du Nouveau-Mexique, dont j'ai déjà parlé

à propos du curieux revêtement de pierres qui protège ses monticules coniques, habite les terrains plats ou les prairies des plateaux. Une aire défrichée sur une longueur d'un mètre environ entoure le tertre, mais on n'y voit pas déboucher de routes rayonnantes comme en établissent d'autres fourmis du même genre. L'inutilité de ces voies est démontrée par la nature particulière de la végétation environnante qui, croissant par touffes, laisse entre ces différents bouquets des intervalles suffisants pour la libre circulation des voyageuses. L'aménagement intérieur du nid, creusé à peu près en entier dans le sous-sol et n'occupant presque jamais la coupole qui le surmonte, est, comme toujours, un assemblage de chambres souvent de grandes dimensions, et séparées par des cloisons d'une épaisseur considérable. Parmi ces chambres, les unes servent de nourriceries, les autres d'entrepôts pour les matériaux de construction. Des greniers d'abondance en assez grand nombre sont installés dans des cases spéciales, et là se trouvent accumulées des quantités considérables de graines destinées à assurer la subsistance des propriétaires pendant la saison d'hiver. Les enveloppes de ces graines et les résidus des repas sont entassés aux abords du nid, où ils forment des amas particuliers, analogues à ceux déposés par les *Aphænogaster*. D'autres débris végétaux, tels que brins d'herbe, fragments de feuilles, tiges de graminées, sont aussi récoltés par les *Pogonomyrmex*, mais leur emploi n'a pas été déterminé d'une façon certaine. Peut-être servent-ils de charpente pour soutenir certaines parties de l'édifice? Cette supposition parait corroborée par l'usage que les fourmis font de ces poutrelles pour supporter les moellons servant de portes, comme je l'ai expliqué ailleurs; mais il est possible que ces matériaux aient aussi une autre destination.

Le mode de récolte des graines a une grande analogie avec celui pratiqué par les *Aphænogaster*. Comme ces derniers, les *Pogonomyrmex* vont en longues colonnes dans la prairie environnante, et grimpant sur les plantes appartenant surtout à la famille des Composées, ils choisissent de préférence les fleurs déjà flétries. On voit alors les moissonneuses arracher les pétales, puis en détacher les graines adhérentes à leur base, et emporter leur récolte à la fourmilière. Mac Cook a étudié leurs procédés sur une tête de tournesol sauvage qu'il avait placée près de leur nid. Les fourmis commençaient par abaisser, au moyen de leurs pattes antérieures, les pétales desséchés, et en les maintenant dans cette position, elles les détachaient du disque, en en tiraillant et incisant la base avec leurs mandibules. Cette première opération achevée, elles dégageaient le grain des parties inutiles et l'emmagasinaient dans les greniers.

Il existe un grand nombre d'autres fourmis granivores, dont le régime est connu, mais qui n'ont pas donné lieu à des études aussi suivies que les précédentes. Tels sont les *Pheidole*, les *Holcomyrmex* exotiques, et d'autres encore. Certaines espèces qui, dans nos climats, ne font pas de provisions, deviennent plus prévoyantes en s'avançant vers l'équateur, et c'est ainsi que j'ai constaté, d'après de sérieuses indications, que le *Tetramorium cæspitum*, dont les fourmilières, si répandues chez nous, ne renferment pas de graines, établit en Algérie des greniers bien approvisionnés.

Toutes les fourmis que je viens d'énumérer ne sont que des glaneuses ou des moissonneuses; il me reste maintenant à parler de la véritable fourmi agricole, qui, non seulement récolte son grain, mais encore cultive son champ, le soigne et l'entretient, comme pourrait le faire le laboureur le plus consciencieux. Cet insecte américain appartient encore au genre *Pogonomyrmex*, et nous devons la connaissance de ses mœurs d'abord à Buckley et à Lincecum, puis surtout au Rév. Mac Cook, de Philadelphie, qui n'a pas hésité à faire un voyage au Texas, dans le but unique d'étudier les habitudes de ces curieux agriculteurs.

A.L.Clément.

Le *Pogonomyrmex barbatus* est une fourmi de moyenne taille, et d'une couleur rousse tirant sur le marron. Ses fourmilières, établies dans les plaines herbues du Texas et du Mexique, sont creusées en terre, et leur surface présente, selon les circonstances, deux aspects différents et toujours caractéristiques. Tantôt le sol y est complètement dénudé, sans trace de végétation, sur un espace circulaire pouvant atteindre jusqu'à trois à quatre mètres de diamètre. Tantôt cette surface est couverte, sur une étendue plus ou moins grande de sa périphérie, d'une seule espèce de graminée, l'*Aristida oligantha*, appelée vulgairement *riz de fourmi* ou *herbe à aiguilles*, à cause des barbes rigides et acérées qui défendent ses fruits. Dans l'un et l'autre cas, ces fourmilières se distinguent facilement au milieu de la végétation puissante et variée du sol environnant, et présentent l'apparence soit d'une coupe en miniature pratiquée dans une forêt lilliputienne, soit d'un champ cultivé au milieu de terres en friche.

Des bords de ce disque, nu ou couvert de végétation, partent des chemins défrichés sur une largeur de six à douze centimètres à leur origine, et dont la longueur ordinaire de vingt mètres peut quelquefois atteindre cent mètres d'après les observations de Lincecum. Ces routes, au nombre de trois ou quatre et plus rarement de six ou sept, rayonnent dans différentes directions et desservent, comme on le voit, un périmètre fort étendu autour de la fourmilière. Elles sont sillonnées par des colonnes de fourmis, les unes allant à la moisson, les autres rapportant le grain recueilli.

Mais revenons à la surface du nid, et rendons-nous compte, avec Mac Cook, du travail effectué par les habitants pour lui donner son aspect particulier. Le disque dénudé est, ainsi que les routes, dépouillé de toute végétation et soigneusement maintenu dans cet état par les fourmis. Le procédé employé pour y arriver est celui déjà décrit pour l'établissement des chemins frayés, et qui consiste à scier ou à couper, au ras du sol, toutes les herbes qu'il s'agit de faire disparaître. C'est un travail long et pénible, quand il s'effectue sur une grande surface et surtout quand il est pratiqué à travers une véritable forêt vierge de plantes vigoureuses et entrelacées. Mais les petits bûcherons varient leurs procédés et se prêtent réciproquement main forte en cas de besoin. Pendant qu'une ouvrière scie le brin d'herbe à sa base, une autre monte jusqu'au sommet et, combinant l'action du levier avec celle de la hache ou de la scie, elle achève, par le poids de son corps, de briser la tige déjà entamée par les dents de sa compagne. L'abatage effectué, le terrain est consciencieusement déblayé, et le service des cantonniers bien établi, pour lui conserver l'apparence de netteté et de propreté nécessaire à la facilité des communications.

En ce qui concerne la culture exclusive de l'herbe à aiguilles à la surface d'un grand nombre de nids, il y a quelques divergences entre les explications fournies par les observateurs. Lincecum prétendait que les graines d'*Aristida oligantha* étaient semées intentionnellement par les fourmis sur le sol de leur demeure. Mac Cook ne veut pas, avec raison, je crois, accorder aux *Pogonomyrmex* des talents agricoles aussi développés, et pense que ces insectes se bornent à épargner cette plante dans leur œuvre de défrichement, et à la laisser croître librement, tandis qu'ils suppriment toutes les autres sans exception. Il est certain que l'herbe à aiguilles est l'une des graminées croissant naturellement dans la contrée, et qu'en conséquence elle doit se trouver au nombre des plantes qui garnissaient primitivement le sol où a été établie la fourmilière. L'explication de Mac Cook est donc très judicieuse et doit être acceptée jusqu'à ce que l'ensemencement intentionnel soit prouvé par de nouvelles et irréfutables observations.

dans leur alimentation. Nous devons croire que les fourmis ont de bonnes raisons pour se maintenir dans leur choix exclusif; mais leurs secrètes pensées étant impénétrables pour nous, il faut nous résigner à attendre du hasard la révélation du mot de l'énigme.

En dehors de leurs remarquables dispositions pour l'agriculture, les *Pogonomyrmex barbatus* ne sont que des fourmis glaneuses et ne savent pas, comme les *Aphœnogaster* et autres, moissonner l'épi et le rapporter à la maison pour en extraire le contenu. Ils se contentent de rechercher les graines tombées à terre après leur maturité, et l'étendue de leurs possessions territoriales leur permet de se contenter de ce mode sommaire d'approvisionnement.

Au milieu du disque dénudé ou cultivé qui marque la place de toute fourmilière se trouve l'entrée des appartements intérieurs. Cette ouverture, le plus souvent unique, rarement double ou triple, est située tantôt au niveau du sol, tantôt au sommet d'un cône évasé en forme de cratère, ou au milieu d'un monticule plus ou moins déprimé. A trente ou trente-cinq centimètres de profondeur se voient les greniers destinés à renfermer les provisions de semences. Celles-ci sont empilées les unes sur les autres et atteignent presque la hauteur des voûtes. Des corridors étroits sont ménagés tout autour, contre les murailles, pour la libre circulation des fourmis. Dans l'une des fourmilières ouvertes par Mac Cook, un grand nombre de magasins renfermaient des graines enduites d'une matière visqueuse qui les faisait adhérer au plancher et leur donnait un aspect luisant. Était-ce une altération provenant d'un fait accidentel? c'est ce que l'éminent naturaliste n'a pu décider.

Contrairement à la méthode employée par les *Aphœnogaster*, le *Pogonomyrmex barbatus* ne fait pas germer ses graines avant de s'en nourrir, et jamais ses nids ne renferment de semences altérées ou privées de radicule. Sa manière de manger est d'ailleurs semblable à celle qui a déjà été indiquée, mais sa tâche est plus laborieuse, à cause de la dureté des grains non ramollis par la fermentation.

XIII

Les insectes auxquels ce chapitre est consacré appartiennent au genre *Atta* et sont exclusivement américains. On les rencontre depuis le Brésil jusqu'aux États-Unis, mais les espèces les plus remarquables s'éloignent peu de la région des tropiques, et c'est sur elles qu'ont porté la plupart des observations des voyageurs. Celles dont les mœurs sont le mieux connues paraissent être les *A. cephalotes* et *fervens*, la première du Brésil, la seconde du Mexique et du Texas.

Ces *Atta* sont des fourmis très variables de taille, et présentant dans leurs colonies plusieurs castes d'ouvrières fort distinctes. Les individus les plus grands, ou *soldats*, atteignent douze à quatorze millimètres de

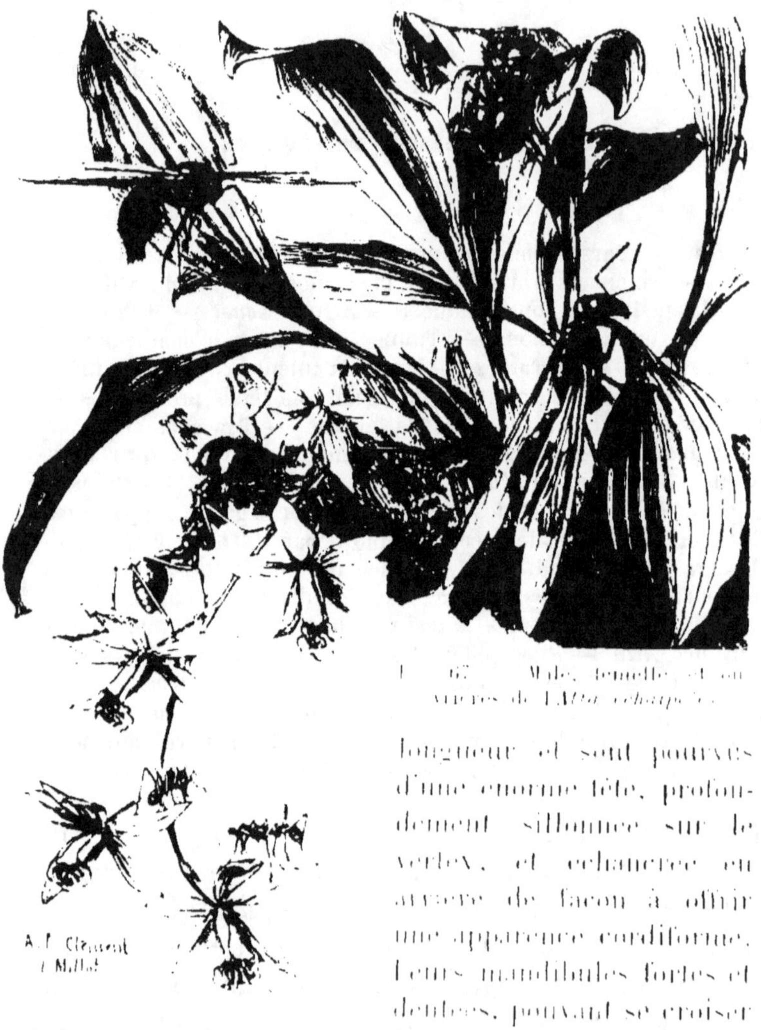

Fig. 67. — Mâle, femelle et ouvrières de l'*Atta cephalotes*.

longueur et sont pourvus d'une énorme tête, profondément sillonnée sur le vertex, et échancrée en arrière de façon à offrir une apparence cordiforme. Leurs mandibules fortes et dentées, pouvant se croiser à l'extrémité, et les nombreuses épines dont leur corps est hérissé donnent à ces insectes un aspect formidable que ne justifient pas leurs habitudes peu agressives. Les autres castes de neutres présentent, avec une taille de moins en moins grande et qui peut descendre jusqu'à trois millimètres, une conformation analogue à celle des soldats, mais leur tête tend à reprendre des proportions normales et plus en rapport avec le volume de leur corps. Les mâles et surtout les femelles sont énormes et peuvent compter au nombre des plus grosses fourmis connues.

La célébrité dont jouissent les *Atta* en Amérique leur a valu, de la part des naturels, un certain nombre de noms rappelant telles ou telles de leurs habitudes. On les appelle *fourmis de visite, fourmis du manioc, fourmis coupeuses, fourmis à parasol, saüba*, etc. Plusieurs naturalistes, parmi lesquels je citerai Lund, Wallace, Bates, Belt et Mac Cook, nous ont donné un récit plus ou moins détaillé de leur genre de vie, et c'est d'après leurs relations que j'exposerai l'histoire abrégée de ces curieuses fourmis.

Les nids de l'*Atta fervens*, étudiés par Mac Cook au Texas, présentent, en général, une surface dénudée à dessein au milieu de l'herbe environnante, et mesurant environ trois mètres de long sur deux de large. Cette aire défrichée est parsemée de vingt à trente petits monticules de forme variée et munis d'une ouverture centrale servant de porte d'entrée. La disposition intérieure du nid offre un vaste réseau de chambres et de couloirs, dont les dimensions dépassent ce qu'on pourrait attendre de la taille de leurs architectes. Certaines chambres ou hangars sont, au dire de Mac Cook, aussi grandes que la cave d'une petite maison, et peuvent mesurer quatre mètres de large sur cinq de profondeur. De nombreux tunnels, creusés parfois à deux mètres au-dessous de la surface du sol, et d'une longueur considérable, font communiquer le nid avec les lieux que les fourmis ont intérêt à visiter. Les *Atta* voyagent ainsi à couvert et à de grandes distances, traversant même les rivières, au moyen de canaux pratiqués sous leur lit. Dans leurs voyages sou-

terrains elles ne connaissent d'autres obstacles que ceux
que peut leur opposer la nature rocheuse du sous-sol,
leurs dents étant impuissantes à s'attaquer à la pierre
dure et l'usage de la poudre de mine leur étant encore
inconnu. L'un de ces tunnels, que Mac Cook put suivre
dans tout son parcours, n'avait pas moins de deux cent
vingt-cinq mètres de long, et venait aboutir entre les
racines d'un arbre planté au milieu de la cour d'une
maison, à Austin, maison récemment mise au pillage par
les *Atta*.

Sans avoir étudié la géométrie, les fourmis connaissent
parfaitement les avantages de la ligne droite, et elles
n'ont garde d'oublier ses précieuses propriétés quand
elles dirigent leurs mines vers un but déterminé. Elles
n'ignorent pas que les sinuosités du couloir augmente-
raient notablement la longueur de leur tâche, et, par une
sage économie de temps et de peines, elles évitent avec
soin tout travail inutile. Il faut une raison majeure, telle
que l'existence d'un obstacle infranchissable, pour les
décider à se départir de la ligne mathématique qu'elles
ont tracée sur leur plan idéal. Si les fourmis pouvaient
nous faire connaître le procédé qu'elles emploient pour
diriger ainsi leurs mines souterraines, sans boussole et
sans sondages préalables, elles rendraient peut-être service à nos ingénieurs qui, ce me semble, seraient fort
embarrassés en pareille circonstance.

Toujours dans le même dessein d'économiser leur
temps et leur travail, les architectes greffent parfois, sur
le parcours d'un tunnel existant, un ou plusieurs em-
branchements, pour atteindre un verger à exploiter ou
un dépôt de manioc à visiter.

Les fourmis coupeuses fuient les ardeurs du soleil, et
pendant les heures chaudes du jour elles se retirent
dans leurs souterrains, dont elles barricadent les entrées,
de sorte que leur nid prend alors l'apparence d'une fourmilière abandonnée. Mais sur le soir un grand mouve-

ment se manifeste; les portes sont enlevées et la foule innombrable des habitants se précipite hors des ouvertures. J'ai expliqué, à propos de la division du travail, comment les plus petites ouvrières d'abord, puis successivement celles de plus forte taille, dégagent les entrées, et je ne reviendrai pas sur cette manœuvre. J'ajouterai seulement que les matériaux de clôture sont soigneusement déposés à côté des portes, et que leur destination spéciale résulte de l'emploi constant qui est fait des mêmes débris de feuilles ou de brindilles, pour recouvrir et dissimuler les issues, lors de la rentrée des fourmis dans leur demeure.

Ce qui a valu à ces insectes une partie de leur réputation ainsi que les noms de *coupeuses* et de *fourmis à parasol*, c'est l'habitude qu'ont les *Atta* de dépouiller les arbres de leurs feuilles, ou tout au moins d'y découper des rondelles plus ou moins circulaires, qu'elles emportent en les dressant au-dessus de leur tête comme un drapeau ou un parasol. Rien n'est curieux, disent les témoins oculaires, comme ces longues processions de fourmis, qui toutes balancent, en marchant, leur étendard de verdure. D'après Wallace, leur colonne serrée, ondulant au gré des capricieuses inégalités du terrain, semble un énorme serpent vert, rampant sur le sol. Mac Cook compare leur défilé à une procession d'écoliers lilliputiens, s'avançant, un jour de dimanche, avec leurs bannières déployées.

Le même auteur rend compte, avec son exactitude ordinaire, du procédé employé par les *Atta* pour découper les feuilles et effectuer le transport de leur récolte. C'est en fichant des rameaux feuillus de chêne dans le tertre d'un grand nid entourant un tronc d'arbre, qu'il put surprendre les détails de l'opération. La coupeuse, dit-il, saisit la feuille avec ses pattes et pratique, à l'un des bords, une première incision, au moyen de ses mandibules faisant l'office de ciseaux. Elle continue la section

en l'incisant, ou plutôt
qu'elle a faite elle-même dans le sens de
l'incision, et poursuit son travail jusqu'à ce que le morceau
soit détaché du reste de la
feuille. Elle obtient ainsi un
fragment plus ou moins ar-
rondi ou semi-circulaire, dont
la coupe est nette et très régulière. Souvent il arrive que
le morceau, se détachant, entraîne dans sa chute l'ouvrière
qui s'y tenait cramponnée.
D'autres fois, si elle a eu soin
de se soutenir au reste de la
feuille, le fragment découpé
tombe seul, ou même est saisi
par la travailleuse, qui le descend jusqu'à terre et le dépose

au pied de l'arbre. Il s'accumule ainsi un monceau plus ou moins important de rondelles végétales, auxquelles s'ajoutent continuellement de nouvelles provisions. Des porteuses ramassent alors ces matériaux et les transportent jusqu'à la fourmilière, en formant ces curieux cortèges pavoisés dont j'ai parlé tout à l'heure.

Voici, toujours d'après Mac Cook, comment les portefaix chargent leur fardeau pour le transporter plus commodément. Ils saisissent la pièce découpée avec leurs mandibules, et, par un brusque mouvement de tête, la rejettent en arrière, de façon que sa tranche repose au fond du sillon creusé le long de-leur vertex. La rondelle est ainsi soutenue perpendiculairement, en reposant sur le prothorax, et les épines latérales de ce dernier contribuent à empêcher toute déviation. La forme particulière de la tête des *Atta* est donc ici utilisée d'une façon fort ingénieuse, et il est probable qu'une étude patiente et approfondie nous donnerait aussi la raison de bien d'autres singularités de structure, que nous remarquons chez quelques fourmis, sans pouvoir nous en expliquer l'usage.

Mac Cook a constaté que les plus petites castes d'ouvrières ne s'occupaient pas du transport des feuilles, dont le poids aurait excédé leurs forces, et que les *soldats* y prenaient aussi rarement part. Il voyait souvent ces derniers jouer le rôle d'éclaireurs ou de pionniers, en précédant les colonnes en marche, soit à l'aller, soit au retour. Ce sont donc les castes de moyenne taille qui fournissent à la communauté sa corporation de porteurs, et ce sont elles aussi qui se livrent le plus souvent aux travaux d'excavation dans les souterrains. Les fonctions de nourrices paraissent être réservées aux plus petites formes, et les soldats auraient surtout pour mission de protéger la famille contre ses ennemis, et de venir de temps en temps en aide aux travailleurs pour le déplacement ou le charroi des matériaux de fort volume ou de poids inusité.

De l'avis unanime des observateurs qui ont pu les étudier sur place, les *Atta* sont fort intelligentes et ne se laissent pas dérouter par une circonstance imprévue. Entre autres traits faisant honneur à leur sagacité, je rapporterai le suivant, cité par Büchner d'après une communication du docteur Ellendorf.

Aux environs de la petite ville de Rivas, dans le Nicaragua, l'auteur de la note fit la rencontre d'une colonne d'*Atta* chargée de ses étendards, et, dit-il, « Je voulus voir avant tout comment elles agiraient en face d'un obstacle que je dresserais sur leur route. Des deux côtés de leur étroit sentier croissait une herbe drue et haute, à travers laquelle il leur était impossible de s'ouvrir un passage avec leur fardeau sur la tête. Je posai donc en travers du sentier une branche sèche, grosse d'environ un pied, et je l'enfonçai dans le sol assez solidement pour que les fourmis ne pussent passer en dessous. Les premières venues ne manquèrent pas de le tenter. Se glissant sous la branche autant que possible, elles essayèrent ensuite de grimper par-dessus, mais échouèrent dans cette tentative, rendue plus difficile encore par le fardeau qu'elles portaient sur la tête. Sur ces entrefaites, d'autres fourmis non chargées survinrent du côté opposé ; celles-ci réussirent à gravir sur la branche, mais alors se produisit une telle cohue que les fourmis non chargées furent obligées de se laisser glisser sur celles qui l'étaient, et la plus épouvantable confusion s'ensuivit. Faisant quelques pas le long de la colonne, j'aperçus les fourmis porte-étendard rangées en file serrée, attendant les ordres qui leur viendraient de la tête de file. Revenu vers l'obstacle, je vis, à mon grand étonnement, que la colonne avait, sur une longueur de plusieurs pieds, déposé la feuille, chaque fourmi suivant l'exemple de sa voisine. Ensuite et simultanément des deux côtés, on se mit avec acharnement à miner le sol sous la branche, et la besogne allait si rondement qu'au bout d'une demi-heure, à peu près, le tunnel était achevé. Alors chaque fourmi reprit sa charge, et le défilé continua dans le plus grand ordre. »

L'*Atta fervens*, comme on l'a vu, découpe ses feuilles sur place et, sans les cueillir en entier, se contente d'en détacher les morceaux à sa convenance. Toutes les *Atta* ne paraissent pas agir de même, ou du moins peuvent varier leurs procédés de récolte, comme nous l'apprend Lund à propos d'une fourmi du Brésil, qui doit être très probablement l'*Atta cephalotes*.

« Passant, un jour, auprès d'un arbre assez isolé, dit-il, je fus étonné d'entendre, par un temps parfaitement calme, le bruit de feuilles qui tombaient à terre comme de la pluie. En jetant les yeux autour de moi, je m'aperçus bientôt que ces feuilles provenaient de l'arbre auprès duquel je venais de passer. C'était un arbre de la famille des Laurinées, d'une douzaine de pieds de hauteur, à feuilles épaisses, coriacées, qui, en tombant à terre, produisaient un certain bruit; mais ce qui augmentait mon étonnement, c'est que les feuilles qui tombaient avaient leur couleur verte naturelle, et que l'arbre semblait jouir de toute sa vigueur. Je m'en approchai donc, afin de trouver l'explication d'un phénomène si étrange, et alors je vis que sur presque tous les pétioles était posée une fourmi qui travaillait de toutes ses forces pour les couper. En effet, elle en venait bientôt à bout, et la feuille tombait à terre.

Une autre scène se passait au pied de l'arbre; la terre était couverte de fourmis occupées à découper les feuilles, au fur et à mesure qu'elles tombaient, en morceaux portatifs qui étaient immédiatement transportés dans le nid. Les fourmis qui remplissaient ce dernier office formaient déjà un escadron qui, en prenant son origine au pied de l'arbre, traversait à perte de vue la plaine et allait se perdre dans les broussailles. En moins d'une heure le grand œuvre s'était accompli sous mes yeux, et l'arbre ainsi dépouillé ressemblait, pour me servir de l'expression forte et juste de Mlle de Mérian, plutôt à un balai qu'à un arbre. »

Voilà donc, d'après Lund, deux opérations successives auxquelles se livraient les *Atta* : d'abord la cueillette des feuilles entières, puis le découpage subséquent des provisions recueillies. Notre *fervens* du Texas savait mieux économiser son temps, en ne procédant pas à un travail préliminaire inutile, mais peut-être la fourmi brésilienne avait-elle, pour expliquer sa conduite, d'excellentes raisons qui ne nous ont pas été transmises.

Étant donné le nombre des coupeuses, on comprend sans peine l'importance des dégâts qu'elles doivent occasionner dans un verger ou une plantation, et, en effet, leur voisinage est très redouté des jardiniers et des pépiniéristes. Bien que, selon le pays qu'elles habitent, elles paraissent s'attaquer de préférence à certaines essences et surtout aux plantes importées, comme les caféiers, les citronniers, les orangers, il est peu d'arbres qui soient à l'abri de leurs déprédations, et les plantes herbacées aussi bien que les arbustes sont mis par elles à contribution. Heureusement que ces légions dévastatrices sont confinées dans les régions tropicales, où la végétation puissante est habile à réparer ses pertes ; mais, introduites dans nos climats, où la sève a moins de vigueur, elles auraient bientôt dépouillé le pays de toute sa verdure. Rassurons-nous toutefois ; leur domaine est assez vaste pour qu'elles s'en contentent, et nous n'avons pas à craindre de les voir un jour envahir nos froides contrées.

A quoi servent les fragments de feuilles récoltés par les *Atta*? Les opinions les plus diverses ont été émises à ce sujet, mais il était réservé aux patientes recherches de Mac Cook de nous édifier sur leur véritable usage. Ces débris végétaux, transportés en grande quantité dans la fourmilière, y subissent une préparation spéciale, qui les transforme en une matière papyracée, de teinte grise ou brunâtre. Avec ce carton grossier, les fourmis façonnent des gâteaux ou rayons pourvus de cellules hexagonales avant de l'analogie avec celles construites par les abeilles et les guêpes, mais d'une régularité beaucoup moindre. Le diamètre de ces cellules varie de trois à douze millimètres, les plus petites étant les plus nombreuses. Elles sont, en général, habitées par les nourrices qui s'y livrent à l'éducation des jeunes larves, mais peut-être répondent elles encore à d'autres besoins que l'avenir révèlera.

Le régime alimentaire des *Atta* paraît être en grande partie végétal. Les matières féculentes surtout semblent avoir leurs sympathies, si l'on en juge par les expéditions lointaines qu'elles entreprennent, soit à l'air libre, soit au moyen de canaux de communication, pour piller les greniers à blé ou les provisions de farine de manioc conservées dans les habitations. Ces visites domiciliaires, fort désagréables pour ceux qui en sont victimes, ont valu à ces insectes les noms de *fourmis de visite*, *fourmis du manioc*, et ont contribué à leur donner, parmi les naturels ou les colons, la célébrité dont ils jouissent depuis longtemps.

Les invasions, assez fréquemment renouvelées, auxquelles se livrent les *Atta*, ont toujours lieu la nuit, parfois même à l'insu du propriétaire, qui, à son réveil, trouve ses provisions saccagées et ses greniers vides. Les maraudeuses s'attaquent à la plupart des substances alimentaires, s'introduisent dans les armoires et même dans les tiroirs des meubles, pour en piller le contenu. Indépendamment des grains et des farines, elles s'approprient les conserves végétales, le sucre et jusqu'au tabac. On n'aurait jamais pensé que cette plante vénéneuse fût appréciée des fourmis, si un habitant d'Austin n'eût affirmé à Mac Cook qu'il avait dû prendre les plus grandes précautions pour empêcher les *Saüba* de s'emparer de son tabac à chiquer. Je ne cherche pas à deviner l'usage que les *Atta* peuvent faire de ce poison si recherché des mor-

Gels, de peur d'être oblige d'enlever aux sauvages du
Nouveau Monde l'honneur d'en avoir les premiers reconnu
les curieuses propriétés.

Les fourmis dont il vient d'être question appartiennent
à l'Amérique tropicale, mais les États du Nord en nourrissent aussi, quoique leurs mœurs n'aient pas été observées

jusqu'à ces derniers temps. L'une d'elles, l'Atta septentrionalis, vit sur le territoire méridional de l'État de New Jersey,
vers le 40e degré de latitude nord, et sa découverte est
due au Rev. M...... qui s'est porté à MacCook. Ce dernier
n'hésite pas à ranger l'espèce parmi ses collègues, à Ide Heights,
et, bien que peu de temps qui se maintint

constamment à la pluie pendant tout son séjour, il put cependant faire quelques observations intéressantes que je vais résumer.

L'*Atta septentrionalis* semble, pour la taille et les habitudes, être un diminutif de ses congénères tropicales. De même forme et de même couleur que ces dernières, pourvue aussi d'épines analogues, elle vit en sociétés peu populeuses, comprenant deux castes d'ouvrières dont la taille moyenne est respectivement de quatre et de trois millimètres. Son nid en miniature débouche à la surface du sol par une galerie tubulaire, étroite, d'environ deux centimètres et demi de long, descendant sous un angle de 45 degrés, pour aboutir à une première case ou vestibule, d'à peu près quatre centimètres de diamètre et présentant une forme sphérique.

Ce vestibule communique, par une courte galerie, avec une seconde chambre plus vaste, également sphérique, mais moins régulière dans ses contours, et mesurant sept à huit centimètres dans sa plus large étendue. L'intérieur de cette chambre renferme quelques amas de matière fibreuse ou papyracée, fort analogue à celle dont sont composés les rayons de la fourmi coupeuse du Texas. Ce papier végétal, extrêmement friable, n'est pas façonné en cellules, mais se présente sous la forme de boules irrégulières et de dimensions variables quoique toujours assez petites. Quelques-unes de ces masses papyracées reposent contre la paroi inférieure de la case; d'autres sont soutenues par des filaments de racines qui les traversent.

Mac Cook n'a pas été assez heureux pour être témoin de la récolte des matières premières employées à la confection du papier, mais il résulte des observations faites à ce sujet par M. Morris et Mss Treat, que les aiguilles de pin, ainsi que les feuilles et les pétales du *Melampyrum americanum*, sont seuls mis à contribution par les fourmis. Elles recueillent les feuilles sèches aussi bien

que les vertes, et y mélangent quelquefois les déjections
d'une certaine larve vivant sur le chêne.

Malgré la similitude de son genre de vie, on voit que
l'*Atta septentrionalis* n'est, comme je l'ai dit, qu'une pâle
copie des puissantes *A. cephalotes* et *fervens*. Ses petites
sociétés, son nid minuscule et ses lentes allures contras-
tent singulièrement avec l'immense population, les souterrains gigantesques et la vivacité des habitantes du Brésil
ou du Texas. On croirait, dit Mac Cook, voir les restes
dégénérés d'une nation jadis vigoureuse, chassée par le
hasard des événements sous un climat inhospitalier, et
marchant peu à peu vers son extinction.

XIV

FOURMIS À MIEL

Dans le voyage merveilleux et pourtant authentique que nous exécutons à travers le monde des fourmis, nous avons déjà rencontré bien des singularités, nous avons constaté des mœurs bien étranges, et il semblerait difficile d'aller plus loin dans le royaume de l'invraisemblable. Pourtant la fourmi à miel va nous obliger à reculer encore les limites de l'impossible, en nous démontrant que la nature peut réaliser, dans la diversité infinie de ses moyens, les rêves les plus extravagants de l'imagination humaine. Je ne sais si jamais conteur oriental a osé animer une outre, ou nous montrer des muids vivants, alignés le long des murailles d'une cave obscure, et versant par la bouche, sur un signe de leurs maîtres, une partie de l'hydromel qui remplit leurs ventres monstrueux. Ce serait, en tout cas, une des rêveries les plus fantastiques qui pût sortir d'un cerveau surchauffé, une de ces créations insensées dignes de figurer dans la *Tentation* de Callot. Eh bien, les fourmis ont transporté ce rêve dans le domaine du réel, ont créé cette impossibilité.

Nous allons voir, en effet, des communautés dont certains membres ont accepté pour mission de servir de tonneaux à miel, et qui, abdiquant toute participation à la vie active, se condamnent, dans l'intérêt public, à passer leur existence immobiles, cramponnés aux parois de caves souterraines, et soutenant avec peine leur abdomen énormément distendu par suite de sa transformation en magasin de vivres.

En 1832, Llave nous fournit les premières données sur les fourmis à miel, qu'il avait rencontrées au Mexique où on les connaît sous le nom de *Busileras* ou *Mochileras*. Plus tard, en 1838, Wesmaël publia une notice sur le même insecte, puis successivement Edwards, en 1873, Saunders, en 1875, Morris, en 1880, donnèrent sur son compte des renseignements plus ou moins étendus. Mais c'est à Mac Cook qu'est due la relation la plus détaillée et la plus consciencieuse du genre de vie de cette fourmi, qu'il put étudier au Colorado, dans le pays accidenté connu sous le nom de Jardin des dieux.

C'est donc un remarquable livre que cet infatigable observateur de l'histoire des fourmis a publié en 1882 sur celles qui ne se nourrissent que comparativement, et plus souvent, [...] qui sont [...].

Le Myrmecocystus mélange des fourmis à miel et un insecte de nos [...] belles, entièrement pur ou mélangé de [...], dont les ouvrières normales vivent de cinq à huit mille pieds de [...] moins [...] différer de contra [...]. Le [...] nombre d'individus qui, au moment de leur [...] ne se détachent pas des autres en

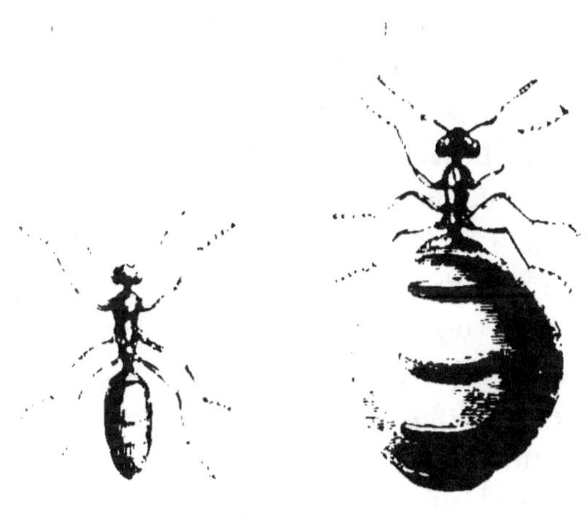

[...] et par un excès d'alimentation, une obésité [...] et leur abdomen, devenu transparent et d'une [...] ambrée, atteint la forme et la dimension d'une petite grain de raisin. Ces individus composent les colonies de *porte-miel*, appelés aussi *en anglais*, *fourmis [...] ou fourmis reservoirs*, et c'est leur présence qui donne à l'histoire de ces bestioles son intérêt et sa [...].

Le Jardin des dieux, qui a été le théâtre des observations de Mac Cook, embrasse un espace de deux milles de long sur un mille de large, et est parsemé de petites collines qui se croisent en tous sens. Le grès rouge constitue la masse géologique du sol, où il se montre tantôt nu et tantôt recouvert assez superficiellement d'une couche sablonneuse, dans laquelle végètent, au milieu de touffes de gazon, des bouquets de cèdres et de pins, des tournesols, des églantiers, et surtout de nombreux buissons d'une espèce particulière de chêne, le *Quercus undulata*. C'est la présence de ce chêne, jointe aux conditions topographiques de la localité, qui explique le choix que les *Myrmecocystus* ont fait de ce coin de terre pour y établir leur quartier général.

Le sommet des collines est couvert d'un grand nombre de nids de la fourmi à miel, tandis qu'on n'en voit à peu près pas dans les parties basses. L'aspect extérieur de ces nids se révèle sous forme d'un monticule de sable, mesurant depuis huit jusqu'à vingt-cinq centimètres de diamètre à sa base, mais dont la dimension moyenne est plus fréquemment de quinze à vingt centimètres. Sa hauteur ordinaire atteint cinq à huit centimètres, et son sommet présente une ouverture évasée en entonnoir, donnant accès à l'intérieur. L'entonnoir se continue, dans une direction perpendiculaire ou légèrement inclinée, par un puits tubulaire, de huit à quinze centimètres, conduisant à un premier vestibule, autour duquel rayonnent quelques chambres. Un long couloir horizontal, faisant suite au vestibule, dessert un grand nombre de pièces de diverses dimensions. Cet ensemble constitue le premier étage souterrain, mais d'autres analogues sont creusés en dessous, et tous communiquent entre eux par des galeries verticales, établies en plusieurs endroits. La totalité de ces substructions occupe un espace d'environ trois mètres de longueur sur un de hauteur et cinquante centimètres de largeur. Le travail d'excavation a dû être en entier pratiqué dans le grès rouge, roche friable, il est vrai, mais plus difficile à entamer que la terre végétale, et cette circonstance peut nous faire apprécier la somme d'activité et de persévérance que les fourmis ont dû déployer pour arriver à sculpter leur palais de pierre, à évider leurs salles et à percer leurs galeries de communication.

Les chambres à miel, échelonnées à droite et à gauche du couloir principal, ont leur plancher assez uni, mais la voûte supérieure a été ciselée de façon à y ménager de nombreuses aspérités, auxquelles doivent s'accrocher les fourmis-réservoirs, ressemblant ainsi à ces outres qu'on suspend, dans certains pays, aux murailles de l'habitation.

Dans le nid sacrifié par Mac Cook pour en étudier la disposition intérieure, existaient environ dix chambres à miel, renfermant chacune une trentaine de ces outres vivantes, ce qui porte au moins à trois cents leur nombre total. Toutes étaient, comme je l'ai dit, cramponnées par leurs pattes au plafond rugueux des caves, et le plus grand nombre avait l'abdomen prodigieusement distendu, de façon à présenter une apparence sphérique. Comme il était impossible à ces insectes de soutenir leur énorme ventre, il pendait comme un sac accroché à la voûte, et les porte-miel restaient ainsi immobiles, sans prendre souci du va-et-vient des ouvrières s'agitant autour d'elles. Celles dont le réservoir n'était encore qu'à demi plein, se déplaçaient plus facilement et pouvaient même sortir de leur chambre pour se promener dans les galeries ou à la surface du nid. Quant aux véritables *rotondes*, si elles étaient placées sur le sol dans une position normale, elles étaient encore capables de faire quelques pas, en traînant péniblement leur lourd abdomen; mais si, ce qui arrivait quelquefois, elles tombaient accidentellement de leur perchoir, il leur était ordinairement impossible de se relever. Reposant sur un point quelconque de leur ventre sphérique, le corps soutenu en l'air, sans pouvoir s'accrocher aux objets environnants, elles agitaient vainement leurs pattes et leurs antennes comme pour demander aide aux passantes affairées; mais, si leur appel n'était pas entendu, elles se résignaient à leur sort et attendaient, dans cette pénible situation, que la mort vînt mettre fin à leur embarras. Cette délivrance dernière était parfois longue à être obtenue, et Mac Cook en vit quelques-unes, dans ses fourmilières artificielles, qui vécurent ainsi

Fourmis à miel.

plusieurs mois sans pouvoir sortir de leur cruelle position.

Parfois les ouvrières venaient au secours des malheureuses et les aidaient à se replacer à la voûte de leur chambre, mais ce cas était exceptionnel, et, la plupart du temps, les travailleuses passaient indifférentes, sans paraître s'émouvoir du triste sort des infortunées *rotondes*, et sans leur tendre une patte ou une dent secourable.

Cette vilaine conduite des ouvrières est d'autant plus étonnante que, dans les circonstances ordinaires, elles montrent la plus grande sollicitude envers les fourmis-réservoirs, qu'elles les soignent, les lèchent, les nettoient, les entraînent, en cas de danger, dans des retraites plus sûres; et ont pour elles les mêmes attentions que pour leurs larves et leurs nymphes. Ce n'est pas d'ailleurs la première fois qu'on a constaté, chez divers insectes, même des plus industrieux, cette mise en défaut de l'instinct dans les cas accidentels, tandis qu'il se révèle toujours, sans faiblesse et sans intermittence, dans les actes de la vie ordinaire, dans la succession normale et régulière de leurs occupations de chaque jour. Constatons toutefois qu'en ce qui concerne les fourmis, de nombreuses observations ont démontré qu'en mainte occasion elles ne se laissent pas arrêter par l'imprévu, et que leur conduite n'est pas toujours réglée par les lois immuables d'un instinct inconscient.

Quelle est la source du miel que les fourmis entassent ainsi dans leurs réservoirs vivants? C'est la question que se posa Mac Cook, et il dut, pour la résoudre, s'armer d'une patience à toute épreuve et se livrer à des investigations longues et difficiles, car les *Myrmecocystus* ne sortent que la nuit, et pendant tout le jour leurs fourmilières semblent abandonnées. Or, s'il est une besogne hérissée de difficultés, c'est assurément celle de suivre les allées et venues d'une fourmi dans l'obscurité, à la lueur douteuse d'une lanterne, et en prenant les précautions nécessaires pour ne pas effrayer la voyageuse. Aussi n'est-il pas étonnant que les premières tentatives faites par l'éminent naturaliste pour surprendre le secret des *melliger* soient restées sans résultat. Mais la persévérance, aidée de la sagacité, triomphe de bien des obstacles, et, après trois nuits de recherches infructueuses, Mac Cook put enfin s'écrier comme Archimède : « J'ai trouvé ! » Dès lors, peines et déceptions furent oubliées, et, en ren-

Cette fois le problème était résolu, et, mis ainsi sur la voie, Mac Cook n'eut pas de peine à s'assurer que ces galles laissaient en effet exsuder une liqueur sucrée, d'une saveur douce et agréable, dont les fourmis se gorgeaient avec une intempérance manifeste. C'était donc bien là la véritable source du miel accumulé dans les outres animées, et il restait à examiner la conduite des buveuses après leur expédition nocturne.

Vers onze heures et demie du soir quelques fourmis commencèrent à rentrer à la maison. On pouvait les reconnaître à leur abdomen gonflé et présentant déjà un certain degré de rotondité, sans atteindre cependant le volume des véritables porte-miel. Toutes ne montraient pas, d'ailleurs, la même obésité, et tandis que les unes pouvaient passer pour des demi-outres, les autres avaient à peine augmenté de grosseur et conservaient l'entière liberté de leurs allures.

Le va-et-vient des fourmis se prolongeait ordinairement jusqu'à quatre ou cinq heures du matin, et ce n'était qu'au point du jour que, toutes les voyageuses étant rentrées, la fourmilière reprenait son aspect morne et silencieux. Pendant la durée de l'expédition un certain nombre de sentinelles se promenaient à la surface du nid, accostant les arrivantes et leur demandant quelques gorgées du nectar récolté.

Cette nuit d'orgie est, pour les demi-outres, le dernier acte de leur vie active; elles vont maintenant s'accrocher aux voûtes de leur prison et passer à l'état de tonnes immobiles, soumises au bon plaisir des membres laborieux de la communauté. Quant aux buveuses qui n'ont pas atteint le degré de plénitude suffisant pour aspirer au repos, elles continuent à circuler, attendant probablement qu'un nouveau festin nocturne les mette en état de prendre place à côté de leurs compagnes plus gloutonnes.

Chez les plus rebondies de ces dernières, l'abdomen ne présente encore que la moitié à peine de son volume définitif, et cette tempérance relative était dictée par la nécessité. Si les butineuses, en les supposant capables d'une plus grande absorption de sucs végétaux, eussent cédé à la tentation d'une orgie plus prolongée, cet excès de gourmandise eût causé inévitablement leur perte. Alourdies par le poids excessif de leur abdomen, incapables d'effectuer un long trajet pour rentrer à la fourmilière, elles auraient péri misérablement, et le but final de leur expédition eût été manqué. Mais alors, par quel moyen complètent-elles leur provision de miel pour acquérir leur rotondité parfaite? C'est là une question qui n'a pas été résolue d'une manière satisfaisante, et pour laquelle on peut proposer deux solutions : Ou bien d'autres butineuses apportent peu à peu aux futures outres le complément de leur ration, ou bien la fermentation qui s'opère dans le liquide emmagasiné suffit pour en accroître le volume au point d'amener l'abdomen à la forme sphérique qu'il doit avoir. La première hypothèse, quoique dénuée de preuves positives, me semble plus probable et plus conforme aux agissements des fourmis en général.

La présence de ces magasins vivants, dans les nids de *Myrmecocystus*, serait inexplicable si on ne considérait leur contenu comme des réserves alimentaires, destinées à nourrir la population en temps de disette, c'est-à-dire quand la saison d'hiver a tari chez les galles du chêne la source végétale où vont puiser les fourmis. Ce fait paraît incontestable, bien que l'observation directe n'ait pas permis à Mac Cook d'en acquérir la preuve absolue. Il a vu souvent les butineuses à demi gorgées, mais encore actives, faire part à leurs compagnes d'une partie de leur récolte, mais il n'a jamais remarqué aucune sollicitation adressée aux véritables outres déjà immobilisées. Dans le but d'élucider cette question, il a même affamé, pendant quatre mois, une de ses fourmilières artificielles, et n'a pas constaté que, durant toute cette période de privation, ses captives aient recours à leurs réserves, bien que l'abdomen des *rotondes* eût quelque peu diminué de volume. Tous les habitants du nid se portaient d'ailleurs à merveille et ne paraissaient pas avoir souffert de ce jeûne forcé. Malgré l'insuccès de ces expériences, il n'en faut pas moins conclure que les *Myrmecocystus* sont, comme bien d'autres espèces, des fourmis thésauriseuses, et que leurs chambres à miel représentent les greniers de leurs congénères moissonneuses ou agricoles.

Des observations suivies et de minutieuses études anatomiques ont démontré à Mac Cook que les *porte-miel* ne forment pas, dans la communauté, une caste distincte et prédestinée à ses futures fonctions par une organisation physique spéciale. Les ouvrières qui, pour une raison quelconque, sont choisies ou se dévouent pour servir de magasins, ne présentent originairement aucune particularité qui les distingue du reste de la population, et tous les individus neutres, sans exception, peuvent se transformer en réservoirs, sous la seule influence d'une alimentation exagérée. Dans ce cas, le jabot se dilate d'une façon insolite, distendant outre mesure les membranes qui relient les segments abdominaux, et refoulant les organes internes du côté de l'ouverture anale. L'abdomen présente alors une forme sphérique, sans trace de segmentation; les arceaux cornés, qui en forment la charpente externe, apparaissent comme des lames opaques, disséminées à la surface du sac membraneux et translucide, intimement appliqué lui-même contre la paroi également transparente du jabot.

Le liquide contenu dans ce réservoir organique est un sirop de sucre incristallisable, analogue à ce qu'on appelle le *sucre de raisin;* sa saveur aromatique, rappelant celle du miel d'abeille, est très agréable, et parfois il dénote une certaine acidité, résultant sans doute de la présence d'une petite quantité d'acide formique. Le poids d'une sphère de miel égale à peu près huit fois celui de l'insecte ordinaire et atteint environ trois décigrammes.

Le miel de fourmi n'est pas exploité commercialement, à cause de la difficulté de sa récolte et peut-être aussi par suite de la répulsion qu'on éprouve à l'extraire d'insectes vivants; mais les Indiens et les Mexicains en sont très friands, et vont à la recherche des nids pour en retirer les *outres*, dont ils sucent l'abdomen avec délices. Des voyageurs qui ont goûté à ce mets s'accordent à le considérer comme une délicate friandise, et les fourmis sont elles-mêmes de cet avis, car si un accident amène la rupture d'un des réservoirs, on voit toute la population se précipiter à ce festin inattendu, et se gorger avidement de la liqueur saccharine s'échappant des plaies de la pauvre *rotonde*, sans souci de ses souffrances et de son pitoyable état.

Cette scène de gloutonnerie sauvage, à laquelle assista Mac Cook, le remplit d'indignation, et il constata, non sans regret, que, sous ce rapport, les fourmis ne valaient pas mieux que les hommes qui, eux aussi, se livrent trop souvent à l'ignoble satisfaction de leurs instincts égoïstes, en oubliant toute mesure et en méconnaissant les plus saints des devoirs.

Hâtons-nous d'ajouter, à la décharge des fourmis, que ces scènes de cannibalisme sont toujours accidentelles, et que leur passion pour le miel ne les conduit jamais jusqu'au meurtre. On n'a pas d'exemple d'une *rotonde* volontairement mise à mort par des sœurs dénaturées, et quand les ouvrières ne sont pas grisées par l'odeur du miel, — j'allais dire du sang, — leur respect pour les outres est absolu et ne faiblit même pas devant la mort naturelle de ces utiles auxiliaires.

De temps en temps, en effet, une porte-miel meurt. Son corps reste alors souvent accroché à la voûte pendant quelques jours, jusqu'à ce que la rétraction des tissus fasse quitter aux griffes leur point d'appui et que le cadavre tombe à terre. Alors les ouvrières s'occupent de le

Pour terminer l'histoire du *Myrmecocystus melliger*, assistons, avec Mac Cook, à une scène d'intérieur qui complétera ce que j'ai exposé, dans un chapitre précédent, au sujet de la vie intime des fourmis et de leurs occupations domestiques.

En fouillant un nid, Mac Cook eut la bonne fortune de capturer la reine féconde, qui habitait une vaste chambre située tout à l'extrémité de la galerie principale. Il transporta cette femelle à Philadelphie, pour la placer dans un nid artificiel et étudier à loisir la conduite des ouvrières à son égard. Elle était entourée constamment d'une garde de douze à vingt travailleuses, occupées à la surveiller et à prendre soin de sa personne. Un jour, elle venait de pondre quelques œufs, et, postée sur une petite élévation de terre, comme sur un trône, elle dominait sa cour de servantes attentives à ses moindres gestes. Mais laissons la parole à l'auteur de ces fines observations :

« L'une des ouvrières, dit-il, lui donne à manger de la manière ordinaire, c'est à dire en lui régurgitant les liquides nourriciers. Je vois, dans cet acte, les langues des deux insectes se rapprocher. La tête de la reine se penche, son abdomen s'élève et s'abaisse tour à tour. Les ouvrières sont réunies sous son corps, lui donnant ainsi l'apparence d'un candidat heureux porté en triomphe. Elle a changé de position; les ouvrières la suivent en l'entourant de toutes parts. Deux d'entre elles sont montées sur son abdomen qui est maintenant abaissé, la tête étant élevée. Les servantes restent patiemment à terre pour la veiller. Elles maintiennent leurs antennes en continuelle agitation, tout en s'amusant à vaquer aux soins de leur propre toilette. La reine fait un mouvement; une petite ouvrière lui saisit une patte de devant et s'applique à diriger sa marche. C'est en la saisissant ainsi et en la pinçant avec les mandibules que la garde du corps a l'habitude de guider les déplacements de la reine. Les œufs déposés forment une masse irrégulière d'environ un huitième de pouce d'épaisseur. Ce sont de petits corps ovoïdes, au nombre de vingt ou trente, qui adhèrent les uns aux autres. Les ouvrières entourent cet amas, et quelques-unes paraissent le lécher. La reine s'avance au-dessus des œufs et place une patte sur le tas. Aussitôt une petite ouvrière saisit précipitamment la patte pour la détourner, tandis qu'une autre s'empare des œufs et les met de côté. »

Sir John Lubbock a fait connaître récemment deux autres fourmis à miel provenant de l'Australie. Leurs mœurs n'ont pas été étudiées, mais leur découverte n'en est pas moins intéressante, en nous démontrant que la nature des provisions recueillies par le *Myrmecocystus melliger*, et leur mode singulier d'emmagasinage ne sont pas particuliers à cet insecte, mais peuvent se rencontrer chez d'autres espèces appartenant à des genres très différents.

L'une des nouvelles fourmis à miel est un insecte noirâtre, de taille moyenne, faisant partie du grand genre *Camponotus*, et qui a reçu le nom de *C. inflatus*. L'autre, de couleur rousse, forme le type d'un genre spécial et a été nommée par Lubbock *Melophorus Bagoti*.

Il est probable que l'avenir nous révèlera encore des mœurs analogues chez d'autres fourmis, et qu'il nous édifiera aussi sur la manière d'agir des deux melligères australiennes. Malheureusement les observateurs habiles et consciencieux sont rares dans ces pays lointains, et nous risquons fort d'attendre encore longtemps avant qu'un émule du Rév. Mac Cook ait publié l'intéressante histoire des fourmis de la Nouvelle-Hollande et des archipels du Pacifique.

Ce chapitre ne serait pas complet si j'omettais de parler d'une fourmi fort singulière, qui semble posséder un ré-

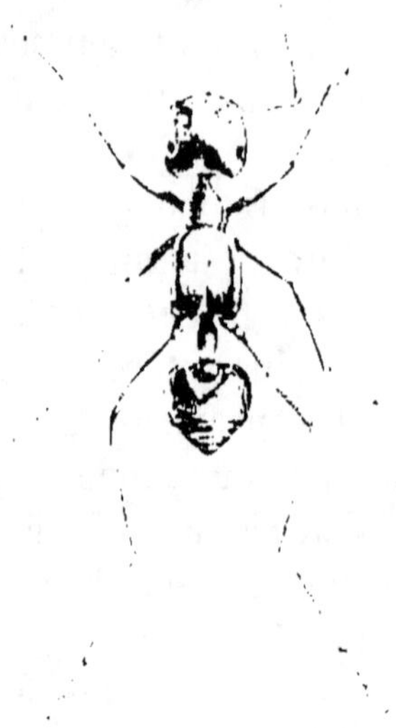

[illegible] [illegible] [illegible] [illegible] [illegible] [illegible] [illegible] [illegible] [illegible] [illegible] [illegible] [illegible] [illegible] [illegible] [illegible] [illegible] de l'[illegible] [illegible] [illegible] [illegible] [illegible] particulière, [illegible] [illegible] [illegible] [illegible] [illegible] [illegible] [illegible] [illegible] [illegible] [illegible] [illegible] [illegible] [illegible] [illegible] [illegible] [illegible] [illegible]

[illegible] [illegible] [illegible] [illegible] [illegible] [illegible] [illegible] [illegible] [illegible] [illegible] [illegible] [illegible] [illegible] [illegible] [illegible] [illegible] [illegible]

[illegible] [illegible] [illegible] [illegible] [illegible] que course souvent une partie de l'[illegible] [illegible] cristall[illegible], prouvent de la solidité [illegible] [illegible] [illegible] [illegible] [illegible] [illegible].

[illegible] [illegible] [illegible] [illegible] [illegible] [illegible] [illegible] même contre [illegible] [illegible] [illegible] [illegible] moindre de [illegible] un bonne-[illegible] [illegible] qui doit avoir la même destination.

J'ignore si tous les neutres de ces espèces présentent
la même conformation, ou si ces individus forment une
caste spéciale, accompagnée d'autres ouvrières normale-
ment conformées. Il paraît toutefois plus probable que
l'enflure du métathorax est un caractère anatomique qui
appartient à tous les membres de la communauté, car,
jusqu'à ce jour, aucun naturaliste n'a fait mention d'une
seconde catégorie d'ouvrières dépourvues de ce signe
particulier.

XV

UTILITÉ ET NOCUITÉ DES FOURMIS

Complexité des éléments d'appréciation, — Rôle des fourmis dans
l'ensemble des forces naturelles. — Leur importance, secondaire
dans les climats tempérés, se développe dans les régions tropicales.
— Elles viennent en aide aux autres carnassiers pour s'opposer à
la trop grande multiplication des insectes herbivores. — Leur uti-
lisation en Chine pour la protection des orangers. — Possibilité
d'employer leurs services en Europe. — Facilité d'importation et
d'acclimatation. — Les fourmis comme agents de la salubrité publique. — Elles secondent les vers de terre dans leur mission
fertilisatrice. — Elles divisent, aèrent et renouvellent le sol. —
La somme de leurs bienfaits dépasse celle de leurs dégâts. —
Préjugés existant à l'égard de leur nocuité. — Les plus grands
dommages qu'elles causent proviennent de l'élevage des pucerons.
— Circonstances atténuantes. — Elles n'attaquent pas les fruits
sains. — Préjudice causé aux moissons. — Les fourmis chasseresses ou pillardes. — Visites aux confitures. — Avaries causées
aux meubles et aux boiseries par certaines espèces. — Elles ne
nuisent pas aux forêts. — Conclusion.

Pour ne rien omettre, il ne sera pas inutile de consacrer quelques lignes à examiner les fourmis au point
de vue des services qu'elles sont susceptibles de rendre,
ou des dommages qu'elles peuvent causer. Là encore il y
aurait à faire de nombreuses distinctions individuelles,
en tenant compte des habitudes particulières de chaque
espèce, de sa répartition plus ou moins étendue, de son
mode de nidification, de son régime alimentaire et de bien
d'autres considérations de nature à influer sur l'importance des bienfaits qu'elle apporte ou des dégâts qu'elle

occasionne. Mais on comprend que je ne puis entrer ic
dans l'examen des causes multiples qui concourent à nous
faire regarder ces insectes tantôt comme des ennemis,
tantôt comme des auxiliaires, et que je dois me borner à
des généralités, pour ne pas sortir des limites que n'im-
posent le plan de cet ouvrage et son caractère beaucoup
plus scientifique que pratique.

Les fourmis tiennent un certain rang, dans l'ensemble
des forces naturelles, comme agents pondérateurs destinés à s'opposer à la trop grande multiplication des
insectes herbivores, et à maintenir l'équilibre entre l'envahissement des végétaux et leur trop rapide destruction.
Dans nos climats tempérés, où la végétation est moins
puissante et ses ennemis moins nombreux, on voit, par
une sorte d'anomalie apparente, les insectes carnassiers
occuper, dans la série des articulés, une place relativement importante, d'où il suit que chez nous le rôle
des fourmis n'est que secondaire au milieu des autres
chasseurs de gibier. Mais, dans les régions tropicales,
où les insectes de proie sont comparativement moins
nombreux, ce sont les fourmis qui viennent efficacement
en aide aux oiseaux et aux mammifères insectivores, pour
arrêter l'invasion des ravageurs herbivores. Aussi, tandis
qu'en Europe, la famille des Formicides sans aiguillon
tient le premier rang sous le rapport du nombre de ses
représentants, les espèces bien armées, Ponérides, Do-
rylides ou Myrmicides, pullulent au contraire dans le
voisinage de l'équateur, et, en se reportant à ce que
nous avons dit précédemment des *Eciton* et des *Anomma*,
par exemple, on se convaincra de l'importance de la mission modératrice qui paraît leur être dévolue.

En Chine, dans quelques parties de la province de
Canton, où la culture de l'oranger constitue l'une des
principales industries du pays, on emploie avec succès
les fourmis pour combattre les ravages occasionnés dans
les plantations par certaines larves dévastatrices. Non

seulement ces auxiliaires sont scrupuleusement respectés
quand ils s'établissent spontanément dans les vergers,
mais on les y introduit même en plus ou moins grand
nombre, en choisissant de préférence les espèces qui
suspendent leur nid aux branches des arbres. On les installe avec précaution sur les orangers, en ayant soin de
relier tous ces arbustes par des tiges de bambou, afin
de faciliter aux fourmis le passage d'un arbre à l'autre
et de mettre ainsi toute la plantation sous la garde tuté-
laire de ces animaux bienfaisants.

Le Rév. Mac Cook s'est demandé si le système chinois
ne pourrait pas être appliqué à d'autres cultures, et si la
domestication ou l'importation des fourmis étrangères
ne rendrait pas d'importants services pour arrêter l'invasion de beaucoup d'ennemis de nos récoltes, contre la
multiplication desquels nous sommes trop souvent obligés
de nous déclarer impuissants. Bien que la question ne
puisse être résolue que par des expériences suivies, elle
ne paraît pas devoir être repoussée de prime abord.
L'étonnante extension de l'habitat d'un grand nombre
de fourmis, l'acclimatation avérée de plusieurs espèces
dans des contrées lointaines, sont de nature à nous
laisser croire qu'il ne serait pas impossible de propager
chez nous les races les plus utiles, pour en faire les gardiennes de nos vergers ou de nos vignobles.

Un autre genre de services serait rendu, d'après Lund,
par les fourmis américaines. On sait qu'en Europe, de
nombreux insectes nécrophages sont chargés de faire
disparaître les cadavres d'animaux dont la putréfaction
vicierait l'atmosphère. Au Brésil, par suite de l'insuffisance des membres ordinaires de cette funèbre corporation, la mission d'assainissement qui leur incombe serait
confiée aux fourmis, qui s'en acquitteraient d'ailleurs
avec zèle et célérité, et partageraient avec les vautours
les utiles fonctions d'agents de la salubrité publique.

Un livre récent de Darwin a attribué aux vers de terre

un rôle de premier ordre dans la fertilisation du sol.
Les preuves accumulées par le célèbre naturaliste à l'appui
de sa thèse sont irrécusables, mais peut-être a-t-il doté
les vers d'une action trop exclusive, sans tenir assez
compte d'autres agents qui les secondent efficacement
dans leur œuvre bienfaisante. Les substructions considérables, les canaux multiples creusés par les fourmis
contribuent, dans une large mesure, à l'aération des
couches souterraines, les rendent plus perméables aux
eaux pluviales, et apportent aux racines les deux principes primordiaux de toute végétation, l'air et l'humidité.

Pour se former une idée exacte du réseau compliqué de
voies et de cellules établi dans le sol par les fourmis,
il ne faut pas considérer la surface occupée par leurs
monticules, mais se reporter à ce que j'ai dit de leurs
appartements souterrains. Ils envahissent souvent une
telle étendue, qu'une localité où l'œil n'aperçoit que
quelques dômes disséminés de loin en loin, peut être
minée presque en entier, à plusieurs décimètres au-dessous de sa superficie. De plus, ces insectes, en rapportant
à la surface la terre enlevée des couches profondes, renouvellent constamment la source des principes nutritifs
où puisent les végétaux, et contribuent par là à leur vigueur et à leur développement.

Cette influence favorable ne se fait pas sentir dans nos
champs cultivés, où le passage fréquent de la charrue ne
permet pas l'installation des fourmilières; mais dans les
prairies, les bois et les vergers, où les fourmis ont moins
à craindre de voir détruire leurs édifices, elles peuvent
rendre d'utiles services, en remplaçant, en quelque
sorte, le labourage, pour l'aération, la division et le renouvellement du sol. Malgré les quelques inconvénients
que peut offrir leur présence, la somme de leurs bienfaits dépasse de beaucoup celle de leurs dégâts, et nous
devons les considérer, dans la plupart des cas comme
des auxiliaires ayant droit à notre protection.

Les méfaits qu'on peut reprocher aux fourmis sont de différentes sortes, mais en général beaucoup moins graves qu'on ne le croit ordinairement. De plus, on les a accusées d'une foule de délits dont elles sont parfaitement innocentes, et ce sur la foi de personnes tout à fait étrangères à leur genre de vie, et qui, trompées par les apparences, ont répandu dans le public cette opinion erronée dont il convient de faire justice. En historien impartial, je vais énumérer les actes nuisibles qu'on peut leur imputer, et démontrer par là que c'est souvent à tort qu'on a dénoncé à la vindicte publique leurs inoffensives sociétés.

Les plus grands dommages que les fourmis nous occasionnent sont dus à leur amour exagéré pour les pucerons et les coccides. Ces insectes, en effet, sont très-préjudiciables aux plantes, dont ils épuisent la sève, et leurs alliées, en les protégeant contre les ennemis qui pourraient les détruire, agissent donc contre nos intérêts. Il est certain aussi que les traites fréquentes qu'elles font subir à leurs troupeaux, en les déchargeant prématurément des produits de leur digestion, engagent les pucerons à absorber les sucs végétaux avec une nouvelle activité, et de là une aggravation dans le mal causé par leur présence. On a vu aussi que les fourmis, plus préoccupées de leur commodité que de notre agrément, importent parfois des parasites sur des arbres qui en étaient exempts ou qui en avaient été débarrassés par leur propriétaire. Tous ces faits sont avérés, et on a maintes fois remarqué que les arbres visités par les fourmis souffraient plus de la piqûre des pucerons que ceux qui n'étaient pas hantés par ces amateurs de miellée. Je n'essayerai certes pas de justifier les tribus pastorales de cet excès d'égoïsme, bien que l'homme ne leur ait peut-être pas donné l'exemple de beaucoup de désintéressement, mais je hasarderai timidement l'énoncé d'une circonstance atténuante accordée aux fourmis par Lepeletier de Saint-Fargeau. Ce naturaliste autorisé prétend,

à juste titre, que lorsque les pucerons sont livrés à eux-
mêmes, ils rejettent leurs excréments sur les feuilles, en
les enduisant ainsi d'un vernis qui nuit d'une façon sérieuse
à leurs fonctions respiratoires et provoque le dépérisse
ment du végétal. Or, les fourmis, en soulageant les pucerons du trop plein de leur corps, préviennent le rejet
de la liqueur visqueuse, en préservant les feuilles de
son contact préjudiciable. Je dois avouer toutefois que ce
service rendu ne compense pas l'aggravation du mal, et
qu'en somme, au point de vue de nos intérêts, l'élevage
et la traite des pucerons par les fourmis sont des industries coupables, dont il convient de les punir en débarrassant les arbres de ce bétail trop choyé.

Après cet aveu sincère qui soulage ma conscience, mais
a coûté beaucoup à mon admiration pour ce peuple industrieux, je me sens plus à l'aise, car il ne me reste à
enregistrer que des peccadilles sans importance.

On a fait beaucoup de bruit autour des prétendus dégâts occasionnés aux fruits par les fourmis, qui choisi-
raient, dit-on, les plus savoureux pour les ronger et en
amener la décomposition. Ce reproche est tout à fait sans
fondement, et si les jardiniers savaient, comme nous
l'avons appris au commencement de ce livre, que la
bouche des fourmis est construite pour lécher les aliments et non pour les broyer, ils n'auraient pas porté sur
elles ce jugement téméraire. Certes, si un fruit succulent
se trouve entamé par le bec d'un oiseau, par la dent d'un
rongeur, ou par une cause accidentelle, les fourmis ne
poussent pas la discrétion jusqu'à se priver de quelques
gouttes du liquide suintant de la plaie ouverte, mais
jamais elles n'attaquent un fruit sain en lui faisant la
première blessure.

Les déprédations commises par les espèces moissonneuses, au détriment de nos graines alimentaires, sont
plus sérieuses, quoiqu'elles ne constituent jamais un véritable fléau. Dans nos climats tempérés, les fourmis gra-

nivores sont rares et ne causent pas de dommages appréciables. Les régions tropicales nourrissent, il est vrai, des espèces qui approvisionnent plus largement leurs greniers, mais on a vu qu'elles recueillent surtout des graines sauvages, sans utilité pour nous, et là encore, leur présence n'est pas très dommageable.

Cantonnées également dans le voisinage de l'équateur, les fourmis chasseresses ou pillardes (*Eciton, Anomma, Atta*) nous intéressent peu, et compensent d'ailleurs par d'autres services les incursions auxquelles elles se livrent dans les maisons ou les vergers.

Parlerai-je du maraudage de quelques *Formica* et *Lasius* dans nos armoires à confitures? Mais ce sont de pures espiègleries, contre lesquelles il est très facile de se mettre en garde.

Je serai plus sévère à l'égard du *Monomorium Pharaonis*, du *Lasius fuliginosus* et de quelques autres, qui se logent parfois dans nos meubles ou nos boiseries en leur causant certaines avaries; encore le cas est-il heureusement rare et le mal n'est-il pas comparable aux méfaits du même genre commis par les Termites.

Enfin les bois et les forêts n'ont rien à craindre des fourmis lignicoles, qui creusent le plus souvent leurs galeries dans le bois mort et n'attaquent que très rarement les arbres sains. Les forestiers savent qu'on ne doit pas compter ces insectes au nombre des ennemis sérieux de la grande végétation, qu'ils protègent plutôt en faisant la guerre à une foule d'autres dévastateurs autrement redoutables.

Concluons donc que, dans nos pays du moins, les fourmis ne doivent pas être considérées comme des animaux nuisibles, mais plutôt comme des amis ou des auxiliaires, en raison des services qu'elles rendent à l'agriculture. Nous n'avons non plus personnellement rien à craindre de leur irascibilité, car, sauf peut-être chez une seule espèce assez peu répandue (*Myrmica rubida*), leur aiguillon est trop faible pour nous blesser, et leur colère, souvent justifiée par notre malveillance, est tout à fait impuissante à tirer vengeance de nos provocations voulues ou accidentelles.

FIN

BIBLIOGRAPHIE

Bien que je me sois fait un devoir strict de rendre à chacun ce qui lui appartient et de citer les noms des naturalistes dont j'empruntais les observations, je n'ai pas, en général, complété l'indication des auteurs par celle de leurs ouvrages. En agissant ainsi, j'ai voulu éviter ce luxe de notes, indispensables peut-être dans les œuvres de pure érudition, mais déplacées dans un livre destiné à un public plus soucieux de faits que de renseignements bibliographiques. Toutefois, pour ceux de mes lecteurs qui voudraient recourir aux sources, j'ai réuni dans la liste suivante l'énoncé des principaux ouvrages mis par moi à contribution. Cette liste, pour être complète, eût exigé l'énumération d'une foule de petites brochures que j'ai cru pouvoir négliger dans la crainte de donner à cette annexe des proportions trop étendues. Je m'en suis donc tenu aux travaux importants ou aux notices se rattachant d'une façon plus spéciale aux différentes questions présentées dans le cours de ce volume.

Bar : Note controversive sur le sens de l'ouïe et sur l'organe de la voix chez les insectes, contenant de curieux détails sur les *Ecilon hamatum* et *Oecodoma céphalotes* de la Guyane. — Bruxelles, 1873.

Bates : The Naturalist on the River Amazons. — 4ᵉ édition, Londres, 1876.

Belt : The Naturalist in Nicaragua, Londres. — 1874.

Büchner : La vie psychique des bêtes. — Traduction de Letourneau, Paris, 1881.

Dewitz : Beïtræge zur postembryonalen Gliedmassenbildung bei den Insecten. — Berlin, 1878.

Ebrard : Nouvelles observations sur les fourmis. —Genève, 1861.

Fabre : Nouveaux souvenirs entomologiques. — Paris, 1882.

Forel : Les Fourmis de la Suisse. — Zurich, 1874.

Forel : Der Giftapparat und die Analdrüsen der Ameisen. — Leipzig, 1878.

Forel : Études myrmécologiques. — Lausanne, 1875-1878.

Forel et Emery : Catalogue des Formicides d'Europe. — Schaffhouse, 1879.

Gould : An Account of English Ants. — Londres, 1747.

Heer : Ueber die Hausameise Madeira's. — Zurich, 1852.

Huber : Recherches sur les mœurs des Fourmis indigènes. — Genève 1810 et nouvelle édition 1861.

Latreille : Histoire naturelle des Fourmis. — Paris, 1802.

Lepeletier de Saint Fargeau : Histoire naturelle des Hyménoptères. — Paris, 1856.

Lespès : Observations sur les fourmis neutres. —Paris, 1862.

Lespès : Conférence sur les fourmis. — Paris, 1866.

Lincecum : Notice on the Habits of the agricultural Ants of Texas. — Londres, 1861.

Lincecum : Small black erratic Ant. — Philadelphie, 1866.

Lubbock : On the Anatomy of Ants. — Londres 1879.

Lubbock : Fourmis, abeilles et guêpes. — Édition française, Paris, 1883.

Lund : Essai sur les habitudes de quelques fourmis du Brésil. — Paris, 1831.

Mac Cook : Notes on the architecture and habits of Formica pennsylvanica. — Philadelphie, 1876.

Mac Cook : Mound making Ants of the Alleghenies. — Philadelphie, 1877.

Mac Cook : The Mode of Recognition among Ants. — Philadelphie, 1878.

Mac Cook : Cutting or Parasol Ant. — Philadelphie, 1879.

Mac Cook : The agricultural Ant of Texas; monograph of her habits, structure and architecture. — Salem, 1879.

Mac Cook : Note on a new Northern Cutting Ant, Atta septentrionalis. — Philadelphie, 1880.

Mac Cook : The shining Slave-Maker. — Philadelphie, 1880.

Mac Cook : The Honey Ants of the Garden of the Gods, and the Occident Ants of the American Plains. — Philadelphie, 1881.

Mayr : Die europaeischen Formiciden. — Vienne 1861.

Meinert : Bidrag til de danske Myrers Naturhistorie, 1860.

Moggridge : Harvesting Ants and Trap-door Spiders, with observations on their habits and dwellings. — Londres 1873-1874.

Savage : The Driver Ants of Western Africa. — Philadelphie 1848.

Smith : Catalogue of Hymenopterous Insects in the Collection of the British Museum. — Formicidae. — Londres, 1858.

Sumichrast : Notes on the habits of the Mexican species of the genus *Eciton.* — 1868.

Treat : Chapters on Ants. — New-York, 1879.

White : Ants and their Ways — Londres, 1883.

TABLE DES GRAVURES

FIN DE LA TABLE DES GRAVURES

TABLE DES MATIÈRES

FIN DE LA TABLE DES MATIÈRES.

10342. — Imprimerie A. Lahure, rue de Fleurus, 9 à Paris.

130 gravures d'après Bonnafoux,
P. Sellier, etc

Du Moncel : *Le téléphone ;* 4ª édition.
1 vol. avec 67 gravures par Bonnafoux.

— *Le microphone, le radiophone
et le phonographe.* 1 vol. avec
119 gravures d'après Bonnafoux et
Chauvet.

— *L'éclairage électrique,* 1ʳᵉ partie : *Générateurs de lumière.* 1 vol.
avec 70 gravures d'après Bonnafoux,
Chauvet, etc.

— *L'éclairage électrique,* 2ª partie : *Les lampes.* 1 vol. avec 80
gravures d'après Chauvet.

Du Moncel et **Geraldy** : *L'électri-
cité comme force motrice.* 1 vol.
avec 112 gravures d'après Alix,
Léger et Poyet.

Duplessis (G.) : *Les merveilles de
la gravure ;* 3ª édition. 1 vol. avec
34 gravures d'après P. Sellier.

Flammarion (C.) : *Les merveilles
célestes,* lecture du soir ; 7ª édition. 1 vol. avec 89 gravures et
2 planches.

Fonvielle (W. de) : *Les merveilles
du monde invisible ;* 4ª édit. 1 vol.
avec 120 gravures.

— *Éclairs et tonnerre ;* 3ª édition,
1 vol. avec 59 gravures d'après
É. Bayard et H. Clerget.

Garnier (E.) : *Les nains et les géants.*
1 vol. avec 80 gravures d'après
A. Jahandier.

Garnier (J.) : *Le fer ;* 2ª édit. 1 vol.
avec 70 gravures d'après A. Jahandier.

Gazeau (A.) : *Les bouffons.* 1 vol.
avec 63 gravures d'après P. Sellier.

Girard (J.) : *Les plantes étudiées au
microscope ;* 2ª édit. 1 vol. avec
208 gravures d'après les photogra-
phies de l'auteur.

Girard (M.) : *Les métamorphoses des
insectes ;* 4ª édition. 1 vol. avec
378 gravures d'après Mesnel, Delahaye, Clément, etc.

Graffigny (de) : *Les moteurs anciens
et modernes.* 1 volume avec 106
gravures d'après l'auteur.

Guillemin (A.) : *Les chemins de fer ;*
5ª édition. 1 volume avec 125 gravures d'après Jacquemard.

— *La vapeur ;* 3ª édit. 1 vol. avec
117 grav. d'après B. Bonnafoux, etc.

Hanno (G.) : *Les villes retrouvées.*
1 volume avec 75 gravures d'après
P. Sellier, E. Thérond, etc.

Hélène (M.) : *Les galeries souterraines.* 1 vol. avec 66 gravures
d'après J. Férat, etc.

— *La poudre à canon et les nouveaux corps explosifs.* 1 vol. avec
44 gravures d'après Férat.

Jacquemart (A.) : *Les merveilles
de la céramique.* Iʳᵉ partie (Orient) ;
4ª édition. 1 vol. avec 55 gravures
d'après H. Catenacci.

— *Les merveilles de la céramique.* IIª partie (Occident) ; 3ª édition.
1 vol. avec 221 gravures d'après
J. Jacquemart.

— *Les merveilles de la céramique.* IIIª partie (Occident) ; 3ª édition. 1 vol. avec 833 monogrammes
et 49 gravures d'après J. Jacquemart.

Joly (H.) : *L'imagination ;* 2ª édition. 1 volume avec 4 eaux-fortes
par L. Delaunay et L. Massard.

Lacombe (P.) : *Les armes et les ar-
mures.* 3ª édition. 1 vol. avec 60
gravures d'après H. Catenacci.

— *Le patriotisme ;* 2ª édition. 1 vol.
avec 4 héliogravures.

Landrin (A.) : *Les plages de la France.*
3ª édit. 1 vol. avec 107 gravures
d'après Mesnel.

— *Les monstres marins ;* 3ª édit.
1 vol. avec 66 grav. d'après Mesnel.

— *Les inondations.* 1 vol. avec 24
gravures d'après Vuillier

Lanoye (F. de) : *L'homme sauvage ;*
2ª édit. 1 volume avec 35 gravures
d'après E. Bayard.

Lasteyrie (F. de) : *L'orfèvrerie ;* depuis les temps les plus reculés jusqu'à nos jours ; 2ª édition. 1 vol.
avec 62 gravures.

Lefebvre (E.) : *Le sel.* 1 volume avec 49 gravures.

Lefèvre (A.) : *Les merveilles de l'architecture*; 4° édition. 1 vol. avec 60 gravures d'après Thérond, Lancelot, etc.

— *Les parcs et les jardins*; 3° édition. 1 volume avec 29 gravures d'après A. de Bar.

Le Pileur (D°) : *Les merveilles du corps humain*; 5° édit. 1 vol. avec 45 gravures d'après Léveillé et 1 planche en couleurs.

Lesbazeilles (E.) : *Les colosses anciens et modernes*; 2° édit. 1 vol. avec 53 gravures d'après Lancelot, Goutzwiller, etc.

— *Les merveilles du monde polaire.* 1 vol. avec 38 gravures d'après Riou, Grandsire, etc.

— *Les forêts.* 1 vol. avec 43 gravures d'après Slom, etc.

Lévêque : *Les harmonies providentielles*; 3° édit. 1 vol. avec 4 eaux-fortes.

Marion (F.) : *L'optique*; 3° édit. 1 vol. avec 68 gravures d'après A. de Neuville et Jahandier, et une planche en couleurs.

— *Les ballons et les voyages aériens*; 4° édit. 1 volume avec 30 gravures d'après P. Sellier.

— *Les merveilles de la végétation*; 4° édit. 1 vol. avec 45 gravures d'après Lancelot.

Marzy (F.) : *L'hydraulique*; 3° édit. 1 vol. avec 39 grav. d'après Jahandier.

Masson (M.) : *Le dévouement*; 3° édit. 1 vol. avec 14 gravures d'après P. Philippoteaux.

Menault (E.) : *L'intelligence des animaux*; 5° édit. 1 vol. avec 58 gravures d'après E. Bayard.

— *L'amour maternel chez les animaux*; 2° édit. 1 vol. avec 78 gravures d'après A. Mesnel.

Meunier (Mme S.) : *L'écorce terrestre.* 1 vol avec 75 gravures.

Meunier (V.) : *Les grandes chasses*; 5° édit. 1 vol. avec 38 gravures d'après Lançon.

— *Les grandes pêches*; 2° édition. 1 vol. avec 85 gravures d'après Riou.

Mallet : *Les merveilles des fleuves et des ruisseaux*; 2° édition. 1 vol. avec 66 gravures d'après Mesnel, et 1 carte.

Moitessier : *L'air*; 1 vol. avec 93 gravures d'après B. Bonnafoux, Jahandier, etc.

— *La lumière*; 1 vol. avec 121 gravures d'après Taylor, Jahandier, etc.

Moynet (G.) : *L'envers du théâtre ou les machines et les décors*; 2° édit. 1 vol. avec 60 gravures ou coupes d'après l'auteur.

Narjoux (F.) : *Histoire d'un pont.* 1 vol. avec 80 gravures d'après Dosso et l'auteur.

Petit (M.) : *Les sièges célèbres de l'antiquité, du moyen âge et des temps modernes.* 1 vol. avec 52 gravures d'après C. Gilbert.

— *Les grands incendies.* 1 vol. avec 34 gravures d'après Deroy.

Radau (R.) : *L'acoustique*; 2° édit. 1 vol. avec 116 grav. d'après Laeschin, Jahandier, etc.

— *Le magnétisme*; 2° édition, 1 volume avec 101 gravures d'après Bonnafoux, Jahandier, etc.

Renard (D.) : *Les phares*; 3° édit. 1 vol. avec 38 gravures d'après Jules Noël, Rapine, etc.

— *L'art naval*; 4° édition. 1 vol. avec 52 gravures d'après Morel Fatio.

Renaud (A.) : *L'héroïsme*; 2° édition. 1 vol. avec 15 gravures d'après Paquier.

Reynaud (J.) : *Histoire élémentaire des minéraux usuels*, 6° édition. 1 volume avec 2 planches en couleurs et 1 planche en noir.

Sauzay (A.) : *La verrerie depuis les temps les plus reculés jusqu'à nos jours*; 2° édition. 1 vol. avec 66 gravures d'après B. Bonnafoux.

Simonin (L.) : *Les merveilles du monde souterrain*; 3° édition. 1 vol. avec 18 gravures d'après A. de Neuville, et 9 cartes.

— *L'or et l'argent.* 1 vol. avec 67 gravures d'après A. de Neuville, P. Sellier, etc.

Sonrel (L.) : *Le fond de la mer ;* 3ᵉ édition. 1 vol. avec 93 gravures d'après Mesnel, Yan Dargent et Férat.

Ternant (A.) : *Les télégraphes.* 1 vol. avec 192 grav. d'après E. Chauvet, Ferdinandus, C. Gilbert et Th. Weber.

Tissandier (G.) : *L'eau :* 3ᵉ édition. 1 vol. avec 77 gravures d'après A. de Bar, Clerget, Riou, Jahandier, etc., et 6 cartes.

— *La houille ;* 2ᵉ édit. 1 vol. avec 66 grav. d'après A. Jahandier, A. Marie et A. Tissandier.

— *La photographie ;* 3ᵉ édition. 1 vol. avec 76 gravures d'après Bonnafoux et Jahandier.

— *Les fossiles* 1 vol. avec 133 grav. d'après Delahaye.

Viardot (L.) : *Les merveilles de la peinture.* 1ʳᵉ série ; 4ᵉ édition. 1 vol. avec 24 reproductions de tableaux par Paquier.

— *Les merveilles de la peinture.* IIᵉ série ; 2ᵉ édition. 1 vol. avec 12 reproductions de tableaux par Paquier.

— *Les merveilles de la sculpture ;* 2ᵉ édition. 1 vol. avec 62 reproductions de statues, par Petot, P. Sellier, Chapuis, etc.

Zurcher et Margollé : *Les ascensions célèbres aux plus hautes montagnes du globe ;* 3ᵉ édition. 1 vol. avec 59 gravures d'après de Bar.

— *Les glaciers ;* 3ᵉ édition. 1 vol. avec 45 gravures d'après E. Sabatier.

— *Les météores ;* 4ᵉ édition. 1 vol avec 23 gravures d'après Lebreton.

— *Volcans et tremblements de terre ;* 4ᵉ édition. 1 vol. avec 61 gravures d'après E. Riou.

— *Les naufrages célèbres ;* 4ᵉ édition 1 vol. avec 30 gravures d'après Jules Noël.

— *Trombes et cyclones ;* 2ᵉ édit. 1 vol. avec 42 gravures d'après A. de Bérard et Riou.

— *L'énergie morale ; Beaux exemples.* 1 vol. avec 15 gravures d'après P. Fritel et A. Brouillet.

Imprimerie A. Lahure, 9, rue de Fleurus, à Paris.

www.ingramcontent.com/pod-product-compliance
Lightning Source LLC
LaVergne TN
LVHW050143030726
842520LV00002B/294